DAS GEOGRAPHISCHE SEMINAR

HERAUSGEGEBEN VON
PROF. DR. EDWIN FELS, PROF. DR. ERNST WEIGT UND PROF. DR. HERBERT WILHELMY

PROF. DR. MAX RICHTER

GEOLOGIE

westermann

© Georg Westermann Verlag
Druckerei und Kartographische Anstalt
Braunschweig 1962
3. verb. Auflage 1974
Verlagslektor: Klaus Höller
Gesamtherstellung: Westermann, Braunschweig 1974

ISBN 3 - 14 - 16 0288 - 3

Inhalt

Tabellen

Abbildungen

VORWORT

Es ist nicht leicht, im Rahmen des „Geographischen Seminars" eine Geologie für den Geographen zu schreiben. Bei der stürmischen Entwicklung und Ausdehnung, welche die Geologie in Grundlagenforschung und Praxis in den letzten Jahrzehnten genommen hat, ist es unmöglich, in dem vorliegenden Umfang auch nur einen Abriß der Geologie vorzulegen. Es kann deshalb nur ein Teilgebiet herausgestellt werden unter Verzicht auf die Erdgeschichte, Regionale, Angewandte Geologie usw. Die Erdgeschichte wird wenigstens in einer zusammengedrängten Tabelle beigegeben. Der Schwerpunkt der Darstellung wurde auf einen großen Abschnitt der für den Geographen besonders bedeutungsvollen „Allgemeinen Geologie" gelegt.

Abweichend von sonstigen Darstellungsweisen wird dieser Teil der Geologie als „Kreislauf der Stoffe" behandelt. Dadurch erscheint jeder geologische Vorgang an der Stelle, an der er auch im natürlichen Ablauf auftritt. Die Behandlung des Stoffes ist daher frei von willkürlich gewählten Einteilungsprinzipien; ich hoffe, damit eine einprägsamere Art der Darstellung gefunden zu haben. Man darf aber nicht vergessen, daß die Geologie eine Naturwissenschaft ist; sie kann nicht allein durch Lehrbücher erlernt werden, sowenig wie Chemie, Physik oder Biologie. Was das Experiment für den Chemiker oder Physiker ist, muß für den Geologen die exakte Beobachtung im Gelände sein, wo die Natur selbst mit größten Maßen und längsten Zeiträumen experimentiert. Ohne die Arbeit in der Natur selbst fangen die Steine nicht zu reden an.

Für tatkräftige Mitarbeit möchte ich Herrn Dr. J. LIEDHOLZ vom Geologischen Institut der Freien Universität Berlin ganz besonders danken. Er hat nicht nur die Durchsicht und Kürzung des ursprünglichen Manuskripts, sondern auch eine Neufassung verschiedener Abschnitte mit durchgeführt.

Demjenigen, der sich für geologische Probleme interessiert, soll mit diesem Bändchen eine Basis vermittelt werden, die zur Weiterarbeit und zu tieferem Eindringen anregt. Möge es daher nicht nur dem Geographen Freude machen, sondern auch der Geologie neue Freunde erwerben.

Berlin, 10. April 1962   MAX RICHTER

Vorwort zur zweiten Auflage

Seit Erscheinen der ersten Auflage sind in vielen Teilgebieten der Allgemeinen Geologie erhebliche Fortschritte gemacht worden. Sie ermöglichen neben Veränderungen vor allem Ergänzungen in fast allen Kapiteln, um den Inhalt zum besseren Verständnis weiter abzurunden. Aus diesem Grund wurde auch die Zahl der Abbildungen verdoppelt, Literaturverzeichnis und Register beträchtlich erweitert. Festgehalten wurde an der bewährten Ordnung der Allgemeinen Geologie nach dem Kreislauf der Stoffe.

Mein Dank für Mitarbeit und Beratung gebührt vor allem wieder dem Akad. Oberrat Dr. J. LIEDHOLZ, den Dozenten Dr. P. GIESE, Dr. G. HAHN und Dr. K. J. REUTTER sowie dem Zeichner G. RICHTER.

Berlin 1968   MAX RICHTER

Vorwort zur dritten Auflage

In dieser Auflage wurden einige Änderungen vorgenommen und ergänzende Hinweise eingefügt. Ein kurzer Abschnitt über die z. Z. moderne Plattentektonik kam hinzu und hat die Zahl der Abbildungen auf 35 erhöht. Die bewährte Einteilung nach dem „Kreislauf der Stoffe" wurde beibehalten.

Berlin 1974   MAX RICHTER

Ekliptik

N
23,5°
S

22. Dez.
Begin des Sommers
auf der Südhalbkugel
Wendekreis des
Steinbocks

N
23,5°
S

Wendekreis
des Krebses

21. Juni
Begin des
Sommers auf d.
Nordhalbkugel
Sonne scheint
mittags senkrecht
auf Punkt
23,5° N.Br.!

Einleitung

Wesen und Gliederung der Geologie, ihr Verhältnis zur Geographie

Geologie ist die Geschichtsschreibung vom Werdegang der Erde, von der Gestaltung der Erdkruste und der Erdoberfläche. Geologie ist also in erster Linie eine historische Wissenschaft. Sie beschäftigt sich mit dem Ablauf von Geschehnissen, die von der allerfernsten Vergangenheit bis zur Gegenwart reichen, und versucht, die zeitliche Folge von Ereignissen festzulegen, die über einen Zeitraum von fast vier Milliarden Jahren verteilt sind.

Geologie ist damit zunächst einmal die Lehre von der Geschichte unseres Planeten und dessen Entwicklung bis zum heutigen Tage. Aber Geologie ist mehr: Sie untersucht die Entwicklung des Lebens auf diesem Planeten und befaßt sich mit den Lebewesen früherer Zeiten, ihren Entwicklungsstadien, ihrer Abstammung usw. Die beiden großen Zweige: die *Erdgeschichte* (Stratigraphie) und die von ihr heute schon weitgehend selbständig gewordene *Paläontologie* sind sozusagen die absolut historische und die mehr biologische Seite der Geologie. Die Paläontologie steht in enger Verbindung zur Biologie.

Aber Geologie ist noch mehr: sie ist nicht nur die Lehre von der Entwicklungsgeschichte der Erde und ihrer Bewohner, sondern auch die Lehre von der Zusammensetzung der Erde und dem Bau ihrer Kruste. Dieser Teil unserer Wissenschaft ist allerdings in gewisser Weise auch historisch, wenn etwa der Werdegang in früheren Zeiten entstandener Gebirge untersucht oder die Entwicklung von Oberflächenformen bis in die Gegenwart verfolgt wird. Hier müssen weitgehend (z. B. bei Verwitterung, Sedimentation, der Bildung von Erstarrungsgesteinen oder der Mechanik tektonischer Strukturen) Gesetze der Chemie oder Physik herangezogen werden, und gerade hier — in der *Allgemeinen Geologie* — schließt sich der Kreis zu den nachbarlichen Naturwissenschaften Chemie und Mineralogie, Physik und Geophysik. Über den Werdegang eines Landschaftsbildes knüpft sich das Band eng zur Geographie.

Regionale Geologie ist geologische Länderkunde, *Paläogeographie* die Entwicklung des geographischen Bildes in den Perioden der Erdgeschichte. Die Geologie bietet viele Möglichkeiten einer Anwendung für praktische Zwecke. Sie gibt die Unterlagen etwa bei Straßen- und Tiefbau, bei Wasserversorgungsfragen (Quellen und Grundwasser), bei Anlage und Nutzung von Steinbrüchen und endlich für Lagerstätten jeder Art (Erdöl, Kohle, Salze, Erze, Steine und Erden), denn deren Bildung hängt ja von geologischen Vorgängen ab. So entwickelt sich die *Angewandte Geologie* zu einem großen und wichtigen Teilgebiet. Sie hat zusammen mit der Allgemeinen Geologie wieder viele Berührungspunkte mit der angewandten *Geophysik* und mit ihren wirtschaftsgeologischen Fragen auch zur *Wirtschaftsgeographie.*

Die Grundlage für alle genannten Gebiete der Geologie wird aber immer die Allgemeine Geologie *(Dynamische Geologie)* sein.

Die größte Schwierigkeit bei der Beschäftigung mit der Geologie ist immer der Umstand, daß eine unmittelbare Beobachtung geologischer Vorgänge nur in seltenen Fällen möglich ist. Denn diese vollziehen sich gewöhnlich mit einer so unvorstellbaren Langsamkeit — etwa die Faltung eines Gebirges —, daß selbst mehrere menschliche Generationen zu ihrer Beobachtung nicht in der Lage sind. Andere Vorgänge können etwas rascher ablaufen, wie etwa die Hebung Skandinaviens, die in wenigen Jahrhunderten Häfen unbrauchbar machte, die zur Hansezeit noch benutzt wurden. Rasche geologische Vorgänge, z. B. Muren, Bergstürze oder Vulkanausbrüche mit ihren Begleiterscheinungen oder auch Erdbeben sind zwar keineswegs selten, aber doch Einzelerscheinungen von kleinem Zuschnitt und kleinstem Ausschnitt aus der Allgemeinen Geologie.

Die geologischen Ereignisse müssen daher samt den Kräften, die sie lenken, aus heute toten Vorgängen, die sich vor Jahrmillionen abgespielt haben, herausgelesen, rekonstruiert und zu einem Gesamtbild vereinigt werden. Gelingt dieses Bild, dann sind jene Vorgänge nicht mehr tot, dann sind sie lebendige Natur, und die Steine reden zu uns und bewegen sich. Aus der Gleitfläche an einer Spalte, aus der Falte eines Gebirges wird Bewegung. Aus dem Mineral eines Gesteins kann dessen ganze „bewegte" Vergangenheit herausgelesen werden.

Aber der Weg zu diesem Gesamtbild ist dornenvoll und sehr lang. Unsere Wissenschaft befindet sich noch mitten in der Wanderung auf diesem mühsamen Weg. Eine weitere Schwierigkeit: Bei der Rekonstruktion geologischer Vorgänge spielt der Faktor Zeit eine besonders bedeutende Rolle. Gerade beim Ablauf tektonischer Vorgänge z. B. darf er keinesfalls übersehen werden; und die Schwierigkeit für den, der sie untersuchen will, liegt darin, daß sie nicht nur dreidimensionale Beobachtung und Denkweise erfordern, sondern daß gerade der Faktor Zeit als vierte Dimension hinzukommt. Ohne vierdimensionale Betrachtungsweise können brauchbare tektonische Ergebnisse kaum erzielt werden, oder man ist gezwungen, einen lange andauernden tektonischen Vorgang in einzelne Abschnitte aufzuspalten.

Der Anfänger, der in der Natur zum erstenmal die Ergebnisse eines „natürlichen" Experiments deuten soll, sieht sich daher zunächst einem Berg gedanklicher Schwierigkeiten gegenüber, weil zur Beobachtung und Beschreibung schon bald Kombination und Deutung treten müssen.

So wird z. B. aus dem Gefüge eines Erstarrungsgesteins auf die Bewegung der Schmelze und damit auf den gesamten Intrusionsvorgang in der Tiefe geschlossen, in der es erstarrt ist. An der Streifung auf dem Harnisch einer Verschiebungsfläche darf man nicht den abgeschlossenen Vorgang sehen, sondern die Bewegung, die zu seiner Bildung führte.

Vielfach erleichtert werden diese Gedankengänge durch die Beobachtung geologischer Vorgänge der Gegenwart, z. B. der Bildung von Moränen durch die heutigen Gletscher, der Abtragungsvorgänge in der Wüste oder der Ablagerung an der Küste usw. Man ist dabei sogar so weit gegangen, daß man annahm, es seien in der geologischen Vergangenheit nur dieselben Reaktionen und Vorgänge möglich gewesen, die auch heute wirken und von uns beobachtet werden können (*Grundsatz des*

Aktualismus). Eine solche Auffassung geht aber doch wohl zu weit, denn es können früher geologische Vorgänge sehr wohl anders abgelaufen sein als heute. So müssen etwa Verwitterungsvorgänge zu einer Zeit, als die Landoberfläche noch nicht von Vegetation bedeckt war und jedes Leben fehlte, sich erheblich anders abgespielt haben als heute, gab es doch keine organischen Stoffe, wie z. B. die Humusverbindungen, die heute bei der Verwitterung auf dem Festland eine große Rolle spielen. Entsprechend mußten damals andere Sedimentgesteine entstehen, deren Bildung heute nicht mehr möglich ist.

Andererseits ist naturgemäß die Aufschüttung etwa einer Endmoräne nie anders erfolgt, als wir das heute an der Stirn unserer Gletscher beobachten können. Man muß daraus schließen, daß der Grundsatz des Aktualismus zwar richtig, aber doch nur mit gewissen Einschränkungen anzunehmen ist.

In der Allgemeinen Geologie gibt es zwei große Kräftegruppen, in die sich der Ablauf aller Erscheinungen einordnen läßt. Die erste Gruppe hat ihren Sitz außerhalb der Erde und ist daher kosmischen Ursprungs (Wärmeeinstrahlung durch die Sonne, die Gezeiten infolge der Anziehungskraft des Mondes usw.). Diese Gruppe bezeichnen wir als äußere oder exogene Kräfte, alle Erscheinungen, die auf sie zurückgehen, faßt man unter *Exogene Dynamik* zusammen. Die zweite Kräftegruppe hat ihren Sitz in der Erde selbst, wird also von Kräften innerhalb dieser gesteuert. Wir bezeichnen sie als innere oder endogene Kräfte; und alle Erscheinungen, die von diesen ausgehen, nennt man *Endogene Dynamik.*

Während zur ersten Gruppe z. B. der Kreislauf des Wassers mit allen seinen Folgen wie Abtragung, Erosion und Sedimentation gehört, finden wir bei der zweiten Gruppe etwa die Entstehung von Gebirgen, den Vulkanismus usw. Im Wechselspiel beider Gruppen geht es um die Erreichung eines Gleichgewichtszustandes. Der Stand dieses Kampfes ist aus der Gestaltung und der jeweiligen Form der Erdoberfläche in der geologischen Vergangenheit sowie in der Gegenwart deutlich abzulesen, und das Bemühen um seine Erkennung ist mit eine der schönsten Aufgaben der Geologie.

Durch den fortwährenden *Kreislauf der Stoffe* werden endogene und exogene Kräfte miteinander aufs engste verflochten. Dieser Kreislauf führt zwar auf die Dauer zu einer Entmischung der Stoffe, trotzdem findet in den äußeren Teilen der Erdkruste sowie auf der Erdoberfläche durch tektonische Vorgänge und durch Sedimentation immer wieder eine neue Vermischung statt. Hierfür ein Beispiel: Ein Quarzkristall, zu dem die überschüssige Kieselsäure eines Erstarrungsgesteines auskristallisierte, wird bei der Verwitterung wieder frei, durch das fließende Wasser abtransportiert und dabei mechanisch zerkleinert. Er gelangt schließlich, wenn auch in einzelnen Teilen, in das Meer und wird hier in einer Sandschicht abgelagert (sedimentiert) und mit dieser zum Sandstein verfestigt. Der Meeresboden wird gehoben, schräg gestellt und das Quarzkorn durch Verwitterung erneut frei, transportiert und nochmals zerkleinert, erneut sedimentiert usw. Dieser kurze Kreislauf kann sich mehrfach wiederholen, über eine bestimmte kleinste Größe herunter wird das Korn nicht mehr zerkleinert.

Dieses Quarzkorn kann aber auch nach einer Wanderung durch den kurzen Kreislauf mit seinem Sediment in immer größere Tiefe und damit in den Tiefenbereich einer Gebirgsbildung gelangen. So kommt es etwa in eine Zone sich hier neu bildender Gesteinsschmelzen, wird dabei mit eingeschmolzen und dem Kieselsäureanteil der Schmelze hinzugefügt. Es kann also unter Umständen bei der Erstarrung der Schmelze erneut aus der überschüssigen Kieselsäure als Quarzkristall eines Erstarrungsgesteins ausgeschieden werden, oder seine Kieselsäure tritt den Weg in den neuen Kreislauf in einem Silikatmineral, z. B. Feldspat, an. Dieser lange Kreislauf kann sehr kompliziert werden, wenn die Einschmelzung nicht erfolgt, sondern die Umbildung zu metamorphen Gesteinen eines der Zwischenstadien wird, das Quarzkorn also zum Aufbau neuer Quarzkristalle in einem Gneis beiträgt. Bei Hebung der Gneiszone besteht wieder die Möglichkeit, in die Verwitterungszone zu kommen und den Kreislauf zu verkürzen, und von hier aus sind dann erneut alle Wege zum kurzen oder langen Kreislauf offen.

Die Kapitel Abtragung und Transport der sedimentären Abfolge werden in der Reihe „Das Geographische Seminar" im Bändchen „Geomorphologie" behandelt.

Abb. 1 zeigt den Kreislauf der Stoffe in Anlehnung an die von H. Cloos 1936 gegebene Darstellung in vereinfachter und abgeänderter Weise. Man kann bei diesem Kreislauf in die Behandlung des Stoffes der Allgemeinen Geologie an beliebiger Stelle eintreten. Am besten beginnt man mit dem magmatischen Geschehen (S. 37). Zuvor aber sollen sich noch einige Abschnitte mit dem Planeten Erde beschäftigen.

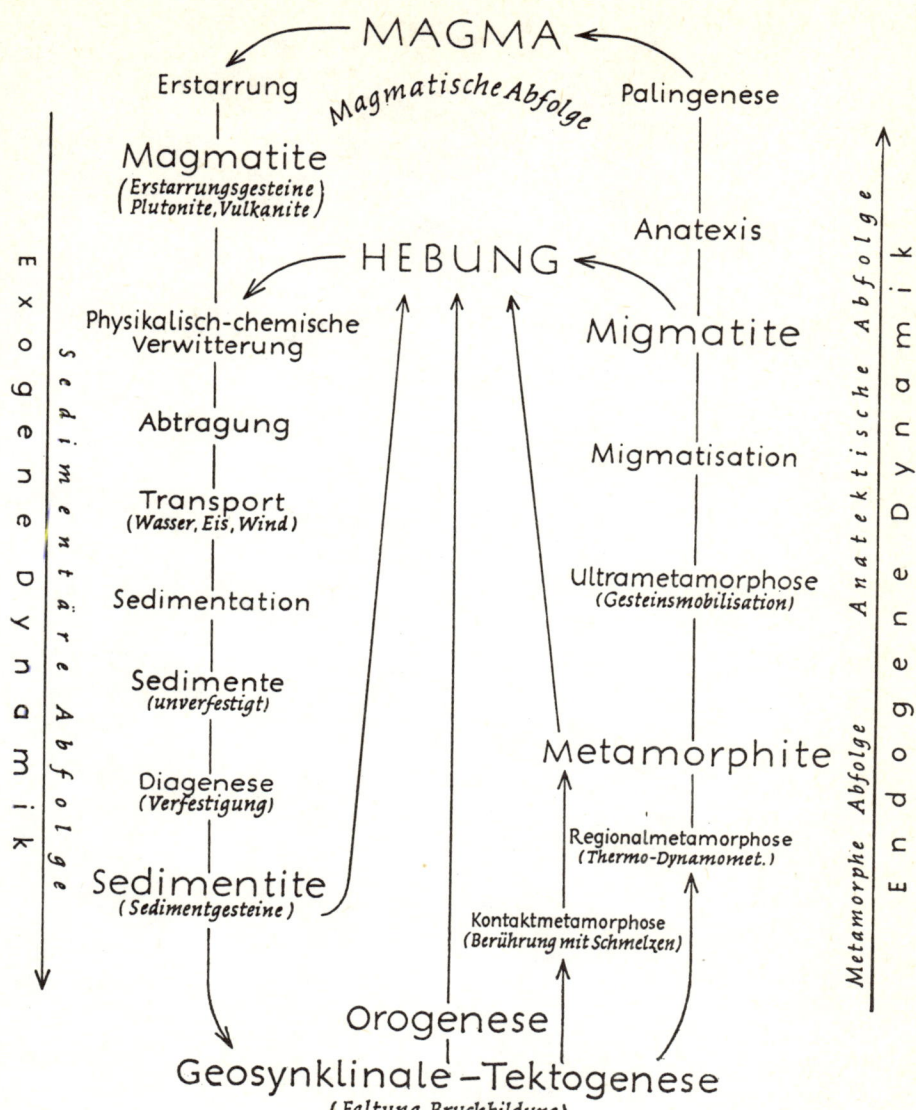

Abb. 1: Kreislauf der Stoffe

Der Planet Erde

Die Erde hat als Bestandteil des Sonnensystems mit dessen übrigen Gliedern in Stoff und Bewegung bestimmte Gemeinsamkeiten. Sie ist der fünftgrößte der neun Planeten und gehört zusammen mit dem Merkur, der Venus und dem Mars zur Gruppe der inneren, kleinen Planeten, die alle durch eine hohe Dichte und geringe Abplattung an den Polen ausgezeichnet sind. Ihr gegenüber steht die Gruppe der äußeren, großen Planeten mit Jupiter, Saturn, Uranus und Neptun, die weniger dicht sind und eine viel stärkere polare Abplattung aufweisen. Der größte Teil der Planeten besitzt natürliche Monde in verschiedener Zahl, Jupiter z. B. zwölf, Saturn neun, Neptun zwei und Erde einen.

Als Zentralgestirn vereinigt die Sonne in sich über 99,8 % der Masse des gleichnamigen Systems. Unaufhörlich werden von ihr gewaltige Energiemengen ausgesandt, wovon das sichtbare Licht als elektromagnetische Wellen den Hauptanteil besitzt. Es ist zugleich die wichtigste Energiequelle der Erde und liefert den größten Teil der Wärme, die der Planet von der Sonne erhält. Während die kurzwellige Strahlung ziemlich ungehindert die Lufthülle durchdringt, wird die langwellige Rückstrahlung von der Atmosphäre weitgehend aufgefangen.

Mit der Insolation hält die Sonne Luft und Wasser in Bewegung und steuert damit die Vorgänge der Verwitterung, der Abtragung, des Gesteinstransportes und der Sedimentation an der Erdoberfläche. Ob außer der exogenen Dynamik auch die endogene Dynamik auf kosmische Kräfte zurückgeführt werden kann, ist unbekannt, wird aber vielfach angenommen.

Entstehung

Sämtliche Glieder des Sonnensystems haben die gleiche Umlaufrichtung um das Zentralgestirn, in derselben Richtung bewegen sich auch die meisten Monde um ihre Planeten und dreht sich schließlich die Sonne samt ihren Planeten um die eigene Achse. Infolge weiterer Übereinstimmung in der Bewegung der Planeten (ihre Bahnen liegen fast alle in einer Ebene) und anderer Gemeinsamkeiten schlossen KANT und LAPLACE, daß die Glieder des Sonnensystems gleicher Entstehung seien. Sie entstammen danach einer ursprünglich einheitlichen, gewaltigen Gasmasse bzw. einem kosmischen Urnebel (Nebulartheorie).

Erhielt diese Masse aus irgendwelchen Gründen eine Drehung um ihre Achse, so kam es zur Verdichtung und damit zu einer immer rascheren Rotation (Spiralnebel), die zu einer Abplattung an den Polen und zu einer Verdickung im Äquatorialgebiet führte. Die Verlagerung von Staubmaterial in das Innere des rotierenden Körpers hat dabei zur Folge, daß dort große Energien frei werden, die den Kern sehr stark erhitzen und damit die Materie in den solaren Zustand überführen. Danach wäre die Erde auf heißem Wege entstanden. Bei noch schnellerer Rotation mußte sich die äquatoriale Verdickung als Ring von der Hauptmasse ablösen (analog dem Ring des

Saturn), bei ungleicher Bewegung oder Dicke zerreißen und in einzelne Stücke zerfallen, die sich gegenseitig anzogen und bei weiterer Verdichtung zu einem Urplaneten verschmolzen. Die Loslösung eines solchen Ringes vollzog sich mehrfach und führte damit zur Bildung weiterer Planeten. Bei diesen wiederholte sich diese Erscheinung, und die Monde entstanden.

Als Beweis für die Nebulartheorie gilt außer den oben genannten Übereinstimmungen die Tatsache, daß die äußeren Planeten weniger dicht sind als die inneren, die später entstanden sind. Da sich inzwischen die zentrale Gasmasse weiter verdichtet hatte, mußten die sich später ablösenden Himmelskörper auch dichter sein. Ähnliches gilt für das Verhältnis der Monde zu ihren Planeten.

Eine andere Auffassung ist z. B. die „Zwei-Körper-Theorie" von MOULTON (1900) und CHAMBERLIN (1905), die von einem kosmischen Urkörper ausgeht, aus dem unter Einfluß (Massenanziehung) eines nahe vorüberziehenden Weltkörpers Staub herausgeschleudert wurde. Die diffus verteilte Staubmasse nahm noch während der Einwirkung des Fremdkörpers eine Spiralform an. Gleichzeitig erfolgte eine Expansion der Materie, die sich dadurch stärker abkühlte und zum Teil in den festen Zustand überging. Dabei kondensierten sich kleine Metallkerne (Sphaerulae), die sich um die Zentralmasse bewegten. Die leichtere Materie konnte sich dem Gravitationsfeld der Hauptmasse entziehen und kreiste auf selbständigen Bahnen in Form kleinster Partikel (Planetesimalen) um den Restkörper. In dem Maße, wie nun die Sphaerulae durch weitere Kondensation größer wurden, wuchsen auch ihre Anziehungskräfte. Die so entstandenen Schwerezentren begannen die Planetesimalen einzufangen, bis sich die gesamte Materie in Gestalt der heutigen Planeten zusammengeballt hatte. Nach dieser Planetesimal-Theorie kommt der Anstoß zur Drehbewegung nicht aus dem System selbst, sondern wird durch einen vorüberziehenden Fremdkörper in Gang gesetzt. Ein gasförmiges oder schmelzflüssiges Stadium der Erde hätte nach dieser Theorie nicht bestanden, sie wäre also auf kaltem Wege gebildet worden.

Die heutige Geologie legt jedoch meist die Annahme zugrunde, daß die Erde, so wie heute die Sonne, ein schmelzflüssiger Körper war.

Grundlage für weitere Überlegungen ist ein Vergleich der chemischen Zusammensetzung der Sonne und der Planeten. Während die Sonne (ca. 50 % H_2, 30 % He und wahrscheinlich O_2) wie auch die Fixsterne hauptsächlich aus leichten Elementen bestehen, setzt sich das Gewicht der Erde mehr als zur Hälfte aus Elementen zusammen, die schwerer sind als Sauerstoff, der übrige Teil entfällt hauptsächlich auf den Sauerstoff. Wir können erwarten, daß zumindest die inneren Planeten, aber vielleicht auch die äußeren, eine ganz ähnliche Zusammensetzung wie die Erde aufweisen. Nur besitzen die äußeren Planeten zusätzlich eine wasserstoffähnliche Hülle, die sie auf Grund ihrer größeren Massen festhalten können. Die für die Planeten so typischen schweren Elemente „oberhalb" von Sauerstoff sind aber an der Sonnenmasse zu kaum 1 % beteiligt.

Aus der quantitativ unterschiedlichen chemischen Zusammensetzung der Sonne und der Planeten hat v. WEIZSÄCKER Rückschlüsse auf ihre Entstehung gezogen.

Danach entspricht die solare Materie noch der ursprünglich einheitlichen Gasmasse. Die Zusammensetzung der Planeten dagegen deutet auf eine außerordentliche Anhäufung der geringen Spuren schwerer, kondensationsfähiger Elemente aus der die Ursonne umgebenden Gashülle von ursprünglich gleicher solarer Zusammensetzung hin. Da nun die planetarische Materie aus Stoffen besteht, die bei den heute auf den Planeten herrschenden Temperaturen kondensieren, ist anzunehmen, daß auch zur Zeit der chemisch-physikalischen Absonderung der flüssigen und festen Kondensate schon relativ niedrige Temperaturen in der Gashülle bestanden haben. Die Annahme wird gestützt durch das fast völlige Fehlen der Edelgase auf der Erde. Die Ansammlung schwerer Elemente in den Planeten wäre damit verständlich.

Neuerdings haben H. C. UREY in den USA und teilweise W. G. FESSENKOW in der UdSSR die Theorie C. F. v. WEIZSÄCKERS durch neue Beobachtungen weiter gefestigt.

Unsere Kenntnis von der stofflichen Zusammensetzung der Weltkörper verdanken wir neben spektroskopischen Untersuchungen vor allem den Meteoriten, die ihren Ursprung innerhalb unseres Sonnensystems haben und Teile eines größeren, zerfallenen Weltkörpers sind. Sie stimmen in vieler Hinsicht mit den Planetoiden überein, deren Masse zwischen Mars und Jupiter konzentriert ist. Manche Forscher nehmen dies zum Anlaß, hier den ursprünglichen, bereits im Frühstadium des Sonnensystems zerfallenen Planeten zu suchen.

Meteor-Materie fällt in einem ununterbrochenen Regen auf die Erde, meistens jedoch als kosmischer Staub. Sie entsteht einerseits in ständigen Kollisionen von Planetoiden, die dabei eine fortschreitende Zersplitterung erfahren, andererseits im Zerfall von Kometen. Der tägliche Meteorfall wird auf 1000—10 000 t geschätzt. Die genaue Kenntnis der Meteoriten stammt von größeren Objekten, die man nach dem Aufschlag auf der Erdoberfläche gefunden hat. Von einer gewissen Mindestgröße an gelingt es einem Teil der kompakten Meteormaterie, die Atmosphäre zu durchdringen und als feste Körper auf die Erdoberfläche aufzuschlagen. Bisher hat man annähernd 2000 Meteorite gefunden.

Der bisher größte bekannt gewordene Einzelmeteorit hat eine Masse von ungefähr 60 t. Er wurde in Südafrika gefunden. Noch größere Objekte von etwas über 100 t dringen mit kosmischer Geschwindigkeit von 20 km/sec und mehr in die Erdatmosphäre ein und verdampfen fast restlos bei ihrem Aufschlag. Dabei setzt sich ihre ungeheure kinetische Energie zum größten Teil in Stoßwellen um, die eindrucksvolle Krater hinterlassen. Einer der bekanntesten dürfte der Meteorkrater von Arizona sein, der 175 m tief ist und im Durchmesser 1300 m mißt (Abb. 2). Seine Gesteine sind rings um die Einschlagstelle aufgebogen und bilden dadurch den besonders auffälligen Rand. Die Meteoritenmasse, die diesen Krater schuf, wird auf 100 000 t geschätzt. Radiogene Altersbestimmungen seiner Kratergläser (Tektite) haben Werte von 20 000 bis 75 000 Jahren ergeben. In Deutschland ist der 25 km breite Kessel des Nördlinger Ries als Einschlag eines Riesenmeteoriten (Durchmesser mehrere 100 m) vor 15 Jahrmillionen zu deuten. Unter hohem Druck gebildete Minerale (z. B. Coesit) und Stoßwellen-Metamorphose sind typisch.

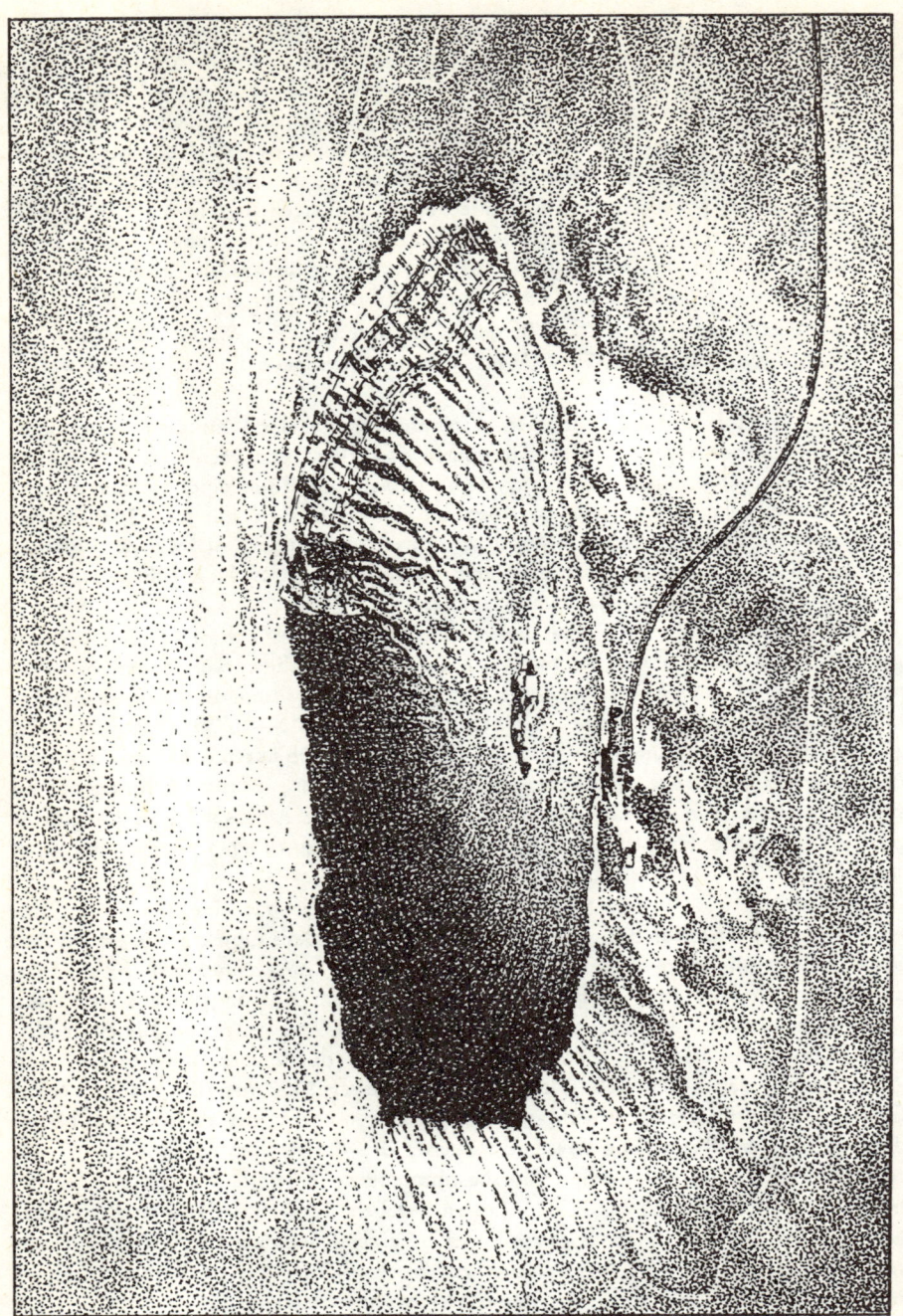

18

Bei der Einteilung der Meteorite unterscheidet man nach chemischen und mineralogischen Bestandteilen folgende drei Gruppen:

1. Steinmeteorite (meist nur Silikate; daneben auch Nickeleisen, selten bis 30 %).
2. Steineisenmeteorite (ca. 50 % Nickeleisen, 50 % Silikate).
3. Eisenmeteorite (fast nur Nickeleisen, davon meist 4—14 % Nickel, selten bis zu 62 %).

In der Zahl der Funde stehen die Eisenmeteorite an erster Stelle, obwohl die meisten beobachteten Fälle sich nur auf Steinmeteorite beziehen. Der Grund dieses Mißverhältnisses wird jedoch verständlich, wenn man die chemisch-mineralogische Zusammensetzung der Steinmeteorite betrachtet, die mit irdischen ultrabasischen bis basischen Magmengesteinen zu vergleichen ist. Die Entscheidung über den Ursprung des Materials ist daher im Gelände oft schwierig und erfordert meist spezielle Kenntnisse. Die Anzahl der Steineisenmeteorite tritt sowohl in den Funden als auch in den bekannt gewordenen Fällen erheblich gegenüber den anderen beiden Gruppen zurück.

Von besonderem Interesse sind die stofflichen Unterschiede und die Struktur der Meteorite, die es erlauben, Rückschlüsse auf genetische Zusammenhänge der Planeten einschließlich ihrer Trabanten und nicht zuletzt auf den inneren Bau der Erde selbst zu ziehen. Die fraktionierte Kristallisation von metallischem Nickeleisen und verschiedenen silikatischen Verbindungen in den Meteoritengruppen weist bereits auf eine kosmochemische Differentiation hin. Demnach muß die Temperatur auf dem Mutterkörper der Meteorite eine Zeit lang mindestens über dem Schmelzpunkt von Eisen und Silikaten gelegen haben. Ob dieser Zustand noch das schmelzflüssige Stadium eines Urplaneten selbst umfaßt hat oder die Bildung der Schmelze erst später in einem planetarischen Körper erfolgte, dessen äußere Schichten durch Planetoid- bzw. Kometenkollisionen entsprechend erwärmt wurden, kann heute noch nicht entschieden werden.

Abschließend soll auch auf die Tektite (geschmolzene Gläser) und Impaktite (Kratergläser von Meteoriteneinschlägen) hingewiesen werden, von denen besonders die Herkunft der Tektite noch umstritten ist. Manche Forscher rechnen sie zu den Meteoriten und vermuten eine Herkunft vom Mond, andere ziehen aus der chemischen Zusammensetzung einen Vergleich mit sauren Tiefengesteinen, vulkanischen Gläsern, kieselsäurereichen Sedimenten oder sogar mit gewissen Böden in Verbindung mit Meteoriten-Aufschlägen.

Die Tektite sind demnach durch hohe Kieselsäure- (70 %) und Tonerdegehalte und niedrige Alkaligehalte ausgezeichnet. Der Wassergehalt, der kleiner ist als bei geschmolzenen Gesteinsgläsern, die Atombombenexplosionen ausgesetzt waren, kennzeichnet sie als die wasserärmsten Gläser auf der Erde.

Abb. 2: Meteorkrater von Arizona

Die Erde zeigt wie alle inneren Planeten nur eine geringe Abplattung an den Polen. So finden wir schon im Altertum z. B. bei Pythagoras (6. Jh. v. Chr.), bei Aristoteles (4. Jh. v. Chr.) und Eratosthenes (3. Jh. v. Chr.) Angaben über eine kugelförmige Gestalt des Planeten. Doch erst Isaak Newton (1643—1727) kam durch die Entdeckung der Gravitation zu der Überzeugung, daß die Erde aufgrund ihrer Drehung an den Polen flacher sein müsse als am Äquator. Seitdem wurde die Abplattung durch viele Grad- und Pendelmessungen (je größer die Schwerkraft um so kürzer die Schwingungszeit) und neuerdings auch durch Berechnungen der Flugbahnen künstlicher Erdsatelliten bestätigt. Dabei hat sich eine Differenz von 21,5 km Länge zwischen dem polaren (6356,9 km) und dem äquatorialen Radius (6378,4 km) ergeben. Der Wert der Abplattung beträgt demnach nur 1/298 des Äquator-Durchmessers. Durch Erdsatelliten konnte sogar der Beweis erbracht werden, daß die nördliche Halbkugel etwas stärker abgeflacht ist als die südliche.

Infolge der Massenanziehung und der Zentrifugalkraft (die zwar selbst am Äquator nur 1/289 der Schwerkraft beträgt) hielt Newton die Form der Erde für ein abgeplattetes Rotationsellipsoid. Mit Hilfe verfeinerter Meßmethoden (Theodoliten, Schwerkraftmessungen durch Pendel und Federwaage) ließ sich jedoch feststellen, daß die wirkliche Gestalt der Erde von dieser Form noch etwas abweicht. Da nun aber die Erde keine genaue rotationssymmetrische Figur aufweist, wurde der Begriff *Geoid* eingeführt. Man kann sich das Geoid durch die ruhend gedachte Meeresoberfläche veranschaulichen, die sich auch unter den Kontinenten fortsetzt. Diese Meeresoberfläche entspricht zugleich dem Normalnull und ist eine Äquipotentialfläche, auf der definitionsgemäß die Richtung der Schwerkraft senkrecht steht.

Die Wirkung der Schwere oder Schwerkraft der Erde wurde zuerst von G. Galilei (1564—1642) in den Fallgesetzen beschrieben. Er konnte experimentell beweisen, daß alle Körper von der Erde mit gleich großer Schwerebeschleunigung angezogen werden und zwar unabhängig von ihrer Dichte. Es ist dabei unwesentlich, daß sich die Schwerkraft zwischen den Polen und dem Äquator geringfügig mit der geographischen Breite ändert.

Die Bestimmung eines absoluten Schwerewertes kann z. B. aus der Schwingungsdauer eines Pendels von bekannter Länge erfolgen (siehe auch S. 111).

Die seit langem gesammelten gravimetrischen Meßergebnisse und insbesondere neuere Werte, die man von künstlichen Satelliten erhalten hat, lassen großräumige Strukturen des irdischen Schwerkraftfeldes erkennen. Es zeichnen sich mehrere markante negative und positive Schwereanomalien, sog. Geoidundulationen, ab, ohne erkennbare Beziehungen zu den Kontinenten und Meeren. Das stärkste Minimum hat sein Zentrum im Indischen Ozean, etwa im SW der Südspitze des Subkontinents, und zieht sich nach N bis über den Himalaya hinweg. Umgebende Maxima liegen mit ihren Zentren in Neuguinea, im SW der Südspitze Afrikas und unweit im NW der Britischen Inseln. Weitere Minima breiten sich im Atlantik vor der Küste Floridas, im Pazifik vor der Küste Südkaliforniens und im pazifischen Bereich der Antarktis aus. Der amerikanische Kontinent zeigt vor allem im US-amerikanisch-mexikanischen Grenzbereich und in Peru schwächere Maxima.

Aufgrund ihrer großen Ausdehnung über Tausende von Kilometern muß die Ursache dieser Strukturen nicht in der Erdkruste, sondern schon im tieferen Erdmantel (siehe S. 148/149) gesucht werden.

Das Volumen der Erde beträgt $1083,3 \cdot 10^9$ km^3, ihre Gesamtmasse $6 \cdot 10^{24}$ kg. Die mittlere Dichte der Erde ergibt sich aus der Gesamtmasse und dem Volumen mit 5,52 g/cm^3. Hält man dagegen, daß die Dichte der Gesteine an der Erdoberfläche im Durchschnitt nur 2,7 g/cm^3 beträgt und daß der größere Teil der Erdoberfläche von Wasser mit der Dichte 1 bedeckt ist, so ergibt sich daraus, daß im Erdinneren eine sehr viel größere Dichte von mindestens 9—10 g/cm^3 herrschen muß.

70,8 % der 510 Mill. km² großen Erdoberfläche sind vom Meer bedeckt, dessen Boden etwa zur Hälfte bis nahe 3800 m Tiefe liegt. Der Rand des Festlandes fällt nicht unmittelbar zum tieferen Meeresboden hin ab, sondern bildet einen mehr oder weniger breiten Saum vor den Küsten, den *Schelf*. Er reicht bis etwa 200 m u. M., nimmt aber 7 % der gesamten Meeresfläche ein. Der Untergrund der Nordsee gehört zum Schelf Europas, das Gelbe und Ostchinesische Meer mit der Insel Formosa liegen auf dem Schelf Ostasiens. Das größte Schelfgebiet ist der Sunda-Schelf zwischen dem asiatischen Festland und Indonesien. Auf den Schelfen liegen z. T. schon mächtige Sedimente, so z. B. auf der Ostseite Brasiliens oder Nordamerikas. Die augenblickliche Küstenlinie gibt also nicht den vollen Umfang der Kontinente wieder. Wenn daher im weiteren von diesen oder von Kontinentalschollen die Rede ist, werden immer die Schelfe mit einbezogen. In dieser Definition nehmen die Kontinente 36 % der Erdoberfläche ein.

Es sei schon hier darauf hingewiesen, daß die Schelfe als Entstehungsort von Geosynklinalen und aus diesen hervorgehenden Faltengebirgen die größte Rolle für die Kontinente und die äußere Erdkruste spielen (siehe S. 140). Dabei können Flach- und Tief-Schelfe unterschieden werden.

Am Außenrand der Schelfe liegt der Kontinental-Abhang, der meist ziemlich steil bis zu 4000 m abfällt. Auf ihm liegen zahlreiche, z. T. tief eingeschnittene Cañons. Dieser geht dann in die Tiefsee über, deren ausgedehnte Flächen bis 6000 m u. M. reichen. Sie tragen Berge und Hügel über 1000 m Höhe, die stellenweise abgestumpften Kegeln gleichen und als *Guyots* bezeichnet werden. Südlich Hawaii ragen solche Tafelberge sogar bis nahe 1000 m u. M. auf. Man hat sie auf subaerische Abtragungen zurückgeführt, doch ist das wohl nur mangels anderer Erklärungsmöglichkeiten geschehen.

Für die Geschichte und Entstehung der Ozeane sind die tiefmeerischen Schwellen, die sich Tausende von Kilometern erstrecken, von besonderer Bedeutung. Sie bestehen aus schwerem, basischem Gestein und treten über großartigen Dehnungszonen der Erdkruste auf. Am bekanntesten ist die mittelatlantische Schwelle, die den ganzen Atlantik durchzieht und Höhenunterschiede bis 3000 m aufweist. Island, Azoren, Ascension und andere Inseln liegen auf der Schwelle.

Eigenartig ist die Lage der Kontinente: größtenteils auf der Nordhalbkugel und breit um den Nordpol herum. Nicht weniger auffallend ist ihre Dreiecksform, die wie bei Nord- und Südamerika, Afrika, Vorderindien, Australien mit Tasmanien oder Grönland mit ihrer Breitseite nach N zeigt und sich spitz nach S zu verjüngt. Diese Form scheint auf ein gestaltendes Prinzip zurückzugehen. Auffallend ist auch der entsprechende Verlauf der atlantischen Küsten Südamerikas und Afrikas sowie die Anpassung des mittelatlantischen Rückens an diese Formung.

Inwieweit die Formen der Kontinente und Ozeane sehr alten geologischen Strukturen folgen, also permanent sind, läßt sich nicht ohne weiteres feststellen. Alt und nahezu permanent seit dem Paläozoikum sind die Südkontinente, vor allem Südafrika, bei dem allerdings im SE ein beträchtliches Stück abgesunken und dem heutigen Schelf einverleibt wurde. Aber auch bei der Annahme einer Permanenz kommt man nicht um die Tatsache herum, daß Landbrücken und Festlandteile im Laufe der Erdgeschichte neu entstanden, aber wieder verschwunden sind. Permanent sind auf jeden Fall die alten Kerngebiete der Kontinente, so auf den Nordkontinenten die alten Schilde von Kanada, Skandinavien, Nordsibirien und Vorderindien, auf den Südkontinenten der brasilianische Schild und Südafrika.

Der Pazifische Ozean ist von jungen Faltengebirgen umzogen, aber das andere junge Kettengebirgssystem von den Pyrenäen bis zum Taurus, Hindukusch und Himalaya zeigt E-W-Erstreckung, während die großen Einbruchzonen der Erde (z. B. Oberrheintalgraben, Ostafrikanischer Graben) im wesentlichen N-S-Richtung zeigen. Bei diesen Erscheinungen handelt es sich nicht um Zufälligkeiten, sondern um tektonische Gesetzmäßigkeiten.

In kleinerem Umfang — und oft schon leichter verständlich —wird die erdgeschichtliche Entwicklung im Relief eines jeden Kontinents und einer jeden Landschaft sichtbar. Gebirge, Ebenen, Tiefländer und Talsysteme sind ebenso gesetzmäßig bedingt wie die oben genannten Großformen. So sind auch Höhen und Tiefen keine Zufälligkeiten.

Die größte Höhe des Landes wird im Mt. Everest mit 8882 m, die größte Tiefe des Meeres im Marianengraben mit 11 034 m (Vitiaz-Tiefe) erreicht. Solche sehr tiefen Zonen sind durch negative Schwereanomalien und wahrscheinlich große tektonische Aktivität besonders gekennzeichnet, sie bilden die *Tiefseerinnen* oder *Tiefseegräben*. Das sind Hunderte oder sogar Tausende von Kilometern lange, schmale Grabenzonen, die gewöhnlich unmittelbar vor den Kontinenten oder den sie begleitenden Inselbögen entlang ziehen, d. h. vor den jungen Gebirgen, die sie säumen. In ähnlicher Weise finden wir in den großen kontinentalen Grabenzonen die größten Tiefen des Festlandes. So liegt der Spiegel des Toten Meeres im Jordangraben 392 m u. M., sein Boden sogar bis 748 m, der Spiegel des Tanganyikasees in Ostafrika zwar 773 m ü. M., seine Sohle aber 1435 m tiefer in 662 m u. M. Andere Depressionen des Festlandes haben nichts mit solchen Grabenzonen zu tun, wie z. B. die Sohle des Comer Sees mit über 200 m u. M. In der größten Depression der Erde liegt das Kaspische Meer, dessen Spiegel 28 m u. M., dessen Sohle bis 980 m u. M. gelegen ist.

Die Mittelhöhe der gesamten Landoberfläche hat man auf 825 m berechnet, die mittlere Tiefe aller Ozeane auf ca. 3800 m. Da die mittlere Höhe der einzelnen Kontinentalschollen verschieden ist, z. B. Europa 375 m, Afrika 650 m, Asien 920 m, ergibt sich, daß jede von ihnen einen eigenen Gleichgewichtszustand besitzt. Höhen und Tiefen der Erdoberfläche sind keine Zufälligkeiten, sondern durch die geologische Entwicklung im Laufe der Erdgeschichte bedingt. Auf den Kontinenten entspricht ihre Verteilung in der Vergangenheit und in der Gegenwart dem Gleichgewichtszustand zwischen tektonischen Bewegungen, Abtragung und Aufschüttung, d. h. dem Kampf zwischen endogenen und exogenen Kräften.

Klimareiche und Erdgeschichte

In der Geologie spielen Verteilung und Art der Klimate eine große Rolle. Hauptsächlich für die Verwitterung, die ja einen entscheidenden Einfluß auf die Morphologie der Erdoberfläche und die Bodenbildung hat, sind Menge und Jahresgang des Niederschlags und der Temperatur von Bedeutung. Davon hängen auch Art und Verteilung der Pflanzendecke ab, die ihrerseits für gewisse geologische Vorgänge wesentlich ist.

Beeinflußt das Klima gewisse geologische Abläufe, so muß es auch möglich sein, umgekehrt aus Art, Verteilung und Zusammensetzung bestimmter Gesteine sowie Art und Verteilung der ausgestorbenen Lebewesen auf die Klimate früherer erdgeschichtlicher Epochen zu schließen. Diese waren keineswegs konstant, sondern starken Schwankungen unterworfen. Zum Beispiel gab es frühere Eiszeiten in heute tropischen oder subtropischen Gebieten, frühere Wüsten in heute gemäßigt-humidem Klima.

Das nivale Klima

Die Niederschläge erfolgen zum größten Teil als Schnee, von dem gewöhnlich mehr fällt als im Sommer wegschmelzen kann. Daher häuft sich der Überschuß in Form von Firn und Gletschern an. Außerhalb der Vereisung liegt das periglaziale Gebiet mit gefrorenem Boden, der nur kurze Zeit oberflächig auftaut.

Das nivale Klima reicht in Meereshöhe von den Polen bis gegen den Polarkreis, von da an findet es sich nur in der Höhe, so daß in den Tropen nur noch Hochgebirgsregionen nivales Klima zeigen (z. B. Südnorwegen über 1200 m. Alpen über 2000 m, Ostafrika über 4000 m, in den ariden Gebieten noch darüber).

Eiszeiten sind z. B. bereits aus dem Präkambrium der Nord- und Südhalbkugel bekannt, dann im Oberkarbon/Unterperm des Gondwanalandes von Südamerika über Süd-, Zentralafrika und Vorderindien bis Australien.

Das humide Klima

Die Niederschläge sind größer als die Verdunstung, daher kann ein Teil oberflächlich abfließen, ein anderer Teil in den Boden eindringen. Für die Pflanzenwelt ergeben sich so die besten Möglichkeiten für Wachstum und Ausbreitung. Die chemische Verwitterung erlangt im humiden Klimabereich die größte Bedeutung. Man unterscheidet zwei gemäßigte humide Zonen (in Gürteln jeweils an die nivalen Zonen anschließend) sowie eine tropisch humide Zone in einem Gürtel entlang dem Äquator.

Humidem Klima gehören z. B. die Eccaschichten des unteren Perm in Südafrika an oder die kohleführenden Ablagerungen des Ober-Karbon der Nordhalbkugel vom Nordrand der Sahara in Marokko und Algerien bis nach Spitzbergen.

Das aride Klima

Die mögliche jährliche Verdunstung ist größer als die Summe der jährlichen Niederschläge. Die Tätigkeit des Wassers tritt gegenüber der des Windes zurück, die Pflanzenwelt ist spärlich oder fehlt, es herrscht das nackte, oft schuttbedeckte Gestein vor. Daher überwiegt — wie auch beim nivalen Klima — die physikalische oder mechanische Verwitterung. Im halbariden Gebiet kann in weniger als der Hälfte der Monate die Niederschlagsmenge größer sein als die mögliche Verdunstung, die Flüsse führen meist periodisch Wasser. Im vollariden Gebiet dagegen herrschen dauernd aride Verhältnisse, der Jahresniederschlag liegt meist unter 100 mm, und die Flüsse führen meist nur episodisch Wasser. Die ariden Klimagürtel trennen die tropisch humiden Gebiete von den gemäßigt humiden.

Arides Klima herrschte z. B. im Perm und in der Trias von Mitteleuropa (Rotliegendes, Buntsandstein) oder in der Beaufort-Serie Südafrikas (Perm-Trias). Im höheren Perm und in der Trias gab es einen ariden Bereich von Mitteleuropa bis Südafrika.

Man muß annehmen, daß vom Mesozoikum bis ins Tertiär die Polargebiete eisfrei gewesen sind.

Bereits im Präkambrium ist arides Klima in den Rotserien des Torridonsandsteins Schottlands (mit Windkantern im unteren Teil) oder des Dalasandsteins Skandinaviens bekannt.

Für Verschiebungen der Erdkruste ist von Bedeutung, daß im Oberkarbon das Gondwanaland mit Südamerika, Südafrika, Vorderindien und Australien noch im Bereich der Antarktis gelegen haben muß („Dwyka"-Vereisung, vgl. S. 159). Bei der Norddrift dieser Blöcke erreichen diese erst im Jungtertiär ihre heutige Lage, wobei sich die Nordkontinente an die Arktis heranschieben und so allmählich zur quartären Vereisung kommen, während das Gondwanaland in warme Bereiche gelangt ist.

Typisch für heute arides Gebiet ist die Sahara, 30mal so groß wie die Bundesrepublik Deutschland. Bis 300 m hohe und hunderte von Kilometern lange Dünenzüge im NE-SW-Streichen sind besonders auffällig.

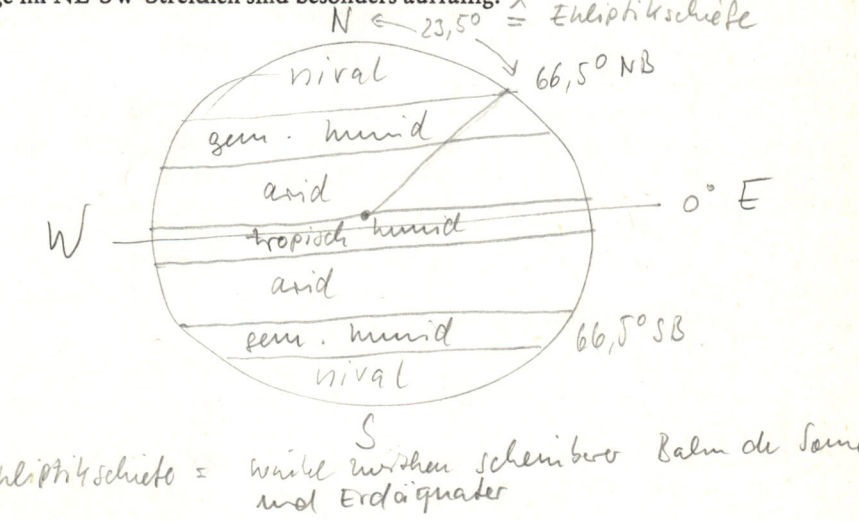

Wärme

Die primären Ursachen für die an der Erdoberfläche sichtbaren Wirkungen tektonischer Vorgänge müssen letztlich in Unregelmäßigkeiten der Temperaturverteilung in der Erdkruste und im Erdmantel gesucht werden.

Der Einfluß der täglichen Temperaturschwankung reicht nicht tiefer als ungefähr 1 m, und die jährliche Variation erstreckt sich durchschnittlich 25 m in den Erdboden. Temperaturmessungen in Bergwerken, Bohrungen und Tunnels zeigen, daß die Temperatur mit der Tiefe kontinuierlich zunimmt. Diese Zunahme pro m oder km wird als Temperaturgradient bezeichnet (°C/m bzw. °C/km). Bekannter jedoch ist der reziproke Wert, die Geothermische Tiefenstufe (m/°C), d. h. der Betrag in Metern, um den man in die Tiefe gehen muß, um eine Temperaturerhöhung von 1 °C zu erreichen. In den frühzeitig konsolidierten Kernen der Kontinente, z. B. in Südafrika und in Kanada, kann die Geothermische Tiefenstufe (G. T.) bis zu 130 m/°C betragen. Hierin kommt die lange tektonische Ruhe zum Ausdruck, die charakteristisch ist für alle alten Landmassen. In der Umgebung junger Vulkane dagegen kann sich die G. T. bis auf 6—7 m/°C verringern. Auch Gebiete mit tertiärem Vulkanismus sind oft bis heute noch nicht völlig ausgekühlt und zeigen daher ebenfalls eine relativ geringe G. T., z. B. auf dem Gebiet der Schwäbischen Alb bei Neuffen 11,3 m/°C. Großräumige Temperaturerhöhungen treten auch während einer Regionalmetamorphose auf; Beispiele für derartige „Wärmedome" finden sich in den Tauern und im Tessin. Sehr kleine Werte der G. T. werden nach den heutigen Kenntnissen in den Orogenzonen erreicht, wenige m/°C. Wärmequellen kleineren Ausmaßes sind exotherme chemische Reaktionen in Kohle- und Erdölrevieren. Eine geringe G. T. muß nicht immer auf erhöhter Wärmezufuhr beruhen. So weisen Gesteine mit guter Leitfähigkeit gegenüber schlechter leitenden Gesteinen einen höheren Temperaturgradienten auf. Gute Wärmeleiter sind vor allem Salze, und daher werden in Salzstöcken höhere Temperaturen gemessen als in ihrer Umgebung. In Mitteleuropa und anderen tektonisch vergleichbaren Gebieten beträgt der durchschnittliche Wert der G. T. 33 m/°C.

Zur vollständigen Beschreibung der thermischen Verhältnisse an der Erdoberfläche ist neben der Angabe des Temperaturgradienten auch die Kenntnis des sog. Wärmeflusses notwendig. Der Wärmefluß gemessen in $cal/cm^2 \cdot sec$ (d. h. die Wärmemenge, die in einer Sekunde durch 1 cm^2 der Erdoberfläche fließt) ist das Produkt aus Wärmeleitfähigkeit und Temperaturgradient. Aus den bisher vorliegenden Wärmeflußmessungen leitet sich ein Mittelwert von $1,5 \cdot 10^{-6}$ $cal/cm^2 \cdot sec$ (1 Mikrokalorie = 10^{-6} Kalorien) ab. Im einzelnen zeigen tektonisch unterschiedliche Zonen jedoch vom Mittel abweichende Werte:

Präkambrische Schilde	$0,92 \cdot 10^{-6}$ $cal/cm^2 \cdot sec$	
Post-präkambrische ungefaltete Regionen	$1,54 \cdot 10^{-6}$	„
Paläozoische Faltungszonen	$1,23 \cdot 10^{-6}$	„
Mesozoisch-Känozoische Faltungszonen	$1,92 \cdot 10^{-6}$	„
Ozean-Becken (Tief-Ozeane)	$1,28 \cdot 10^{-6}$	„

Ozeanische Rücken:

Atlantischer Ozean	$1,48 \cdot 10^{-6}$ cal/cm² · sec
Indischer Ozean	$1,57 \cdot 10^{-6}$ "
Ostpazifischer Ozean	$2,13 \cdot 10^{-6}$ "
Tiefsee-Gräben	$0,99 \cdot 10^{-6}$ "
Küstennahe Ozeanzonen	$1,71 \cdot 10^{-6}$ "

Direkte Meßwerte über die Temperaturverteilung liegen bisher nur aus Bohrungen von maximal nicht über 7000 m vor. Darüber hinaus ist man auf Extrapolationen angewiesen. Entscheidend für den weiteren Temperaturanstieg in Kruste, Mantel und Kern ist die Verteilung von Wärmequellen und die Art der Wärmeübertragung. Eine bedeutende Wärmequelle bildet der radioaktive Zerfall vor allem der Elemente Uran, Thorium, Kalium (K^{40}). Saure Gesteine, z. B. Granite, haben einen höheren Gehalt an diesen radioaktiven Elementen als basische. Daher ist es überraschend, daß kein wesentlicher Unterschied der Wärmeflußwerte zwischen Kontinenten und Ozeanen besteht, was wiederum zu der Schlußfolgerung führt, daß unter den Ozeanen die Temperatur stärker zunehmen muß als unter den Kontinenten. Beispielsweise gibt LUBIMOVA für eine Tiefe von 50 km unter dem Baltischen Schild eine Temperatur von 450 °C an, während er für die gleiche Tiefe der ozeanischen Küste östlich der Kurilen etwa 1100 °C errechnet.

Für die Temperaturverteilung in Mantel und Kern ist die Art der Wärmeübertragung von großer Bedeutung. In der Kruste ist allein die Wärmeleitung maßgebend. Bei höherer Temperatur (Erdmantel) gewinnt dagegen die Wärmeübertragung durch Strahlung immer mehr Einfluß. Ebenso muß damit gerechnet werden, daß hier Wärme durch aufsteigende Massen (Konvektionsströme) nach oben transportiert wird. Diese verschiedenen Faktoren sind im einzelnen schwer zu erfassen, und entsprechend sind Temperatur-Extrapolationen mit großer Unsicherheit behaftet. Sicher ist, daß der an der Erdoberfläche gemessene Temperaturgradient sich nicht mit gleichbleibendem Wert bis zum Erdmittelpunkt fortsetzt; es würden sich sonst Temperaturen von weit über 100 000 °C ergeben, d. h. also: Der Temperaturgradient muß mit der Tiefe abnehmen. Die Meinungen über die Höchsttemperaturen schwanken je nach Autor z. B. für 700 km Tiefe zwischen 1800 °C und 3500 °C, für den Bereich um 2900 km zwischen 2500 °C und 4500 °C und für den Erdmittelpunkt zwischen 3000 °C und 6000 °C (s. Tab. VI, S. 149).

Gesicherte Vorstellungen über die thermische Entwicklungsgeschichte der Erde gibt es bis heute noch nicht. Diese Fragen hängen eng mit dem Problem ihrer Entstehung und ihrer Entwicklung im Inneren zusammen, z. B. einer Vergrößerung oder Verkleinerung des Erdkerns. Auch kann heute noch nicht mit Sicherheit gesagt werden, ob die im Inneren produzierte Wärmemenge größer oder kleiner ist als die Menge, die in den Weltenraum abgegeben wird.

Für die Energieversorgung in der Zukunft können Wärmeströme da angezapft werden, wo sie höhere Temperaturen erreichen, z. B. im Raum Landau (Pfalz). Hier hat der Wärmestrom fast die doppelte Temperatur wie in der weiteren Umgebung. In vielen anderen Gebieten gibt es erhöhte Wärmeströme, die z. T. bereits ausgenutzt werden, z. B. Island, Ungarn usw.

Magnetismus und Paläomagnetismus

Eine nach allen Seiten frei bewegliche Magnetnadel nimmt an jedem Punkt der Erdoberfläche eine bestimmte Lage gegenüber der geographischen Nordrichtung (Deklination = Winkel zwischen der geographischen Nordrichtung und der Achse der Magnetnadel) und der Horizontalen (Inklination = Winkel zwischen der Horizontalen und der Achse der Magnetnadel) ein. Diese Ausrichtung der Nadel wird durch das erdmagnetische Feld verursacht. Da gleichnamige Pole sich abstoßen, ungleichnamige sich anziehen, muß der auf der Nordhalbkugel liegende magnetische Pol als magnetischer Südpol bezeichnet werden und umgekehrt. Linien gleicher Deklination (Isogonen) und Linien gleicher Inklination (Isoklinen) verlaufen nicht parallel den Meridianen und den Breitenkreisen, sondern weichen mehr oder minder von ihnen ab[1]. Die beiden magnetischen Pole liegen außerhalb der Rotationspole der Erde — z. B. der magnetische Südpol in der nördlichen kanadischen Inselwelt (Bathurst-Insel) — und bilden auch keine genauen Antipoden.

Das magnetische Feld an einem Punkt wird beschrieben durch die Kraft auf den magnetischen Einheitspol, die sog. Feldstärke, mit der Maßeinheit Gauß bzw. Oersted (Oe) und der Richtung dieser Kraft (Deklination, Inklination).

Das erdmagnetische Feld setzt sich aus einem äußeren (2 %) und einem inneren Anteil zusammen. Das äußere Feld wird durch in der Ionosphäre fließende Ströme verursacht. Der größte Teil des inneren Feldes kann mathematisch durch die Wirkung eines Magneten, eines sog. Dipols, beschrieben werden, der im Erdmittelpunkt liegt und dessen Achse z. Z. 11,5° gegen die Rotationsachse geneigt ist. Diesem symmetrischen Dipolfeld sind Anomalien verschiedener Stärke und verschiedenen Ausmaßes überlagert. Es gibt regionale Anomalien, die sich über Ozeane und Kontinente erstrecken und andererseits Anomalien in der Größenordnung von km bis zu cm. Die physikalische Quelle des Hauptanteils des inneren Feldes muß im äußeren Erdkern angenommen werden. Da hier einerseits ein flüssigkeitsähnlicher Zustand vorliegt und andererseits freie Ladungsträger (Elektronen, Ionen) vorhanden sind, kann durch thermisch bedingte Fließbewegungen der Materie ein Magnetfeld entstehen. Unregelmäßigkeiten in diesem Strömungssystem sind die Ursache für regionale Anomalien. Die Anomalien kleineren Ausmaßes werden erzeugt durch verschieden starke magnetische Gesteine in der Erdkruste. Diese Magnetisierung erfolgt durch das Erdkernfeld. Träger der Magnetisierung in den Gesteinen ist vor allem der Magnetit. Magnethaltige Erze und Gesteine (z. B. Basalt) geben in den meisten Fällen zu einer mehr oder minder starken Anomalie Anlaß und können daher mit Hilfe magnetischer Prospektionsmethoden erkannt und in ihrem Umfang von der Erdoberfläche her erkundet werden (z. B. in Skandinavien).

Der innere Anteil des erdmagnetischen Feldes ist sehr langsamen Änderungen unterworfen (Säkularvariationen). So rückt z. B. in Deutschland die Isogone mit der Deklination Null im Jahr um 20 km nach W. 1975 wird in Berlin der Kompaß

---

[1] Diese Abweichungen lassen keinen Zusammenhang mit dem tektonischen Bau der Erdkruste erkennen, also auch keine Unterschiede zwischen Ozeanböden und Kontinentalschollen.

oberhalb Curiepunkt → Magnetisierung verschwindet

genau in Richtung des geographischen Nordpols zeigen. Diese Säkularvariation erfolgt regional mit unterschiedlicher Intensität. Die Ursache dieses Wanderns des magnetischen Erdfeldes kann auf langsame Variationen des Strömungssystems im äußeren Erdkern zurückgeführt werden.

Da das Erdfeld langfristigen Änderungen unterliegt, ist die Ermittlung der fossilen Deklination und Inklination das Aufgabengebiet des *Paläomagnetismus.* Die Magnetisierung eines Gesteins setzt sich aus einem induktiven und einem remanenten Anteil zusammen. Der remanente Anteil hat eine rezente Komponente (isothermale Remanenz), eine viskose Komponente (gebildet in der Zeitspanne von der Entstehung des Gesteins bis heute) und die primäre oder charakteristische Komponente, die zur Zeit der Bildung des Gesteins entstand. Eine primäre Remanenz kann durch verschiedene Prozesse entstehen. So bildet sich bei der Abkühlung magnetithaltiger Gesteine kurz unterhalb des Curie-Punktes (Entstehung des Ferromagnetismus) auch im schwachen Erdfeld eine starke Remanenz, die sog. Thermoremanenz, aus. Eine weitere primäre Remanenz ist die chemische Remanenz, die hauptsächlich bei Sedimenten auftritt und wahrscheinlich an diagenetische Vorgänge geknüpft ist. Schließlich tritt noch eine Sedimentationsremanenz auf, bei der schon magnetisierte Minerale sich in strömungsfreien Gewässern mit ihrer magnetischen Achse in Richtung des damaligen Erdfeldes ablagern.

Durch Eliminierung der rezenten und viskosen Komponenten mit Hilfe stufenweiser Abmagnetisierung der Gesteinsproben läßt sich die relativ stabile primäre Komponente herauspräparieren. Da die primäre Magnetisierung der erzeugenden primären Feldrichtung parallel ist, lassen sich die fossile Deklination und Inklination angeben. Die zeitliche Einordnung erfolgt nach geologischen Kriterien oder radioaktiven Altersbestimmungen.

Sieht man von den geringen Säkularvariationen ab, so läßt sich für die letzten 25 Mill. Jahre (bis zum Miozän) sagen, daß das Erdfeld ebenfalls durch einen Dipol beschrieben werden kann, dessen Achse wie heute nahe der Rotationsachse lag. Dieses Ergebnis beruht auf Gesteinsproben aus allen Kontinenten. Dabei bleibt die Polarität des Dipols unberücksichtigt. Untersucht man Gesteine aus dem Alttertiär bis ins jüngere Paläozoikum, so ergeben sich zwei neue Tatsachen: 1. Gleichaltrige Gesteine jedes Kontinents ergaben eine kontinenteigene Pollage. 2. Je weiter man in der Erdgeschichte zurückgeht, desto mehr entfernen sich die Pole auf getrennten Bahnen vom heutigen magnetischen Pol. Hierfür gibt es zwei Deutungsmöglichkeiten: Entweder beläßt man die Kontinente in ihrer heutigen Lage, muß dann aber annehmen, daß das fossile Magnetfeld kein Dipol-Feld war; oder das Erdfeld hatte auch vor dem Tertiär Dipol-Charakter, dann müssen sich aber die Kontinente relativ zueinander bewegt haben. Der zweiten Deutung wird z. Z. der Vorzug gegeben. Aus dem Unterschied der Polbahnen läßt sich die relative Bewegung der Kontinente untereinander rekonstruieren. Daten aus dem älteren Paläozoikum sind vorerst noch unsicher. Wenn auch manche Fragen über die gegenseitige Lage der Kontinente noch offen sind, so läßt sich doch mit Sicherheit sagen, daß in der Vergangenheit die Anordnung der Kontinente anders war. Freilich ist

29

einstweilen die Voraussetzung hierzu, nämlich die frühere paläogeographische Übereinstimmung mit den im Laufe der Erdgeschichte gedrehten Kontinentalschollen einstweilen nicht erfüllt.

Die Frage, ob die Dipol-Achse des Magnetfeldes immer mit der Rotationsachse gekoppelt war, kann von Seiten der Paläomagnetik allein nicht entschieden werden. Nimmt man an, daß die Erde auch in vergangenen Epochen eine ähnliche Verteilung der Klimazonen bezüglich der Rotationsachsen besessen hat wie heute, so kann man z. B. aus der Ausbildung der Gesteine ableiten, welche Bereiche ursprünglich in der Nähe des geographischen Äquators gelegen haben müssen. Zum Beispiel hat im oberen Perm und in der unteren Trias in Mitteleuropa arides Klima geherrscht (Zechsteinsalze und Buntsandstein). Aus paläomagnetischen Daten ergibt sich für diesen Raum, daß er 10°—20° nördlich des damaligen magnetischen Äquators gelegen haben muß. Allerdings findet sich trotz aller Drehversuche kein entsprechendes Gegenstück südlich dieses Äquators.

Ein besonderes Problem bieten die invers-magnetischen Gesteine. Auf Island, in Hessen, auf der Schwäbischen Alb, in Japan und anderswo zeigen sich Flut- und andere Basalte in ihren verschiedenen Strömen oder Lagen unterschiedlich magnetisiert. Man hat zur Erklärung folgende Möglichkeiten erörtert: Bei gewissen Vorgängen kann sich im Gestein eine Magnetisierungsrichtung einstellen, die antiparallel gegenüber dem erregenden Erdfeld ist (Selbstumkehr). Wahrscheinlicher jedoch ist, daß zum Zeitpunkt der Magnetisierung das Erdfeld eine Polarität besaß, die der heutigen entgegengesetzt war. In den Basaltströmen Islands tritt ein mehrfacher Polaritätswechsel auf, den man sogar für die geologische Kartierung verwenden kann. Während die Zeitdauer einheitlicher Polarität über Jahrmillionen erreichen kann, vollzieht sich der Polaritätswechsel in einer Zeitspanne in der Größenordnung von 10 000—20 000 Jahren. Da der Prozeß der Umkehrung global ist, wird gegenwärtig versucht, eine Polaritätstabelle für die Vergangenheit aufzustellen.

Zur Zeit wird mit Hilfe paläomagnetischer Messungen der Versuch unternommen, Schollenverschiebungen der Erdkruste festzustellen, z. B. soll sich Italien um 30° entgegen dem Uhrzeigersinn gedreht haben, das Gebirge der Dinariden aus Anatolien herausgedriftet sein usw. Aus solchen Verschiebungen ergibt sich schließlich die Plattentektonik (vgl. S. 146). Es ist noch zu früh, von geologischer Seite aus dazu Stellung zu nehmen, zumal viele Deutungen den geologischen Erfahrungen widersprechen, so z. B. das Mosaik von Mikroplatten.

Erdkruste und Zeitrechnung (Geochronologie)

Mit der Bildung der ersten Erstarrungskruste setzt der geologisch überschaubare Teil der Entwicklungsgeschichte unseres Planeten ein. Die mehr als 3,5 Mrd. Jahre alten Gesteine haben keine direkte Beziehung mehr zu der ersten Erstarrungskruste.

Relative und absolute Altersbestimmungen wurden schon lange versucht. Früher kannte man nur spekulative Überlegungen, dabei hat man aber grundsätzlich die Länge der geologischen Zeiträume weit unterschätzt; so hat noch GOETHE ein Alter der Erde von 6000 Jahren für „Narrheit" gehalten. Zur Geochronologie gehören aber die relative und die absolute zeitliche Aufeinanderfolge der erdgeschichtlichen Ereignisse.

Um das Alter festzustellen, kann man z. B. von der aktualistischen Betrachtungsweise ausgehen und ausrechnen, wieviel m³ Gestein etwa jährlich in einem bestimmten Delta aufgeschüttet oder in welcher Dicke jährlich die Schichten auf dem Boden eines Sees oder Meeres, beispielsweise in der Nordsee, abgelagert werden oder wie rasch jährlich ein Korallenriff wächst usw. Von den dabei gewonnenen Ergebnissen aus könnte man dann auf die Zeitdauer der Bildung von Gesteinen früherer Perioden schließen. Man hat die Bildungsdauer der großen Deltas im Brienzer See, Vierwaldstätter See, Züricher See u. a. berechnet, um festzustellen, wieviel Jahre seit dem Ende der Eiszeit verstrichen sind. Die genannten Deltas begannen sich sofort beim Rückzug des Eises vom Alpenrand zu bilden. Man kommt dabei ganz übereinstimmend zu Werten von 12 000 bis 15 000 Jahren.

Relative Zeitrechnung erfolgt in der Erdgeschichte (Stratigraphie, s. S. 151) und geht von der Aufeinanderfolge der sedimentären Ablagerungen und ihres Fossilinhaltes aus. Sie ist die Grundlage unserer Formationstabellen (Tab. VI). Eine absolute Zeitrechnung wurde zuerst von dem schwedischen Geologen DE GEER aufgestellt, der die Ablagerungen des Eisrückzuges im südlichen Schweden untersuchte. Dort wurden in der damals größeren Ostsee Bändertone abgesetzt, die eine vorzügliche Jahresschichtung zeigen *(Warven)*. Wie man aus den Jahresringen eines Baumes dessen Alter bestimmt, so bestimmt man aus der Zahl der Warven das Alter der Bändertone. Jede Jahresschicht, bis 1 cm dick, besteht aus einer dickeren und hellen Feinsandlage und einer dünneren, dunklen Tonlage. Die helle Lage entspricht dem rascheren Abschmelzen des Eises im Sommer, die dunklere dem langsameren Abschmelzen im Winter, in dem die Reste organischer Substanz infolge mangelnder Wärme nicht oxydiert wurden. Man kann daher die Länge der Zeitdauer seit dem Rückzug des Eises aus dem Gebiet südlich der Ostsee in Mecklenburg und Pommern auf ca. 20 000 Jahre schätzen, ein Wert, der sich mit dem oben aus dem Alpenvorland angegebenen vorzüglich deckt, da ja dort nur die Zeitdauer seit dem Rückzug des Eises vom Alpenrand weg berechnet wurde, nicht aber von einer Eisrandlage weiter draußen im Alpenvorland. Die Schwierigkeit der Warvenzählung liegt darin, die vielen Einzelprofile, die man im Gelände gewinnt, richtig zusammenzusetzen.

Es ist begreiflich, daß man in ähnlicher Weise wie bei den Bändertonen auch bei feinschichtigen Gesteinen von sehr viel höherem Alter zu verfahren suchte, z. B. in tertiären Molassegesteinen der Westschweiz, wo in jedem Herbst eine neue Blätterlage eingeschwemmt wurde (Bildungszeit von 1 m Sandstein = 610 J.) oder im Kulm Thüringens, wo man Sonnenfleckenschwankungen von heute bekannter Dauer für die Schichtung heranzog. Auch für permische salinare Gesteine wurde diese Methode mit Erfolg angewandt.

Methodisch gleichartig ist auch die *Tephrochronologie*, wobei mit Hilfe vulkanischer Ablagerungen Einblick in den zeitlichen Ablauf der Landschaftsgeschichte gewonnen wird.

Größte Bedeutung für absolute Altersbestimmungen hat das radioaktive Zeitmeßverfahren (radiometrische Methoden). Von den 92 in der Natur vorkommenden Elementen zeigt eine Reihe radioaktive Zerfallserscheinungen. Insbesondere die instabilen Elemente wie z. B. Uran, Actinium-Uran, Thorium, Radium wandeln sich gesetzmäßig innerhalb bestimmter Zeiträume in andere Stoffe um. Die Radioaktivität macht sich bemerkbar durch zwei Arten von Korpuskularstrahlen und eine Wellenstrahlung:

1. α-Strahlen (Heliumkerne)
2. β-Strahlen (Elektronen)
3. γ-Strahlen (Energie als kurzwellige, elektromagnetische Strahlen und Wärme).

Unter Aussendung dieser Strahlen entstehen aus den radioaktiven Elementen neue Elemente niederer Ordnungs- (= Kernladungs-) zahl. Häufig sind aber auch die neuen Kerne wiederum radioaktiv, so daß der Zerfall so lange weitergeht, bis sich ein Element mit stabilem Kern gebildet hat. Auf diese Weise ergeben sich drei aus der Natur bekannte Zerfallsreihen, die für die absolute Zeitmessung von Bedeutung sind, die man daher nach verschiedenen Methoden vornehmen kann. Wesentlich ist, daß der Zerfallsprozeß unabhängig von allen äußeren Bedingungen wie Druck, Temperatur oder chemischen Bindungsarten vor sich geht und im Laufe der Erdgeschichte vor sich gegangen ist. Die Zerfallsgeschwindigkeit, d. h. die Abnahme der Menge des radioaktiven Stoffes pro Zeiteinheit, ist dabei der in jedem Augenblick noch vorhandenen Menge proportional.

Das bedeutet, daß sich die Zerfallsgeschwindigkeit in dem Maße verlangsamt, wie die Menge der radioaktiven Muttersubstanz abnimmt. Dieser Prozeß der völligen Umwandlung des Mutterkerns in das inaktive, stabile Endprodukt geht so unvorstellbar langsam vor sich, daß es nicht möglich ist, die Zeit anzugeben, in der die ursprüngliche Gesamtmenge zerfallen ist. Es läßt sich aber ermitteln, in welcher Zeit etwa die halbe Menge des radioaktiven Stoffes zerfällt, denn die Zerfallskonstante, die angibt, wieviel von der Menge des Ausgangsstoffes in einer Sekunde zerfällt, läßt sich experimentell feststellen und ist heute für fast alle radioaktiven Elemente bekannt. Aus diesem Grund rechnet man mit der „Halbwertszeit". Lange Halbwertszeiten bedeuten demnach kleine Zerfallsgeschwindigkeiten. Die Altersbestimmung muß sich also vor allem auf die genaue Kenntnis der Zerfallskonstanten bzw. der Halbwertszeiten stützen und das jetzt quantitativ vorliegende Atomverhältnis des Endisotops zum Mutterkern bestimmen. Ebenso muß auch die Häufigkeit der Isotope im Zerfallselement bekannt sein. Daraus errechnet sich schließlich das Alter oder die Zeit, die seit Beginn des Ablaufs des radioaktiven Zerfalls bis heute vergangen ist. Wichtig ist, daß die Uhr des Zerfalls erst dann einsetzt, wenn das betreffende Gestein eine bestimmte Abkühlungstemperatur erreicht hat, d. h. ein geschlossenes System vorliegt, in dem seit Bildung des Minerals oder des Gesteins kein am radioaktiven Prozeß mehr beteiligtes Element aufgenommen oder abgegeben wird.

Die Halbwertszeiten der einzelnen Elemente sind sehr unterschiedlich. Damit sich die Hälfte von 1 g U^{238} in das stabile Pb^{206} umwandelt, sind 4,5 Mrd. Jahre nötig, wobei in den Zwischenstufen Werte von mehreren Mrd. Jahren bis zu Bruchteilen einer Sekunde auftreten. Nach weiteren 4,5 Mrd. Jahren zerfällt die 0,5 g schwere Menge des U^{238} wieder um die Hälfte, usw.

Für die Zeitmessung sind folgende Methoden besonders interessant:

1. *Blei-Methoden.*

Sie führen im Endprodukt zum stabilen (radiogenen) Blei.

a) Uran-Zerfallsreihe: Sie geht vom Uran-Isotop U^{238} aus und verläuft über 13 instabile Zwischenstufen bis zum stabilen Endprodukt, dem Blei-Isotop Pb^{206} Während des Zerfalls werden außerdem durch α-Strahlung insgesamt acht Heliumatome frei (und durch β-Strahlung sechs Elektronen).

b) Actinium-Uran-Zerfallsreihe: Hierbei zerfällt das Actinium-Uran U^{235} über zehn Zwischenstufen in das Blei-Isotop Pb^{207}. Daneben entstehen noch sieben Heliumatome (und vier Elektronen).

c) Thorium-Zerfallsreihe: Das Thorium-Isotop Th^{232} zerfällt über neun Zwischenstufen in das Blei-Isotop Pb^{208}, wobei sechs Heliumatome frei werden (und vier Elektronen).

Das jeweils entstehende stabile Blei unterscheidet sich nur im Atomgewicht, aber nicht in seinen chemischen Eigenschaften. Zur Untersuchung und Häufigkeitsbestimmung der Isotopen, also der Modifikation eines Elements, dient das Massenspektrometer.

Die oben genannte Methode enthält freilich auch in Einzelfällen Ungenauigkeiten. So kann z. B. die Verwitterung von Ausgangsmaterial oder von Blei-Isotopen zu einseitigen Substanzverlusten und zu einem danach nicht mehr zutreffenden Verhältnis der Stoffe zueinander geführt haben, deren Größenordnung nicht überblickt werden kann. Schwierig ist es auch, wenn radiogen entstandenes Blei, das bereits vor der Mineralbildung vorhanden war, sich nun mit dem Anteil des gleichen Isotops, das sich erst nach der Mineralentstehung gebildet hat, in dem analytisch ermittelten Endprodukt zusammenfindet. Auch sollte der Gehalt von nicht radiogenem Blei im Verhältnis zu dem radiogenen Isotop möglichst gering sein, obwohl die Bestimmung des natürlichen Bleis ($Pb^{207,19}$) durch Messung der Isotopenverhältnisse und durch die Abtrennung von den radiogenen Blei-Isotopen massenspektroskopisch durchführbar ist. Die Altersbestimmung beruht hierbei auf der Abweichung des Verhältnisses zwischen „primären" und radiogenen Isotopen.

Schließlich ist aber auch die Altersbestimmung aus dem Verhältnis der stabilen End-produkte der U^{235}- und der U^{238}-Zerfallsreihe (Pb^{207} : Pb^{206}) bei gleichzeitiger Mine-ralbildung anwendbar und vor allem bei Uran- oder Bleiverlusten recht zuverlässig (Pb — Pb-Methode).

2. Helium-Methode

Hier stellt man das Verhältnis von Helium zu Uran oder Thorium fest. Aber wegen der leichten Möglichkeiten, daß das Edelgas entweicht, gibt diese Methode häufig zu kleine Alterswerte.

Außer den drei unter a—c genannten Zerfallsreihen in der Natur gibt es noch einige natürliche Nuklidpaare, bei denen bestimmte Isotope zerfallen und ohne instabile Zwischenstufen in andere Elemente übergehen. Von ihnen wendet man heute in der Geochronologie folgende Datierungsmethoden an:

3. Rubidium-Strontium-Methode

Das Isotop Rb^{87} zerfällt zu Sr^{87} unter Aussendung von β-Strahlen. Rubidium-reiche Minerale mit geringem Gehalt an nicht radiogenem Strontium sind vor allem pegmatitisch gebildete Glimmerminerale, hydrothermale Kalifeldspäte, Hornblen-den in umgelagerter Form, aber auch Sandsteine.

4. Kalium-Argon-Methode

Das Isotop K^{40} geht unter β-Strahlung in Ca^{40} und das Edelgas Ar^{40} über. Diese Methode hat seit einiger Zeit immer mehr an Bedeutung gewonnen, da ja Kalium in vielen Mineralen vorkommt, am meisten im Kalifeldspat (Orthoklas), in Kaliglimmern (Muskovit-Serizit), oder auch in Kalisalzen. Die Methode liefert aber wegen der Flüchtigkeit des Argons (1,3 Vol. % Ar-Gehalt der Luft!) häufig kleinere Werte als es dem wirklichen Alter der Gesteine entspricht.

Die letzte Gruppe radioaktiver Prozesse in der Natur wird durch kosmische Strahlung hervorgerufen, wodurch infolge Neutronen-Einwirkung eine Elementen-umwandlung eintritt.

5. C^{14}-(Radiocarbon-)Methode

Bei dieser Methode handelt es sich um das radioaktive Kohlenstoff-Isotop C^{14}, das sich in der Stratosphäre durch Neutronenbeschuß in das Stickstoff-Isotop N^{14} umbildet. Mit dem stabilen C^{12} steht C^{14} in einem Gleichgewichtszustand (10^{12} : 1 Atom). Als $C^{14}O_2$ gelangt der Kohlenstoff durch Assimilation in die Pflanzen und über diese auch in tierische Organismen. Er steht in einem konstanten Verhältnis zum normalen C^{12}. Mit dem Absterben des Organismus hört die weitere Zulie-rung von C^{14}-Isotopen auf und der bis dahin vorhandene Gehalt an diesem Isotop wandelt sich langsam um. Der Unterschied zwischen dem beim Zerfall immer gerin-ger werdenden C^{14}-Gehalt des Untersuchungsobjektes und dem normalen C^{14}-Gehalt ist das Maß für die Zeit, die seit dem Tode des Organismus vergangen ist. Der Anwendungsbereich der Radiocarbon-Methode bleibt aber bei einer Halbwertszeit von nur 5570 Jahren auf die jüngste erdgeschichtliche Vergangenheit, ca. 50 000 Jahre, ausnahmsweise bis maximal 70 000 Jahre, beschränkt. Holz, Torf oder Braun-kohle sind dabei die geeigneten Substanzen.

Mit den Methoden der absoluten Zeitrechnung gelingt es, sehr hohe Alter der Gesteine mit den Blei-, Helium- und Kalium-Argon-Methoden festzustellen, aber keine kurzen Zeiträume, wie etwa der jüngsten erdgeschichtlichen Vergangenheit. Für diese bietet sich glücklicherweise die Radiocarbon-Methode an.

Die Halbwertszeiten der oben genannten radioaktiven Stoffe in Jahren sind:

$$U^{238} = 4,51 \times 10^9 \qquad K^{40} = 1,47 \times 10^9 \text{ (Endisotop } Ca^{40}\text{)}$$
$$U^{235} = 7,13 \times 10^8 \qquad K^{40} = 1,19 \times 10^{10} \text{ (Endisotop } Ar^{40}\text{)}$$
$$Th^{232} = 1,39 \times 10^{10} \qquad C^{14} = 5,6 \times 10^3$$
$$Rb^{87} = 5,0 \times 10^{10}$$

Primär findet man die radioaktiven Minerale nur in den aus magmatischen Schmelzen hervorgegangenen Erstarrungsgesteinen, von denen die sauren, d. h. kieselsäurereichen, einen prozentual größeren Anteil enthalten als die basischen. Erst nachdem die Verwitterung den primären Gesteinsverband aufgelöst hat und eine Umlagerung der einzelnen Komponenten eintritt, können radioaktive Minerale auch auf sekundärer Lagerstätte in Sedimentgesteinen auftreten (z. B. Witwatersrand-System in Südafrika oder Red Beds in den USA). Allen diesen Mineralen und Gesteinen sind die Endprodukte des radioaktiven Zerfalls beigemengt. Uran- und Thoriumminerale enthalten deshalb stets Blei und Helium, wodurch die Möglichkeit der Altersbestimmung gegeben ist.

Bei Gesteinen, die eine oder mehrere Metamorphosen (siehe S. 129) mitgemacht haben, bei denen mehr oder weniger neue Mineral- und Gesteinsbildungen eingetreten sind, macht zwar nicht die Altersbestimmung der letzten Metamorphose (Umbildung), wohl aber die Bestimmung des Alters der Ausgangsgesteine große Schwierigkeiten. Hier kann nur das Alter der letzten Metamorphose und der durch sie bewirkten Mineralisation festgestellt werden. Wenn nicht Reliktminerale älterer Zeiten der Metamorphose entgangen sind, kann das ursprüngliche Alter nicht mehr bestimmt werden. In solchen Fällen treten daher häufig Altersverfälschungen auf.

Interessant sind noch die Ausblicke, welche die auf der Grundlage radioaktiver Zeitbestimmung ermittelten Werte auf das Alter der gesamten Erde geben, denn das höchste radioaktiv gemessene Alter muß ja gleichzeitig das Mindestalter der Erde sein. Dieses ist in den letzten Jahren immer höher geworden und wird heute mit fast 4 Mrd. Jahren angenommen. Es ist jedoch wahrscheinlich, daß das Gesamtalter der Erde weit größer ist. Aufgrund zusätzlicher kernphysikalischer Hypothesen über das Alter der Elemente auf der Erde und der Altersbestimmung von Steinmeteoriten nach der Blei-, Argon- und Strontium-Methode neigt man heute zu einem Wert von 4,5—5 Mrd. Jahren. Die Elemente schließlich sollen sich vor 6—7 Mrd. Jahren gebildet haben. Nach neuesten Angaben dagegen war die Elementsynthese vor 4,8 Mrd. Jahren bereits abgeschlossen. Von diesem Zeitraum bis zur ersten Bildung einer glutflüssigen Erde sollen danach nur 300—400 Mill. Jahre vergangen sein, während die Zeitspanne bis zur ersten festen Erdkruste und der Ozeanbildung noch einmal 1,5 Mrd. Jahre betragen haben soll. Das würde bedeuten, daß die Entstehung der sialischen Erdkruste erst vor etwa 4 Mrd. Jahren erfolgt ist. Die ältesten sichtbaren Gesteine sind ca. 3,6 Mrd. Jahre alt.

6. Eiweiß-Methode

Zuletzt sei noch auf diese neue Methode der Zeitmessung hingewiesen. Primäre Aminosäuren wandeln sich nach dem Absterben organischer Substanz um: L-Aminosäuren der lebenden Substanz gehen in D-Aminosäuren toter Substanz über. Freilich verändern sich die Zerfallszeiten nach der Temperatur, aber der Vorteil dieser Methode gegenüber der Radiocarbon-Methode liegt darin, daß sie für einen Zeitraum bis einige 100 000 Jahre anwendbar ist, wobei die Genauigkeit bis 50 000 Jahre zurück durch Vergleich mit der C^{14}-Methode kontrolliert werden kann.

Der Kreislauf der Stoffe

Die Gesteinsschmelze (das Magma)

Besonders eindrucksvoll sind die Stellen auf der Erdoberfläche, in denen glut-flüssige Gesteinsschmelze aus der Erde herausquillt. Sie haben in besonderem Maße zu geologischem Nachdenken angeregt, da sie gewissermaßen eine direkte Verbindung zum Unterirdischen darstellen. Großartiger noch und viel ausgedehnter aber sind jene Vorgänge und Produkte, die die Gesteinsschmelze im subkrustalen Bereich erzeugt und die im unmittelbaren Zusammenhang mit dem tektonischen Bau der Erdkruste stehen.

Beide Erscheinungen, die Förderung glühenden und flüssigen Gesteinsmaterials an die Erdoberfläche und die Erstarrung mächtiger viskoser Schmelzkörper in der Tiefe, werden unter dem Begriff *Magmatismus* zusammengefaßt. Unter *Magma* versteht man eine vorwiegend silikatische Schmelzlösung von mehr oder weniger geologischer Selbständigkeit (beziehungsschwach zur Umgebung) und einer den Ausmaßen des Magmenkörpers angepaßten Homogenität. Im Magma befindet sich im allgemeinen noch eine größere oder kleinere Menge ausgeschiedener Kristalle. Die ursprüngliche Homogenität im Magma kann durch nachträgliche Veränderungen wie durch Differentiation oder Assimilation wieder verwischt werden. Man muß ferner unterscheiden zwischen einem juvenilen Magma, das aus großer Tiefe stammt und noch nicht am Kreislauf der Gesteine teilgenommen hat, und einem palingenen (siehe S. 135 und Abb. 1) Magma, dessen Ausgangsstoffe durch Aufschmelzung entstanden sind, und das nachweislich schon in den Kreislauf einbezogen war. Bei Vermischung von Magma verschiedenen Ursprungs entstehen hybride Magmen.

Das Magma kann innerhalb der Kruste kleine und große Gesteinskörper aufbauen, die *Plutone*. Nach ihnen bezeichnet man diese Art des Magmatismus als *Plutonismus*. Plutone werden erst nach der Abtragung mehr oder weniger dicker Gesteinsmassen, in denen sie mit ihrem Dach stecken geblieben sind, an der Erdoberfläche sichtbar und in die Verwitterung einbezogen. Die plutonischen Magma-Kuppeln übertreffen die vulkanischen Formen um das Vielfache.

Gelingt es dem Magma, bis an die Erdoberfläche aufzusteigen, so kann die Schmelze als *Lava* ausfließen. Daneben werden auch feste und gasförmige Massen ausgeworfen. Alle diese Erscheinungsformen nennt man *Vulkanismus*. Manchmal erreicht auch nur ein kleiner Teil der im Aufstieg begriffenen Schmelze die Oberfläche, der andere, größere bleibt in geringer Tiefe zurück. In vielen Fällen reicht aber die Energie nicht zum Durchbruch an die Erdoberfläche aus, sondern der ganze Schmelzkörper bleibt im obersten Bereich der Kruste stecken, wo er sich als eine Art unterirdischer Vulkan mit eigenem Formenschatz und Baustil von den oberirdischen Vulkanen unterscheidet. Demnach kann man den Vulkanismus in *Oberflächen*- und *Subvulkanismus* aufteilen, aber beide gehören nach Herkunft ihrer Schmelzen und nach ihren Gesteinen eng zusammen.

Die aus dem Magma hervorgehenden Gesteine, die *Magmatite,* bilden demnach zwei große Gruppen: die *Vulkanite* (Gesteine des Vulkanismus und Subvulkanismus) und die *Plutonite* (Tiefengesteine). Legt man für die Einteilung der Magmatite die Erdoberfläche zugrunde, so lassen sich *Extrusiva* (Ergußgesteine) und *Intrusiva,* d. h. die in die oberen Stockwerke der Erdkruste eingedrungenen Magmagesteine, gegenüberstellen. In diesem Falle zählen die Gesteine des Subvulkanismus als Subvulkanite neben den Plutoniten mit zu den Intrusiva.

Während die Vulkanite als Typusgesteine die Basalte haben, die unter ihnen am meisten verbreitet sind, gehören unter den Plutoniten die Granite zum vorherrschenden Typusgestein. Wie wenig die beiden miteinander zu tun haben, zeigt ihr voneinander völlig verschiedener Chemismus, der auch die Verschiedenheit von Aussehen und Struktur bedingt (Basalt dunkel-schwarz mit dichter oder feinkörniger Struktur, Granit hell mit mittel- oder grobkörniger Struktur).

Oberflächenvulkanismus

In der jüngeren geologischen Vergangenheit wurden mehr als 2 Mill. km² der Landoberfläche von Lava überflossen und zum Teil bis 5000 m Mächtigkeit bedeckt. Das Ausmaß dieser Magmenüberflutung erscheint gewaltig, doch ist es gemessen an der Größe der Faltengebirge nur ein kleiner Bruchteil. Die vulkanischen Erscheinungen nehmen daher bei der Gestaltung der Erdoberfläche nur einen untergeordneten Platz ein, dennoch gehören sie zu den interessantesten Naturerscheinungen.

Die Zahl der in historischer Zeit tätig gewesenen und noch heute tätigen Vulkane wird mit 500—550 angegeben. Dabei sind noch immer nicht alle Vulkane entdeckt, geschweige denn erforscht, wie das W. ZEIL neuerdings aus den chilenischen Anden zeigen konnte. Trägt man diese etwa 500 bekannten Vulkane in eine Weltkarte ein, so ergibt sich eine gewisse Häufung in ganz bestimmten Gebieten, wie z. B. in den zirkumpazifischen Kontinentalrändern, in manchen Randgebieten des Indischen Ozeans oder des amerikanischen und europäischen Mittelmeeres sowie im Gebiet der großen afrikanischen Grabenbrüche. Das alles sind geologische Schwächezonen, die an Schollenverschiebungen im Untergrund mit Bruch-, Spalten- und Grabenbildungen gebunden sind. Wir ziehen daraus den Schluß, daß sich die magmatische Schmelze durch inhomogene, tektonische Zerrüttungszonen der Erdkruste den Weg bis an die Oberfläche bahnt.

Wie kommt es überhaupt zum Ausfluß oder Ausbruch der Lava? In ungestörten Gebieten steht das Magma unter dem Druck der auflastenden Gesteinsverbände, d. h. Außendruck und der dem Magma eigene Innendruck stehen im Gleichgewicht. Tritt durch tektonische Ereignisse eine Druckentlastung z. B. durch Aufreißen tiefreichender Spalten ein oder treten Ungleichgewichte der Wärmeverteilung im oberen Mantel auf (siehe S. 148), wird das Gleichgewicht zugunsten des jetzt relativ größer gewordenen Innendruckes gestört. Die Schmelze dringt nun nach dem Prinzip der kommunizierenden Röhren so weit in die Spalten ein, bis sie durch ihr Gewicht den gleichen Druck auf das tiefere Magma ausübt wie die anderen Gesteine der Erd-

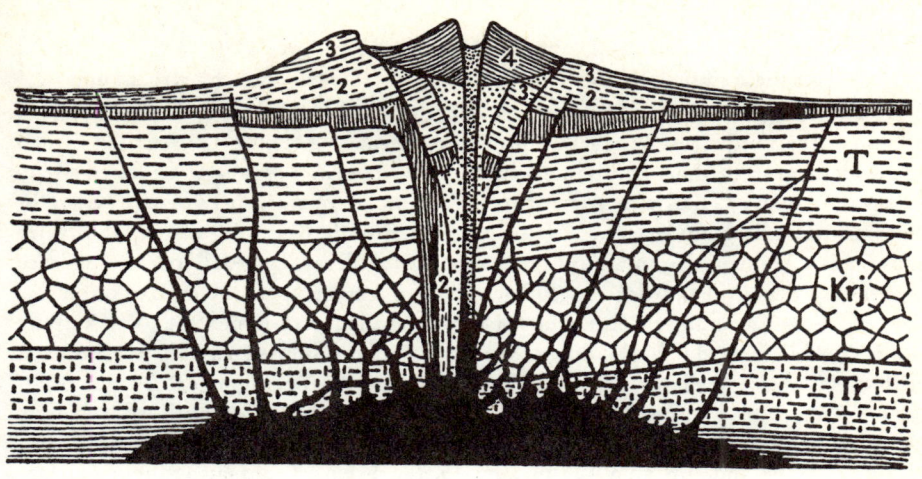

Abb. 3: Profil durch den Vesuv (nach A. RITTMANN).

Der Untergrund besteht aus Tertiär (T), Kreide und Jura (Krj), sowie aus Dolomiten der Trias (Tr), in die der Vulkanherd allmählich hochgedrungen ist und deren Assimilation die eigenartige chemische Entwicklung der Schmelze bedingt hat. Seit prähistorischer Zeit lassen sich vier Stadien nachweisen (1 Ursomma, 2 Altsomma, 3 Jungsomma, 4 Vesuv). Beim „Sommatyp" werden in ältere große Gipfelkrater jeweils jüngere Kegel eingeschachtelt.

kruste in der Umgebung der Spalte. Einen solchen gehobenen Magmenspiegel kann man als Vulkanherd bezeichnen. Seine Tiefenlage kann schwanken, wie die Herdtiefe des Vesuvs gezeigt hat. Dieser, insgesamt etwa 12 000 Jahre alt und seit 1944 wieder einmal in einem Ruhestadium verharrend, fördert erst seit etwa 1200 v. Chr. eine mehr basische, mit kalkreichen Silikaten angereicherte Lava, die nur mit dem Anstieg der Herdoberfläche erklärt werden kann. Ungefähr in einer Tiefe von 5000 m liegen Kalke und Marmore der Trias, die seit jener Zeit randlich von der Schmelze assimiliert werden und somit den erhöhten Basengehalt hervorrufen. Bei einer Höhe des Vesuvs von 1200 m ergibt sich seine Herdtiefe jetzt mit etwa 6000 m (Abb. 3). Bei anderen Vulkanherden hat man geringere Tiefen festgestellt, z. B. auf Hawaii 2000 m. Schließlich werden alle Vulkanherde von Zufuhrkanälen gespeist, die bis in die primäre Entstehungszone ihrer Schmelze hinabreichen, d. h. bis in Tiefen von 40—60 km und darüber hinaus. Diese Schmelzen entstammen also dem oberen Erdmantel.

Der weitere Aufstieg der Schmelze zur Erdoberfläche wird vor allem durch die in ihr gelösten, leicht flüchtigen Bestandteile (Gase) verursacht. Sie befinden sich bei gleichbleibenden Bedingungen mit den flüssigen und festen Stoffen des Magmas im Gleichgewicht. Bei Temperatursenkung scheidet sich mehr und mehr feste Materie in Form von Kristallen ab. Da es sich dabei um einen exothermen Vorgang handelt, Wärme also frei wird, kann der Temperaturabfall noch für eine gewisse Zeit ausgeglichen werden. Durch die fortschreitende Kristallisation nimmt jedoch die Menge der Restschmelze ab, und der Dampfdruck der in ihr gelösten Gase muß sich laufend steigern, bis diese schließlich frei werden und es zum Sieden der Schmelze kommt.

Diese Erscheinung einer Dampfdrucksteigerung bei abnehmender Temperatur hat NIGGLI „thermische retrograde Dampfdrucksteigerung" genannt. Obwohl ein Sieden bei Temperaturabnahme paradox erscheint, ist an diesem Vorgang nicht zu zweifeln. Voraussetzung ist, daß sich das Magma noch im Temperaturbereich des Kristallisationsintervalls befindet, d. h., daß sich immer noch Kristalle aus der Schmelze abscheiden können. Nimmt nun der Dampfdruck derart zu, daß der Innendruck gegenüber dem Außendruck zu groß wird, dann kommt es zu einer Explosion, bei der die Gase und mitgerissenen Massen herausgeschleudert werden. Bei Verstopfung und Verschließung des Verbindungskanals, des Vulkanschlotes, zur Oberfläche kann sich der Vorgang beliebig oft wiederholen, solange die Bedingungen für die retrograde Dampfdrucksteigerung erfüllt sind. Auf diese Weise ist auch zu erklären, warum manche Vulkane über kürzere oder längere Perioden ruhig erscheinen. Der Vesuv z. B. befand sich vom 12. bis zum 15. Jh. in einem solchen Stadium der Untätigkeit. Auch dem gewaltigen Ausbruch des Krakatau in der Sundastraße (1883) ging eine zweihundertjährige Ruhe voraus.

Die meisten Ausbrüche der noch tätigen Vulkane vollziehen sich explosionsartig und entsprechen damit dem eben geschilderten Eruptionsmechanismus. Dieser Vorgang ist zugleich aufs engste verknüpft mit dem Chemismus der Schmelzen. Im allgemeinen gilt die Regel: je saurer (kieselsäurereicher) die Schmelze ist, um so viskoser (zähflüssiger) ist ihr Zustand. Da gewöhnlich die basischen Bestandteile des Magmas zuerst auskristallisieren, steigt die Azidität der Restschmelze mit abnehmender Temperatur an, wobei ebenso der Dampfdruck durch die leichtflüchtigen Verbindungen wächst. Die Viskosität ist daher eine Folge des Chemismus und der damit verbundenen mehr oder weniger raschen Entmischung, denn die durch die Eruption herausgeschleuderten Schmelzen entgasen sehr rasch und plötzlich. Die Folge ist, daß das Magma schnell erstarrt und daher nur ein geringes Fließvermögen besitzt.

Entgegen dieser Feststellung macht man jedoch auch die Beobachtung, daß ein Teil der aktiven Vulkane basisches, keineswegs dünnflüssiges Material explosiv auswirft, wie z. B. der Stromboli. Hierbei kann es sich um überhitzte, mit Gasen reich durchtränkte und unter hohem hydrostatischem Druck stehende basische Vulkanherde handeln. Ebenso ist aber möglich, daß durch Assimilationen gasreicher Nebengesteine mit basenbildenden Kationen wie Kalken und Dolomiten der Innendruck besonders stark zunimmt und es somit zu explosionsartigen Erscheinungen kommt.

Den Eruptionen steht eine zweite Art der Lavaförderung gegenüber, die Effusionen, das sind Ausflüsse der Schmelzen an der Oberfläche, die Lavaströme bilden. Ihre Länge kann 50 km und mehr betragen (rezente Beispiele). Die chemische Zusammensetzung dieser Schmelzen ist ausschließlich basisch. Sie entgasen relativ langsam und sind daher heißer und dünnflüssiger.

Einige Fälle zeigen, daß auch hierbei schon im oberen Teil des Förderkanals eine sehr beachtliche Trennung eintreten kann. Während das Gas durch den Haupt- oder einen hochgelegenen Seitenkrater entweicht, ergießt sich die Lava aus tiefer gelegenen

Spalten oder Parasitärkratern (z. B. beim Ätna). Es gehört zu den eindrucksvollsten Erlebnissen, einen solchen Lavastrom aus unmittelbarer Nähe betrachten zu können.

Die Formen des Oberflächenvulkanismus sind vor allem von der chemischen und physikalischen Beschaffenheit des geförderten Materials und von der Art des Ausbruchs abhängig. Man kann daher schon von der äußeren Gestalt eines Vulkans auf seinen inneren Bau und seine Entstehung schließen. Zum Beispiel entstammen die Kegelberge mit ihren gleichmäßig geböschten Hängen überwiegend einer zentralen Eruption, und von ihren Böschungswinkeln kann man auf die Standfestigkeit der Förderprodukte schließen. Solche Vulkanberge sind vorwiegend von rezentem oder pleistozänem Alter. Neben Einzelvulkanen dieser Art gibt es ganze Ketten und Reihen von Vulkanbergen. Mitunter entstehen sogar kleine Vulkangebirge wie z. B. in Island und Afrika oder das Tenggergebirge auf Java. Auch das Gebiet der Auvergne oder des Laacher Sees und die Vulkane der Vordereifel als Beispiele für den erloschenen Vulkanismus des Pleistozäns können hier genannt werden (siehe S. 45).

Plateau- oder Flutvulkane

Dieser Typ ist in bezug auf Masse und Volumen der größte und umfangreichste. Seinen Namen trägt er nach der ungeheuren Ausbreitung der Lava, die Hunderttausende von Quadratkilometern bedecken kann und sich dabei in ihrer chemischen Zusammensetzung weder in horizontaler noch in vertikaler Richtung merklich verändert. Die Gesteinsmächtigkeit liegt zwischen 500 m und 5000 m, wie z. B. im Columbia-Plateau in Nordamerika, dem Deccan-Plateau in Indien, in Abessinien, Arabien, Südafrika (Drakensberge, Basutoland), in Patagonien, dem Paranábecken Brasiliens oder auf Island. Riesig erscheint das Columbia-Plateau in seinen Ausmaßen: Die Schmelze bedeckt eine Fläche von mehr als 400 000 km² und erreicht eine durchschnittliche Dicke von über 1500 m. Das Gesamtvolumen der basaltischen Lava wird auf fast 600 000 km³ geschätzt. Für die patagonischen Basalte und für die brasilianischen des Paranábeckens gibt RITTMANN sogar eine Fläche von je 750 000 km² an, während der Deccan-Trapp 1 000 000 km² erreicht. Ihre größte Mächtigkeit haben die Deccan-Laven mit 3000 m bei Bombay, während die Basaltdecken Islands bis über 5000 m erreichen.

Die Lavaströme ergossen sich aus vielen großen, linearen Spalten, wie wir sie in kleineren Dimensionen auch von Island und Grönland kennen (Spaltenvulkane). In Island riß 1783 in 25 km Länge die Lakispalte auf. Aus ihr strömten insgesamt 12,5 km³ Lava, dazu kam ein Aschenregen von 3 km³, der eine Fläche von etwa 565 km² bedeckte und große Verheerungen anrichtete. Obwohl in Island auch noch andere, jüngere Vulkantypen zu finden sind, haben doch große Teile der Insel den Charakter des Plateauvulkanismus.

Grundsätzlich fördert der Plateauvulkanismus nur basische, heiße, daher dünnflüssige und nur langsam entgasende Schmelzen. Immer liegen die Lavamassen in mehreren Decken übereinander, getrennt durch weniger mächtige Tuff- oder Verwitterungshorizonte oder durch Sedimentlagen (z. B. auf Island fossilführende Tone oder Moränen des Pleistozäns). Auch Blasenstrukturen als Zeichen einer schnellen oberflächigen Entgasung kennzeichnen oft die verschiedenen Lavaströme. Die Überflutung erstreckt sich über längere geologische Zeiträume, besonders im Mesozoikum und im Tertiär, in Island sogar bis in die Gegenwart. Die Insel selbst ist nur ein kleines Stück einer sehr viel größeren nordatlantischen Überflutung. Die Ränder dieses großartigen Basaltbeckens liegen in Grönland, Spitzbergen, Färöer, Shetland-Inseln und NW-Schottland.

Da wir es mit einer relativ undifferenzierten Schmelze zu tun haben, wird mit Recht angenommen, daß die Förderung aus sehr großer Tiefe von mehr als 30 km erfolgt. So erhalten wir durch den Chemismus dieser Plateaubasalte eine Vorstellung von der chemischen Zusammensetzung des oberen Mantels.

Schildvulkane

Zu den größten vulkanischen Bauten der Erdoberfläche gehören die Schildvulkane, die nach ihrer flachen oder buckelförmigen Form benannt sind. Meist bauen sie sich über einem zentralen Durchbruchschlot in wiederholten Effusionen auf, doch auch Spaltenergüsse führen infolge noch relativ dünnflüssiger und heißer Basaltlava und überwiegender Effusionstätigkeit zur Ausbildung dieses Typs. Die Erhabenheit des Schildes weist jedoch darauf hin, daß die Schmelze bereits etwas dickflüssiger geworden ist. Diese Zustandsänderung gegenüber den Plateaubasalten macht sich auch dadurch bemerkbar, daß gelegentlich heftige Eruptionen auftreten. So wurden am Mauna Loa auf Hawaii beim Beginn neuer Ausbrüche mächtige Eruptionen bis zu 300 m Höhe beobachtet, die nicht nur Lava, sondern auch Asche auswarfen. Der anschließend ausfließende Lavastrom erreichte eine Länge von 32 km bei einem Volumen von etwa 300 Mill. m³. Bei anderen Ausbrüchen entwickelten sich Lavaströme bis zu 53 km Länge, wobei die tägliche Fließgeschwindigkeit der Lava 7 km betrug (sehr dünnflüssige Schmelzen bis 10 km in der Stunde).

Auf Hawaii besitzen die Schildvulkane riesige Dimensionen (Hawaii-Typus). Der Mauna Loa ragt 4171 m, der Mauna Kea 4201 m über den Meeresspiegel empor, wahrscheinlich sitzen sie einem basaltischen submarinen Sockel auf, der bei 5000 m Tiefe den Meeresgrund erreicht (Basisdurchmesser fast 400 km). Auch der Kilauea, der in seinem Krater den Lavasee Halemaumau enthält, mißt noch 1232 m Höhe. In ihm zeigten sich die höchsten Temperaturen in Stichflammen verbrennender Gase (bis zu 1350 °C). Die eigentliche Schmelzlava erreicht in einer Tiefe von 10 m bis zu 1200 °C, an der Oberfläche 850 °C.

Für die Schildvulkane sind Hänge mit einem durchschnittlichen Böschungswinkel von nur 5° charakteristisch. Die Gipfel selbst werden von nahezu flachen Plateaus überzogen, da sich die Fördertätigkeit hauptsächlich an die Flanken verlagert hat. Das ist eine Folge des starken hydrostatischen Druckes der Magmensäule, der zum Aufreißen von randlichen Spalten führt, aus denen lange Lavaströme fließen. Dadurch erhält der Vulkan in seinen mittleren und unteren Regionen neues Material zugeführt. Diese Erscheinungen sind bei den viel kleineren Schildvulkanen Islands weniger typisch (Island-Typus). Sie werden hauptsächlich aus einem zentralen Förderkanal gespeist und zeigen daher gleichmäßigere Formen. Einer der symmetrischsten Vulkane ist der über 1000 m hohe Skjaldbreidur (relative Höhe seines Aufbaus 550 m).

Die Magmenförderung ist völlig harmlos, sofern man von einzelnen Eruptionen bei den Schildvulkanen absieht. Ruhig fließt ein Lavastrom über den anderen im Gegensatz zu den weiteren Vulkantypen.

Gemischte- oder Schichtvulkane (Stratovulkane)

Die Gestalt dieser Vulkanberge stellt den Prototyp dar, einen weithin sichtbaren Kegelberg mit etwas konkaven Hängen. Tatsächlich sind gemischte Vulkane zahlenmäßig auch am meisten unter den heute noch tätigen oder seit dem Tertiär tätig gewesenen Vulkanen verbreitet, obwohl sie im Vergleich zu den vorher angeführten Typen an Masse und Leistung in der Förderung nur wenig aufzuweisen haben. Bekannte Kegelberge sind die erloschenen jungpleistozänen Vulkane der Vordereifel, die tätigen großen javanischen Vulkane wie der 3676 m hohe Smeru, der Merapi (2911 m), einer der aktivsten und gefürchtetsten Vulkane, der Bromo (2397 m), dessen Ausbruchsstelle sich vom 17. Jh. bis 1950 um 1500 m in südlicher Richtung verschob. Ein solches Wandern der Vulkane beobachtet man besonders in Indonesien und Japan. Die älteren, bis in das jüngere Alttertiär zurückreichenden Vulkane liegen weit landeinwärts. Die Verlagerungstendenz geht also gegen den Indischen bzw. Pazifischen Ozean. Auf der Insel Hokkaido, wo sich die aktivsten japanischen Vulkane befinden, konnte seit 1946 an einem Vulkan ein Verschiebungsbetrag von 1,6 km nachgewiesen werden. Zu nennen sind auch die mexikanischen Hochlandvulkane (Popocatepetl, 5452 m, oder der 1943 entstandene Paricutin, 2807 m, auf einer Hochfläche in 2300 m, der nach einer Woche schon 150 m hoch und nach einem Jahr um 450 m gewachsen war). Nicht zuletzt seien auch die z. T. erloschenen Riesenvulkane Ost- und Zentralafrikas erwähnt. Nächst gelegene Beispiele sind der Ätna (3263 m), der Vesuv (1270 m), der Stromboli (926 m) und endlich auch die Hekla (1491 m) auf Island.

Die Bezeichung „Schicht“-Vulkane deutet schon an, daß sie aus wechselndem Material aufgebaut sind. Dieses besteht sowohl aus ausgeflossener Lava als auch aus Lockermassen, insbesondere aus Aschen. Die Austrittsstelle des zentral gelegenen Kraters wird bei größeren und älteren Vulkanen oft nicht mehr oder nur noch gelegentlich benützt. Vielmehr durchbrechen die Lavaströme auf Spalten seitlich die lockeren Aschen und fließen irgendwo auf den Flanken der Kegel aus. Der Ätna besitzt ungefähr 200 solcher parasitärer Schlackenkegel.

Man hat die gemischten Vulkane nach ihrer vulkanischen Energie und Lebensdauer eingeteilt. *Monogene gemischte Vulkane* zeigen einen Ringwall, der von nur einem Lavastrom durchbrochen wird; sie sind also kurzlebig (z. B. Vordereifel, Auvergne z. T. u. a.). *Polygene gemischte Vulkane* sind die eigentlichen Schichtvulkane mit großer Energieleistung und langer Lebensdauer, wie sie oben genannt wurden.

Sehr große Krater von 15 km und mehr Durchmesser sind durch besonders heftige Explosionen entstanden. Man bezeichnet sie als *Caldera*. Viel häufiger stehen

Calderen als Einbruchskessel über dem Materialdefizit, das durch den vulkanischen Ausbruch im Untergrund entstanden ist.

Es ist bezeichnend für die Schichtvulkane, daß ihre Form immer wieder Veränderungen unterliegt. So können z. B. spätere Ausbrüche innerhalb der Caldera neue Aschenkegel aufbauen und einen Teil der alten Umrandung wegsprengen. In diesem Stadium zeigt sich z. B. der heutige Vesuv; inmitten einer älteren (prähistorischen) Caldera, die als Torso des ehemaligen Monte Somma übrigblieb, hat sich ein neuer Aschenkegel, der eigentliche Vesuv, aufgebaut. Die jüngeren Eruptionen haben nicht wieder den ursprünglichen verstopften Schlot benutzt, sondern sich parallel dazu einen neuen Weg gebahnt. Ein viel größeres Ausmaß nehmen schließlich solche Calderen an, bei denen nicht nur der Gipfel, sondern große Teile des Vulkankegels selbst zerstört wurden (z. B. Santorin, Krakatau).

Bei schwächeren Explosionen kommt es weniger zum Auswurf als vielmehr zur Zertrümmerung der anstehenden Gesteinsschichten an Ort und Stelle, wie die mit Tuff und Nebengestein erfüllten Durchschlagsröhren vor allem in der Schwäbischen Alb zeigen.

Im ganzen gesehen ist die Lava der Schichtvulkane gegenüber derjenigen der Schildvulkane viskoser (zähflüssiger), also kieselsäurereicher. Je viskoser die Lava wird, desto mehr Lockerprodukte werden ausgeworfen. Einige Vulkane dieser Art fördern aber auch noch basische Laven, worauf schon hingewiesen wurde, doch kann man bei der Mehrzahl von gemischten (intermediären) Laven sprechen.

Lockervulkane (Aschenvulkane)

Sehr zähflüssige, vorwiegend intermediäre und saure Magmen gelangen meist nicht mehr an die Oberfläche. Explosionsartige Ausbrüche von Lockerprodukten verschiedenster Art deuten aber auf ihr Vorhandensein im Untergrund hin. Die Form des Auswurfs gleicht in allem den Schichtvulkanen, bei denen ebenfalls die Förderung von Lockermassen sehr groß sein kann. Beide Typen kommen daher vielfach zusammen vor. So etwa in den Phlegräischen Feldern nördlich von Neapel, wo der Monte Nuovo 1538 mit 139 m Höhe innerhalb weniger Tage vor den Augen der Umwohner entstand. Unmittelbar vor dem Ausbruch wölbte sich die Erdoberfläche stark auf, später stand glühende Lava für einige Zeit im Krater, ohne auszufließen. Hier sei noch auf die jüngste Bildung vulkanischer Inseln (Surtsey) vor der SW-Küste Islands von Ende 1963 bis Ende 1964 hingewiesen.

In der Größenordnung jedoch bleiben diese Lockerkegel, die hauptsächlich aus Aschen aufgebaut sind, erheblich hinter den Stratovulkanen zurück. Eine andere Form der Lockervulkane sind kesselartige Ausbrüche mit weiten Kratern, die von sog. Ringwällen aus Schlacken und Aschen umgeben werden. Durch Einsturz des Kraterrandes und des Ringwalles kann der Schlot auch nachträglich wieder weitgehend zugeschüttet werden. Jedesmal befindet sich der Zufuhrkanal der Lockermassen im Zentrum.

Im Gegensatz dazu finden wir in der Natur auch deckenartig verbreitete Lockermassen, die rein explosiven Ausbrüchen entstammen. Chemisch zeigen sie meistens sauren Charakter. Die flächenhafte Verbreitung ergibt sich aus der Art ihrer Entstehung; es handelt sich um Lockerabsätze aus überquellenden Glutwolken. Solche Ignimbrite (s. S. 47) erreichen im Durchschnitt eine Mächtigkeit bis zu einigen 100 m. Im Yellowstone-Park in den USA bedecken sie eine Fläche von ungefähr 7500 km², doch sind von Neuseeland und Sumatra auch Ausmaße von mehr als 25 000 km² bekannt. Aus Deutschland seien die Trachyttuffdecke des Siebengebirges am Rhein und die Phonolithtuffdecke des Hegaus erwähnt.

Bei vielen Lockervulkanen und gemischten Vulkanen kann man den Austritt der Schmelzen aus langen Spalten unmittelbar beobachten. Die Kegelaufbauten liegen dann in einer Reihe hintereinander (z. B. Auvergne, Island u. a.).

Maare

Schwache vulkanische Tätigkeit führt zu explosiven Gasausbrüchen, deren Zeugen kreisrunde Sprengtrichter oder Durchschlagsröhren sind. Sie verdanken ihre Entstehung kurzfristigen Ausbrüchen, mit denen bei heftigen Explosionen auch geringe Materialförderung verbunden ist in Form von ausgeworfener Asche oder von ausgesprengtem Nebengestein. Viele dieser Sprengtrichter sind daher von kleinen Aufschüttungswällen umgeben.

Diese Gebilde nennt man in der Eifel Maare. Hier findet man sie als mehr oder weniger runde, kleine und von tiefen Seen erfüllte „Augen der Landschaft". Das Doppelmaar des Laacher Sees, das Pulver-Maar und das Gemündener Maar sind die bekanntesten. Ihre Wasserführung ist sekundär und wird durch das in den Trichtern angesammelte Grundwasser gespeist. Ihr Durchmesser beträgt maximal etwa 1000 m, wie z. B. das Randecker Maar in der Schwäbischen Alb. Es gehört zu der Art von Maaren, denen eine Grundwasserfüllung fehlt und die daher als Trockenmaare bezeichnet werden. In seltenen Fällen treten in den randlichen Wällen auch kleine Lavagänge auf, wie z. B. bei dem am weitesten nach Norden vorgeschobenen Maar des holozänen Rodderbergvulkans bei Mehlem am Rhein. Bei ihm fällt besonders auf, daß er unmittelbar neben dem Rheintal, das zur Zeit des Ausbruchs schon fast ebenso tief eingeschnitten war wie heute, 130 m höher liegt.

Zusammenfassend läßt sich von den vulkanischen Oberflächenformen sagen, daß sie abhängig sind von der Geschwindigkeit, mit der die in den Schmelzen vorhandenen Gase frei werden. Explosive Entbindung der Gase liefert gemischte Vulkane, Lockervulkane und Maare, ruhige Entgasung die Schildvulkane und Plateauvulkane. Letzlich ist es also der Chemismus der Schmelzen, der die verschiedenen Formen bedingt.

Die vulkanische Förderung

In der Aufzählung der verschiedenen Vulkantypen fanden deren Förderprodukte bereits Erwähnung. Sie sollen hier noch einmal kurz zusammengefaßt und nach ihrem Aggregatzustand während des Austritts an die Oberfläche erläutert werden: 1. *Flüssige Lava* erstarrt als Strom, als Decke oder schon im Krater bzw. Schlot, 2. *Feste Lockermassen*, 3. *Gasförmige Stoffe*.

Auf diese Weise ergeben sich hauptsächlich zwei verschiedene Erstarrungsformen der Laven. Die einen gehen von dünnflüssigen, heißen Laven aus, die gasreich und basisch sind und infolge innerer Beweglichkeit langsamer kristallisieren. Mit zunehmender Auskristallisation wächst der Gasgehalt in den oberen Teilen der Schmelze. Doch erst die zuletzt eintretende, stürmisch verlaufende Gasentbindung schafft rauhe, blockartige Oberflächen (Blocklaven), während gasärmere Laven sehr viel zäher sind und die langsame Fließbewegung in wulstigen, strickartigen Oberflächenformen festhalten, die dann als Fladen- oder Stricklaven bezeichnet werden. Saure Laven können so zähflüssig sein, daß sie sich sogar bis an die Erdoberfläche aufstauen oder hochschieben, ohne seitlich auszufließen (Staukuppen, z. B. andesitische „Wolkenburg" im Siebengebirge und zahlreiche Vorkommen in der Auvergne in Südfrankreich).

Außergewöhnlich zähe Laven erstarren meist schon im Schlot; es gibt jedoch einige wenige Fälle, in denen die nahezu erstarrte, innen aber noch glühende Lavasäule als eine Felsnadel herausgeschoben wurde. Berühmt ist die dazitische Stoßkuppe des Mt. Pelée auf Martinique (Kleine Antillen), die 1902 300 m hoch über dem Schlot emporwuchs, um schließlich nach wenigen Monaten wieder zum Teil in den Krater zu versinken.

Berechnungen haben ergeben, daß in den letzten 400 Jahren über 50 km³ Lava gefördert wurden.

Die durch Abkühlung der Laven entstandenen Ergußgesteine (im Temperaturbereich 900—700 °C) bilden einen Großteil der Vulkanite, die Lockermassen dagegen Tuffe, hauptsächlich Aschen, die z. T. aus gänzlich zerspratzter Lava, z. T. aus dem zerriebenen, durchschossenen Nebengestein bestehen. Es gibt feinere Aschen und gröbere Lapilli.

Größere Komponenten sind Wurfschlacken, die in der Luft erstarren. Als Bomben werden Lavabrocken von weniger als 1 dm³ bis zu mehreren Kubikmetern benannt, die durch Rotation in der Luft gedrehte Formen annehmen und ebenfalls in erstarrtem Zustand auf den Boden fallen. Schweißschlacken dagegen kommen noch flüssig, meist als Lavafetzen aus der Luft herunter. Sie kleben bei der Erstarrung am Boden fest und bilden bei einer Massenförderung lavaähnliche Decken.

Zu den ausgeworfenen Lockermassen gehören auch die Bimssteine, deren Bildung an sehr viskose, stark explosive Magmen gebunden ist. Die von der plötzlichen Druckentlastung entbundenen Gase blähen das zerspratzte, schnell erstarrende Lockermaterial stark auf, wodurch es eine hohe Porosität erlangt. Da es sich um überaus saure Förderprodukte handelt, entsteht bei der raschen Abkühlung ein Gesteinsglas mit einer blasigen Hohlraumstruktur. In den Poren bleiben teilweise freie magmatische Gase eingeschlossen, jedoch ist der größte Teil mit Luft erfüllt. Leichte Bimssteine schwimmen auf Wasser (z. B. treiben sie so von Lipari bis zur Insel Stromboli).

Auswürflinge sind Nebengesteinsbrocken von meist eckiger Gestalt oder auch ältere, längst verfestigte Lavamassen, die bei der Explosion mitgerissen wurden.

Früher oder später tritt eine Verfestigung der Lockermassen zu *Tuffen* ein. Größere geschlossene Tuffdecken gibt es im Hegau, wo sie aus Phonolithtuffen bestehen und bis 250 m mächtig werden, oder im Siebengebirge am Rhein, wo eine bis 300 m mächtige, heute allerdings schon stark der Erosion anheimfallende Trachyttuffdecke vorhanden ist.

Unter den Lockermassen spielen die *Ignimbrite* eine bedeutende Rolle. Sie bilden große Decken von Glutwolken-Absätzen kleiner Lavateilchen, die bei großer Hitze z. T. verschweißt sind (Schmelztuffe). Sie liefern dann Gesteine von saurer oder intermediärer Zusammensetzung. Von unmittelbar aus Lava entstandenen Vulkaniten sind sie mitunter nur schwer zu unterscheiden.

Subaquatisch oder submarin abgelagerte Tuffe sind *Palagonittuffe* und *Schalsteine,* die gegenüber auf dem Land abgelagerten Tuffen chemische Veränderungen (z. B. Hydratisierung) aufweisen. Als Tuffit bezeichnet man ein Sediment mit eingestreutem vulkanischem Aschenmaterial.

Auf der gesamten Erde wurden seit 1500 mindestens 320 km³ Lockermassen ausgeworfen.

Alle vulkanischen Ausbrüche werden von *Exhalationen* von Gasen begleitet, manche Stadien sind sogar ausschließlich darauf beschränkt. Nach RITTMANN handelt es sich um folgende Stoffe: H_2O-Dampf, H_2, HCl, H_2S, CO, CO_2, HF; ferner CH_4, NH_3, COS, $HCNS$, SiF_4, N_2, Ar und andere Edelgase. Während das H_2O und der O_2 der Luft eine oxydative Wirkung ausüben, wodurch S, SO_2, SO_3 und CO_2 sich bilden können, ist der Gesamtcharakter der Stoffe reduzierend.

Noch lange Zeit nach dem Erlöschen der eigentlichen vulkanischen Tätigkeit, d. h. nach Tausenden von Jahren, wird ein früheres Vulkangebiet durch Exhalationen von Gasen gekennzeichnet. Stellen, denen H_2O-Dämpfe entsteigen, werden als *Fumarolen* bezeichnet. Nach der Temperatur unterscheiden wir heiße und kühle, von denen die ersten bis zu 900 °C erreichen können. Die verdampfenden Wassermengen setzen sich aus juvenilem und vadosem, dem Kreislauf bereits angehörendem Wasser zusammen. Den jeweiligen Anteil glaubt man neuerdings dadurch bestimmen zu können, daß man für das primäre, juvenile Wasser einen höheren Gehalt an Deuterium (D_2) ermittelt hat. In einem Temperaturbereich von 300—900 °C treten vorwiegend H_2S-haltige Gasquellen auf. Sie werden *Solfataren* genannt. Hier kommt es zur Bildung freien Schwefels, der schon durch seine leuchtend gelbe Farbe einen Hinweis auf die Art der Dampftätigkeit gibt. Fumarolen und Solfataren können sowohl Endstadien als auch vorübergehende Ruhestadien eines Vulkans sein. Kohlensäurereiche Dämpfe und trockene Exhalationen von Kohlensäure nennt man *Mofetten.* Sie sind die letzten vulkanischen Regungen. Ein bekanntes Beispiel ist das Laacher Seegebiet und seine Umgebung, wie Brohl- und Nettetal, wo sich an unzähligen Stellen im Gelände, in den Kellern der Häuser usw. Kohlensäure ansammelt. Die natürlichen *Kohlensäuerlinge* (kohlensäurereiche Quellen) dieser Gebiete gehören gleichfalls hierher.

Die Gastätigkeit eines Vulkans, also Fumarolen, Solfataren und Mofetten, gehört oft schon zu den postvulkanischen Erscheinungen. Zu ihnen rechnet auch eine erhöhte geothermische Tiefenstufe. Endlich erblicken wir auch in der Aufheizung von Grundwasserstockwerken zum Teil noch letzte Anzeichen von vulkanischen oder postvulkanischen Vorgängen. Hierfür bietet Island zahlreiche Beispiele, wo die Städte mit heißem Wasser beheizt werden, das mit über 90 °C an die Oberfläche kommt.

Bei den nur zeitweise tätigen Springquellen, den *Geysiren*, wie sie auf Island, im Yellowstone-Nationalpark der USA, in Neuseeland und Japan vorkommen, wiederholen sich die Ausbrüche meist unperiodisch in Minuten, in Stunden, Tagen oder einigen Wochen, wobei beträchtliche Wassermassen bis 70 m hoch geworfen werden. Dabei handelt es sich jedoch nur um Grundwasser, das durch zugeführte heiße Gase und durch den hohen Dampfdruck des darunter stehenden Wassers zum Sieden gebracht wird. Auf diese Weise wird die oberhalb befindliche Wassersäule herausgeschleudert, wodurch eine Druckenlastung eintritt. Ein beträchtlicher Teil des Wassers entweicht als Dampf. Unmittelbar vor einer solchen Eruption hat man in einer Tiefe von 22 m eine Temperatur von 127 °C ermittelt. Die in den Wassern gelösten kolloidalen Stoffe setzen sich bei der Abkühlung als *Sinterkrusten* oder *Sinterterrassen* in der nahen Umgebung der Springquellen ab (Kiesel- und Kalksinter).

Verteilung der Vulkane

Oberflächenvulkane stehen selten allein, meistens bilden sie Vulkan-Landschaften mit vielen Einzelformen. Dabei darf keine scharfe Trennung zwischen den noch tätigen und den schon erloschenen Vulkanen gezogen werden. Der Vesuv z. B. ist nur scheinbar ein Einzelvulkan. In Wirklichkeit ist er der letzte, heute aktive Vertreter eines ausgedehnten Vulkangebietes, von dem man nicht weiß, ob nicht schon bald irgendwo wieder ein neuer Ausbruch erfolgt. Das gleiche gilt auch für andere Vulkanlandschaften mit tätigen und erloschenen Vulkanen. Räumliche Gründe sprechen dafür, daß Gebiete mit eng beieinanderliegenden Einzelvulkanen einen einzigen geschlossenen Magmenherd besitzen.

Wie schon bemerkt, sitzen die Vulkane vielfach tektonischen Linien auf. Mobile Kontinental- und Inselränder — soweit sie von jungen Falten- und Kettengebirgen begleitet werden — sowie die großen Grabenbruchzonen der Erde legen davon Zeugnis ab.

Tektonische Vorgänge, auch wenn sie nicht bedeutend sind (z. B. Hegau, Schwäbische Alb, Eifel), ziehen Vulkanismus nach sich. Es bestehen enge Beziehungen zwischen tektonischen Ereignissen und dem aufsteigenden Magma. Eine Verbreitungskarte der rezenten und erloschenen Vulkane gibt daher gleichzeitig eine Art tektonischer Übersicht der Erdoberfläche.

Verbindung der Vulkane mit der Tiefe

Vulkane früherer geologischer Zeitabschnitte sind allmählich abgetragen worden. Dadurch gewinnen wir Einblick in die Verbindung der Vulkane mit der Tiefe.

Da sie verschieden weit abgetragen wurden, liegen die Schnitte verschiedener Tiefenlagen vor.

Die kuppen- oder kegelförmigen „Ruinen" längst erloschener Vulkane ragen aus ihrer Umgebung von weichen Tuffen oder Nebengesteinen heraus. Als Beispiele können hier die Kuppen des Siebengebirges oder des Hegaus mit dem Hohenhöwen, dem Hohentwiel, dem Hohenkrähen gelten. Entweder handelt es sich bei ihnen um ehemalige Schlotfüllungen, bestehend aus Basalten, Andesiten usw., oder sie sind tiefere vulkanische Gebilde aus härteren Lavagesteinen. Neben rundlichen oder elliptischen Formen von verschiedenem Durchmesser kommen auch plattenförmige Gebilde, d. h. Gänge, vor. Alle setzen sich weiter nach der Tiefe zu fort, ohne daß indes die Verbindung mit dem ursprünglichen Herd beobachtet werden kann.

Sehr aufschlußreich sind in diesem Sinne Beobachtungen, die in den südafrikanischen Kimberlit-Schloten („Diamond-pipes") gemacht wurden. Sie sind bergbaulich bis zu 1000 m Tiefe aufgeschlossen und bestehen oben aus gelbgrün verwitterten Tuffen (Yellow ground), darunter bis in unbekannte Tiefen aus frischen blaugrauen Tuffen (Blue ground). Bei Kimberley selbst zeigte sich in den Schloten eine starke Verengung in der Tiefe und schließlich ein Übergang in eine tufferfüllte Spalte, d. h. in einen Gang. Die Zufuhr des vulkanischen Materials erfolgte also durch eine tektonische Spalte, auf der es vom Herdgebiet aus am leichtesten aufdringen konnte. Das mag für eine Vielzahl der Vulkanschlote ebenfalls zutreffen.

In welcher Aufschlußtiefe ein Schlot heute vorliegt, läßt sich nicht immer mit Sicherheit sagen. Die Bestimmung wird aber durch in den Schlot gefallene Bruchstücke des durchschossenen Nebengesteins, das zur Zeit der Eruption an der damaligen Landoberfläche anstand, sehr erleichtert. Nach dieser Methode hat man herausgefunden, daß über dem Schlot des Katzenbuckels im Odenwald zur Zeit seines Ausbruchs noch eine 800 m mächtige Gesteinsdecke gelegen hat; auch über dem Drachenfels im Siebengebirge sind insgesamt 200—300 m Gestein abgetragen worden.

Die Spaltenausfüllungen werden als *Gänge*[1] bezeichnet. Viele Gebiete der Erde sind von vulkanischen Gängen, die Aufstiegs- und Wanderwege der Gesteinsschmelzen darstellen, durchzogen. Unter mehr oder weniger großem Winkel durchsetzen sie das Nebengestein und verlaufen steil (saiger) oder flach zu diesem. Flache Gänge werden Lagergänge oder *Sills* genannt. Während die Gänge im allgemeinen tektonisch angelegte Spalten benutzen, breiten sich die Sills im besonderen auf Schichtfugen aus und erstrecken sich unter Abhebung der darüber liegenden Schichten nach dem hydraulischen Prinzip zum Teil in großer horizontaler Ausdehnung. Auch in Schichtvulkanen treten sie sehr häufig auf. Dabei findet meist keinerlei Einschmelzung des hangenden oder liegenden Gebirges statt. Das Magma muß daher das Deckgebirge um den Betrag seiner Gangmächtigkeit vertikal gehoben haben. So hat z. B. der sich über 4000 km² erstreckende und 125 km lange Lagergang des Whin-sill in Mittelengland das hangende Gebirge bis zu 50 m hydrostatisch in die Höhe gehoben.

---

[1] Gesteinsgänge im Gegensatz zu den Erz- und Mineralgängen, die Spaltenausfüllungen durch Minerallösungen sind.

Die Kruste Südafrikas ist in riesiger Ausdehnung von basischen Lagergängen durchschwärmt. Der größte bekannte Gang ist der „Great Dyke" in Rhodesien, der eine Länge von 500 km und eine Breite bis über 12 km hat. Seine Füllung besteht aus Tiefengesteinen, die in der Gangerstreckung aneinander gereihte Plutone bilden. Die Zusammensetzung der Gänge ist entweder chemisch einheitlich (einfache Gänge) oder es treten mehrere Gesteinsarten in ihnen auf (zusammengesetzte Gänge). Dafür gibt es zwei Möglichkeiten: Das Magma ist entweder an Ort und Stelle differenziert oder es sind verschiedene Schmelzen zeitlich kurz nacheinander aufgestiegen.

Tiefer als bis in den Gangbereich können wir den Oberflächenvulkanismus nicht verfolgen. Dagegen bestehen zwischen dem Oberflächen-Vulkanismus und etwas tiefer in der Kruste erstarrten Schmelzmassen enge Beziehungen. Sie werden zum Teil durch die beschriebenen Gänge hergestellt. Diese Bildungen fassen wir als Subvulkanismus zusammen. Man kann also sagen, daß die Wurzeln des Oberflächenvulkanismus in Herden liegen, die durch *Spalten* mit der Tiefe und durch *Schlote* mit der Oberfläche verbunden sind.

Subvulkanismus

Subvulkane sind Schmelzkörper, die in geringer Tiefe unterhalb der Erdoberfläche steckengeblieben sind. Das ist vornehmlich nach dem Auswurf großer, einige hundert Meter mächtiger Tuffmassen eingetreten. Besonders im Tertiär Mitteleuropas waren solche Bedingungen gegeben, wie das die Subvulkane des Siebengebirges (Drachenfels) oder des Hegaus (Hohentwiel) zeigen.

Vielfach haben sich die Schmelzen an der Grenze zwischen Sedimentgesteinen und Tuffen ausgebreitet, wodurch flächenhafte und pinienartige Formen von teilweise erheblicher Mächtigkeit entstanden. In solchen „Lagern" können sogar mehrere Ströme übereinander geflossen sein. Im Westerwald liegen sie als weithin unter Tage verfolgbare Lagergänge in den tertiären Sedimenten (Dach- und Sohlbasalt) und haben hier durch Wärmeabgabe zur Veredelung der Tertiär-Braunkohle wesentlich beigetragen.

Die unterirdisch erstarrten Schmelzen haben die über ihnen liegenden lockeren Gesteine, durch die sie gewissermaßen erstickt wurden, beulenartig aufgetrieben und hochgewölbt. Die rundlichen Keulenformen solcher subvulkanischer Intrusionen werden *Quellkuppen* genannt. Je viskoser und saurer die Schmelze ist, um so zutreffender ist diese Bezeichnung. Daneben kommen aber häufig auch schüsselförmige Gebilde vor. Vor allem die basischen, leichtflüssigen Schmelzen ergaben Pinien- und Trichterformen.

Zum Subvulkanismus gehören auch die schon im vorigen Abschnitt behandelten tieferen Schlotteile und die Gänge. Die Form subvulkanischer, heute freigelegter Schmelzkörper läßt sich aus der Textur (siehe S. 60) ableiten, wenn eine solche vorhanden ist, sonst aus ihren Erstarrungsformen. Einsprenglinge passen sich der Strömungsrichtung an, indem sie sich parallel dazu mit ihren kristallographischen Hauptachsen einregeln. Man spricht in diesem Fall von einem *Fließgefüge (Fluidaltextur),* wie sie besonders schön z. B. der Drachenfels im Siebengebirge zeigt (Abb. 4). Sind

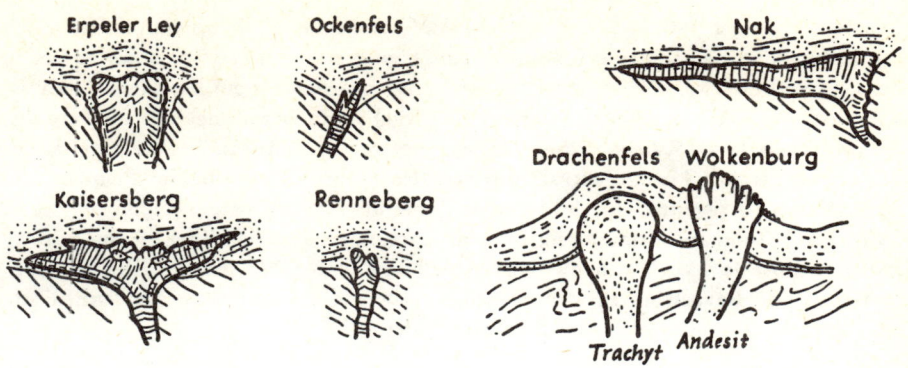

Abb. 4: Subvulkanische Formen in der Umgebung von Linz a. Rh.

keine gut ausgebildeten Kristalle zu erkennen, wie z. B. bei den Basalten, so muß man zu einer Rekonstruktion andere Merkmale heranziehen. Dazu eignen sich Absonderungserscheinungen, die wir als Erstarrungsformen bezeichnen. Sie sind von der gesamten Gestalt des Subvulkans abhängig und stehen im Zusammenhang mit dem Volumenschwund, der mit der Kontraktion während der Kristallisation und Abkühlung einhergeht. Die Erstarrungsformen — Plattung, Säulung, Klüftung — sind allerdings nicht bei allen subvulkanischen Gesteinen in gleicher Weise deutlich ausgebildet. Vor allem Basalte, aber auch Quarzporphyre zeigen sie sehr gut. Mit Hilfe dieser Formen kann man den Kontakt zum Nebengestein und damit die Gestalt des Subvulkans feststellen (siehe Abb. 4). Die Plattung bildet dünne Schalen von parallelverlaufenden Absonderungsflächen um den subvulkanischen Körper herum. Sie verläuft also immer parallel zu den Abkühlungsflächen. Die meist sechs-, seltener fünfseitige Säulung steht dagegen grundsätzlich senkrecht zu diesen und damit auch im rechten Winkel zur Plattung. Selbst auf untergeordneten Abkühlungsflächen, wie sie innerhalb eines Subvulkans in Form von nicht resorbierten Tuffschollen oder Nebengesteinspaketen auftreten können, bilden sich die Säulen senkrecht dazu. Nur gegen die Kontaktfläche hin wird die Säulung allmählich unregelmäßiger und setzt bei Annäherung an diese schließlich ganz aus. Ihre Rolle wird dann von der Plattung übernommen.

Submariner Vulkanismus

Submarine Vulkanausbrüche werden selten beobachtet und nur dann, wenn sie sich in relativ flachem Wasser ereignen (Gasexplosionen, schwimmende Schlacken, Flutwellen). Meist fließt die Lava ruhig aus, wenn sie nicht bei der plötzlichen Abkühlung zerspratzt. Die vier kleinen Inseln innerhalb der versunkenen Santorin-Caldera oder der erst 1928 entstandene Anak-Krakatau in der Sundastraße verdanken ihre Entstehung z. B. submarinen, bis über den Meeresspiegel aufgestiegenen Lavaergüssen.

51

Besser studieren läßt sich der submarine Vulkanismus an fossilen Ablagerungen, die zeigen, daß er in gewissen Zonen recht häufig sein muß. Besonders am Boden der Geosynklinalen, aus denen Faltengebirge hervorgehen, ist ein basischer Vulkanismus noch während der Sedimentation die Regel. Man bezeichnet ihn als *initialen Magmatismus* (z. B. Kaledonisches Gebirge Norwegens, Variskisches Gebirge östlich des Rheins bis zum Harz, Zentralalpen von den Hohen Tauern bis ins Piemont und nach Genua, Apennin). Er bildet die Zone der Grünschiefer (Ophiolithe und *Spilite*, d. h. submarine Basalte mit hohem Natriumgehalt. Sie bilden häufig *Kissenlaven* (Pillow lavas). Durch die jähe Abkühlung unter Wasser zerfällt der langsam fließende Lavastrom in kissenförmige Ballen, deren Inneres noch leichtflüssig ist, während sich außen eine zähe Schwarte bildet.

Vulkanoplutone

Es gibt in Schottland, Island und Norwegen merkwürdige magmatische Erscheinungen, die während ihrer genetischen Entwicklung Stadien durchlaufen, die vom Oberflächenvulkanismus über den Subvulkanismus bis zum Plutonismus reichen und daher schwer einzuordnen sind. Man hat sie als *Ringdykes* bezeichnet. Ihnen entsprechen in SW-Afrika ähnliche Gebilde, die zuerst von H. CLOOS, dann von H. KORN und H. MARTIN eingehend beschrieben wurden.

Bei den Ringdykes ist ein subvulkanischer Schmelzherd vorhanden, der gegenüber dem Belastungsdruck seines Daches aus Nebengestein ein Defizit infolge von Lavaausflüssen und Entgasung erreicht, das zum Einsinken des Daches führt. Ist diese Gesteinsmasse konisch oder zylindrisch, kommt es zu magmatischer, ringförmiger Umfließung von Gesteinen, die plutonischen Charakter tragen (Granite u. a.). In einem Ringdyke treten daher plutonische Gesteine im subvulkanischen Raum neben vulkanischen (Basalte u. a.) und sogar Lockermassen auf. Bei Überdruck des vulkanischen Herdes entstehen ringförmige Dehnungsspalten, die nach unten zulaufen und mit Schmelze erfüllt werden, die *Conesheets* (Abb. 5).

Größeres Ausmaß haben die Vulkanoplutone in SW-Afrika, zu denen Erongo, Brandberg und Messum gehören. Hier entsteht zuerst ein gemischter Vulkan (Abb. 5) aus basaltischen und rhyolithischen Laven und Tuffen, in deren Unterbau im nächsten Stadium im höheren Teil Basalte und daneben basische Tiefengesteine (Gabbro) in Lagen und Kissenformen eindringen. In ringförmigen Brüchen zerreißt dann das Nebengestein, und in die Spalten sowie in den Unterbau des Vulkans dringt plutonische Schmelze (Granit) ein. In diese bricht der Oberbau ein und wird z. T. von der Granitschmelze in intermediäre Tiefengesteine umgewandelt, während in Gängen basische Schmelzen aufdringen. Der weiter einsinkende zentrale Teil wird auf Ringspalten von syenitischer Schmelze erreicht, die auch in die Tuffe des alten Schichtvulkans einwandert. Zuletzt erfolgt eine Intrusion von Tinguait (natronhaltiges Ganggestein) und als Zentralintrusion Foyait (natronreiches Plutongestein) als Ringdyke, der damit über dem hereingebrochenen Dach unter den Tuffen und noch in diese aufdringend liegt.

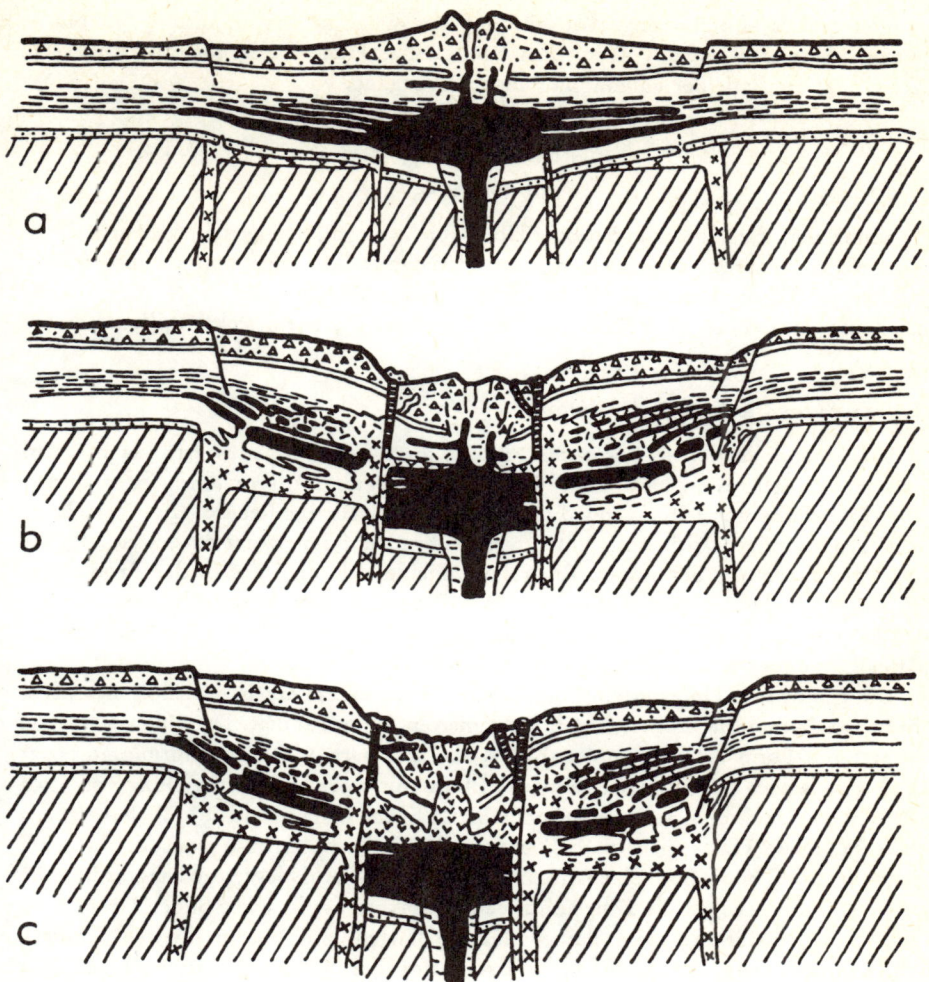

Abb. 5: Vulkanopluton Messum, SW-Afrika (nach H. KORN *und* H. MARTIN, *1954)*

a) Ein Schichtvulkan aus basaltischen und rhyolithischen Laven und Tuffen mit Intrusion von Basalten und mit einem Gabbrolopolithen[1] im Kern bricht an ringförmigen Brüchen (Conesheets) ein. Granitische Schmelze dringt in diese bei weitergehender Absenkung ein, während gleichzeitig das Dach in die Granitschmelze einsinkt. Dabei wird ein großer Teil der Laven und Tuffe in Granophyr, Monzonit und Diorit umgebildet. Radiale Basaltgänge.
b) Weiteres Absinken des zentralen Blocks, in die Ringspalten dringt syenitische Schmelze ein.
c) Tinguait (nephelinsyenitisches Ganggestein) in Ringdykes und Radialgängen, zentrale Intrusion von Foyait, in den sowie in Syenit ein weiterer Teil der Tuffe umgebildet wird. Am Ende treten Intrusionen von Nephelinbasalt-Gängen auf.

---

[1] Lopolith = Pluton von Schüssel- oder trichterartiger Form.

Hier gibt es also eine enge Verknüpfung von Oberflächenvulkanismus mit pluto-nischen Gesteinen im subvulkanischen Bereich. Die Hauptmasse der sauren Schmel-zen dringt am Ende der vulkanoplutonischen Vorgänge ein.

Plutonismus

Schmelzen, die nicht zur Erdoberfläche durchdringen, sondern in größerer Tiefe verbleiben, erstarren unter wesentlich anderen physikalischen und chemischen Be-dingungen als die bisher geschilderten. Sie bilden Plutone, die in 2—20 km Tiefe große Räume der Kruste erfüllen. Die Mehrzahl der Plutone besteht aus Graniten.

Form und inneres Gefüge der Plutone

Umriß und damit die Form der Plutone zu erfassen ist schwierig, da meistens nur ihr durch Erosion mehr oder weniger freigelegtes Dach zu sehen ist, während die Unterfläche nur selten beobachtet werden kann. Daraus hat sich die Vorstellung von großräumigen, sich nach unten verbreiternden Schmelzmassen entwickelt, die man als *Batholithe* bezeichnet. Ein relativ kleiner Pluton ist z. B. der Brocken im Harz, dessen jetzige Oberfläche nur 135 km² beträgt. Der Bushveldpluton in Süd-afrika besitzt dagegen eine Oberfläche von 95 000 km². Der größte bekannte ist schließlich der ostafrikanische Zentralgranit mit etwa 250 000 km².

Die geologische Untersuchung plutonischer Formen hat ergeben, daß es sich meist nicht um Batholithe im herkömmlich definierten Sinne handelt. Der Brocken-Pluton besitzt die Form einer liegenden Keule, die sich nach unten stockförmig fortsetzt und die als nach oben konvex gebogene Platte mit einer maximalen Dicke von etwa 2000 m paläozoischen Sedimenten oder kristallinem Untergrund im W (Eckergneis) aufruht. Diese Platte zieht nach E bzw. S in die Tiefe, ist also von dort einseitig intrudiert, wobei die Schmelze Unstetigkeitsflächen als Aufstiegswege benutzt hat.

Ganz ähnlich liegen die Dinge auch beim Bushveldmassiv. Hier bilden Granit und Norit die Ausfüllung einer flachen 250 km langen und 100 km breiten Schüssel, die mit der Tiefe nur durch den Aufstiegsweg der Schmelze verbunden ist. Der Pluton wird also auch hier nach unten abgeriegelt und besitzt daher keinesfalls die Masse, die sich nach der Batholithenvorstellung ergeben würde. Solche Schüsselform, wie sie etwas abgewandelt auch der 60 km lange und 30 km breite Pluton von Sud-bury in Kanada zeigt, erinnert an subvulkanische, basaltische Magmenformen. Wie bei diesen kann sich die Schmelze auch im tieferen Bereich horizontal auf struk-turell angelegten Fugen ausbreiten und Lagergänge bilden. Ist der Belastungsdruck der Deckschichten geringer als der von dem Intrusivkörper ausgeübte Druck, so können jene aufgewölbt werden. Es entstehen dann pilzförmige, manchmal stock-werkartig verästelte Gebilde, die man *Lakkolithe* nennt (Abb. 6).

Im Gegensatz dazu erscheinen die sauren Plutone in einem anderen Baustil, wie das am Beispiel des Brockens beschrieben wurde. Auch Beulen- und massige Stock-

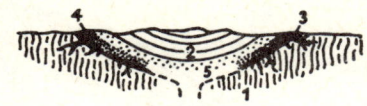

Trichterpluton von Peekskill, New York (nach R. Balk): 1 massiger, 2 schlieriger Norit

Schüsselpluton (Lakkolith) von Sudbury (Kanada): 1 und 2 Präkambrium, 3 Nickelerze, 4 Norit, 5 Granit

Schüsselpluton des Bushveld (Transvaal): 1 Prä-kambrium, 2 Rooiberg-Serie, 3 Norit, 4 Granit

Schema des granitischen Brockenplutons (Harz)

Granitpluton des Passauer Waldes (nach H. Cloos): Granit schwarz, Gneis hell

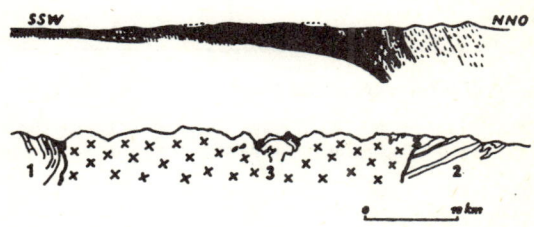

Saurer batholithischer Pluton des Ada-mello (nach R. Staub): 1 Altkristal-lin, 2 Mesozoikum und Perm, 3 Tona-lit (Quarzdiorit)

Abb. 6: Formen der Plutone

formen kommen vor. Sehr eigenartig sind die plattenförmigen Plutone des südlichen Bayerischen Waldes bei Passau. Fingerförmig gespalten greifen sie als Granitplatten in die dort steil stehenden Gneise ein, wobei zu vermuten ist, daß sich die einzelnen Platten aus einer gemeinsamen „Wurzel" in der Tiefe nach oben zu verzweigt haben (Abb. 6). Ob es dagegen Batholithe in dem zuerst gekennzeichneten Umfang gibt, muß immer wieder von neuem untersucht werden. Die Form des Adamelloplutons (Südalpen) scheint am ehesten jener Vorstellung zu entsprechen. Als mächtiger Pfeiler ist er auf der tektonischen Fuge zwischen Altkristallin und südalpinem Mesozoikum aufgedrungen und hat offenbar größere Mengen seines Nebengesteins assimiliert (Abb. 6).

Die Bewegungen des Plutons, also sein Aufstieg, überdauern meist den Erstar-rungsvorgang. Während die oberen Teile bereits zusammenschrumpfen, dringt die Schmelze nach und übt von unten einen Druck auf das Plutondach aus. Durch vom Rand her wirkende Kräfte kann er sich noch erheblich erhöhen, so daß als Folge einer Hochdehnung senkrecht aufeinanderstehende Klüfte und Spalten aufreißen (Abb. 7). Als erste entstehen steile Querklüfte (Q-Klüfte), die senkrecht zu den Fließ-linien als den Richtungen maximaler Dehnung verlaufen. Da sie bereits der ersten Phase der Bruchtätigkeit angehören, werden sie vorwiegend durch magmatische Rest-lösungen und Gesteine der Ganggefolgschaft ausgefüllt. Senkrecht zu den Q-Klüften reißen parallel zum Fließgefüge steile Längsklüfte (S-Klüfte) auf. Zusammen mit

55

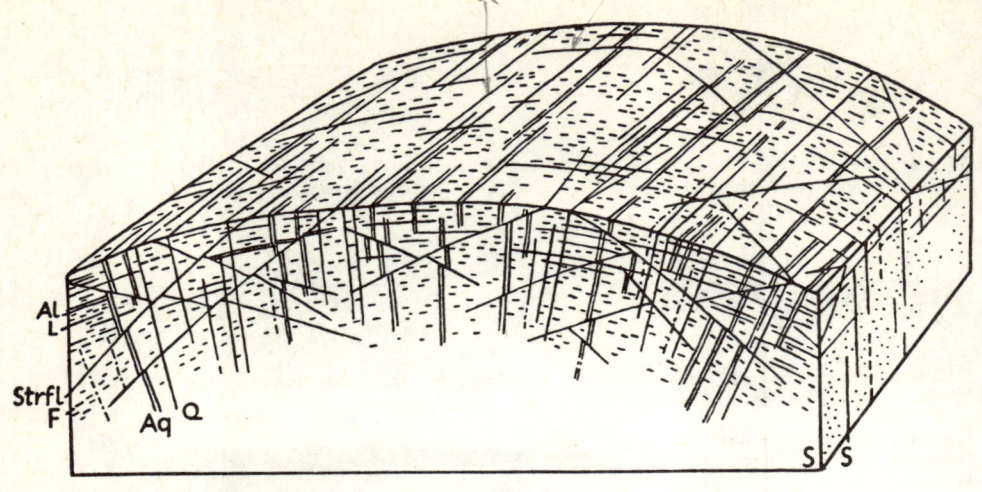

Abb. 7: Plutongewölbe (nach H. CLOOS, *1922)*

Mit konzentrischem Fließgefüge (F), flachen Lagerklüften (L), steilen Längs- (S) und Querklüften (Q), Radialgängen (Aq), diagonalen Streckflächen (Strfl) und Aplitlagergängen (Al).

jenen zerlegen sie den Pluton längs gerader, glatter Flächen. Schließlich treten noch flach liegende Lagerklüfte (L-Klüfte) auf, die schalenförmig parallel zum Fließgefüge angeordnet sind. Ist die Schmelze bereits vollkommen erstarrt, dann kann es noch zur Bildung sog. Streckflächen kommen, die aus einem System diagonal verlaufender Scherflächen bestehen.

Alle diese granittektonischen Merkmale sind auf die hoch in die Erdkruste aufgedrungenen diapirischen Plutone beschränkt, die gleichzeitig als *diskordante Plutone* bezeichnet werden können. Hierher gehört die Mehrzahl der variskischen Plutone Mitteleuropas.

Alle diese Strukturmerkmale eines Plutons sind keineswegs allein eine Folge seiner Erstarrung oder seines Aufstiegs, sondern ebenso eine Folge tektonischer Einwirkung von außen her. Dies geht schon daraus hervor, daß diese Merkmale nicht nur auf den Pluton selbst beschränkt sind, sondern sich in gleicher Weise in dessen Nebengestein fortsetzen. Sieht man hier vom Stofflichen ab, so sind also Pluton und Rahmen nicht voneinander zu trennen. Insofern hat die Bezeichnung *Granittektonik,* wie sie von H. CLOOS aufgestellt wurde, ihre Berechtigung. Dabei darf man allerdings nicht übersehen, daß sie nur auf die letzten tektonischen Bewegungen des betreffenden Gebietes bezogen werden kann und daß diese Bewegungen keineswegs bedeutend sein können. Sonst würde z. B. kein Granit, sondern ein Gneisgranit entstehen; denn bei stärkerer Tektonik während des Schmelzaufstieges würde die Schmelze von vornherein durch den Druck so beeinflußt, daß sich die Kristalle nur in einer Paralleltextur ausscheiden können. Assimilation von Nebengestein und mehr noch Injektionen in die Schicht- und Schieferungsflächen umgebender Sedimente

56

findet man bei den Gneisgraniten recht häufig. Ein Beispiel dafür gibt die Kuppel des Böllsteiner Odenwaldes.

In tieferen Stockwerken der Erdkruste treten konkordante Plutone auf (z. T. als Gneisgranite), die nach unten verfließen und seitlich in Zonen anatektischer und metamorpher Umwandlung (siehe S. 134) übergehen. Diese Zonen führen uns bereits in den Bereich der Gebirgsbildung und in den Entstehungsort granitischer Gesteinsschmelzen. Im zeitlichen Verhältnis zur Gebirgsbildung gibt es *synorogene* (z. B. die variskischen Plutone) und *postorogene Plutone* (z. B. Adamello).

Die Plutone treten in einem großen Bereich der äußeren Erdkruste auf, die als Oberkruste (= sialische oder kontinentale Kruste) bezeichnet wird (siehe S. 147). Dieser Plutonbereich geht von maximal 20 km Tiefe hinauf bis auf wenige km unter der beim Aufdringen des Plutons vorhandenen Erdoberfläche. Dazu gehört z. B. der Brockenpluton im Harz, dessen granitisches Dach bis etwa 1500—2000 m unter der Oberfläche aufdrang. Dieser Pluton ist also ein synorogener, diskordanter *Hoch-* *pluton*, ebenso ist der Adamello ein diskordanter, aber postorogener Hochpluton. Die Hochplutone stehen den Vulkanoplutonen bereits sehr nahe. Dagegen sind die Granite Schlesiens (z. B. Riesengebirge), des Bayrischen Waldes oder der Kapstadtgranit in Südafrika synorogene konkordante Plutone.

Von besonderer Bedeutung ist die Frage, wie es der Schmelze möglich war, in den von ihr später eingenommenen Raum vorzudringen, ohne daß zuvor ein großer Hohlraum in der Erdkruste angenommen werden muß. Abzulehnen sind die Theorien, die die Raumschaffung der Plutone nur durch einseitige Vorgänge erklären wollen, wie z. B. durch Auf- und Einschmelzung der vorher dort gelagerten Gesteinsmassen oder durch „over head stoping" (R. A. DALY), d. h. Auf- oder Abstemmung der über dem Intrusivkörper liegenden Deckschichten. Die tatsächlichen Gegebenheiten werden von Fall zu Fall verschieden sein und sind nur im engen Zusammenhang mit der Tektonik des Gebietes zu lösen. Es besteht die Tatsache, daß die Plutone diapirisch sind, man könnte sie daher auch als „Granitdiapire" (siehe S. 102) bezeichnen.

Über die Herkunft des Magmas und die Ursache des Magmatismus siehe S. 135 und 142 (Gesteinsumwandlung und Gebirgsbildung).

Erstarrungsgesteine (Magmatite)

Weniger die vulkanischen als die plutonischen Gesteine spielen im Aufbau besonders der tieferen Krustenteile eine beträchtliche Rolle. Beide unterscheiden sich aber nur durch das Gefüge. In ihrer chemischen Zusammensetzung sind sie gleich, d. h. manche in der Tiefe erstarrte Plutonite können an der Oberfläche oder bis nahe darunter aufgedrungenen Vulkaniten entsprechen (siehe Tabelle II). Dabei ist bemerkenswert, daß die Erdkruste, die ja zu 95 % aus magmatischen und den ihnen im Chemismus nahestehenden metamorphen Gesteinen aufgebaut wird, im wesentlichen nur aus acht der 92 natürlichen Elemente besteht. Sie sind mit einem gemeinsamen Anteil von nahezu 99 % an der Zusammensetzung beteiligt. Das besagt, daß

Tabelle I: Übersicht über die wichtigsten Hauptgemengteile

1. Felsische (helle) Minerale

Mineral	XX-System	Theoretische Formel	Si(Al)/O-Verhältnis Struktur	Härte	Dichte	Bemerkungen
Quarz	trigonal und hexagonal	SiO_2	1 : 2 Gerüststruktur	7	2,65	Hell, durchscheinend. Mit Messerstahl nicht ritzbar.
						Häufigste Silikate
Feldspäte Orthoklas Mikroklin	monoklin triklin	$KAlSi_3O_8$	1 : 2 Gerüstsilikate	6	2,53–2,56	Hell, gelb, fleischfarben. Zwillinge sehr häufig (Karlsbader Zwillinge), durch die verschiedene Lichtbrechung in einer Ebene liegender Zwillingsflächen leicht kenntlich.
Plagioklas Albit- Anorthit	triklin	$NaAlSi_3O_8$ $CaAl_2Si_2O_8$		6– 6,5	2,61– 2,77	Meist weiß, Misch-XX, Zwillingsbildung ist typisch (Albit- und Periklingesetz), daher leicht kenntlich an Parallelstreifung (mikroskopisch Lamellen) der XX-Flächen.
Feldspatvertreter (Foide) Leucit Nephelin	kubisch tetragonal hexagonal	$KAlSi_2O_6$ $KNa_3 (AlSiO_4)_4$	1 : 2 Gerüstsilikate	5,5– 6,0	2,5 — 2,78– 2,88	Weißlich-grau, glasglänzend. Leicht mit Quarz verwechselbar, mit HCl zersetzbar. Farblos, grau-weißlich.
Glimmer Muskovit	monoklin	$KAl_2 [(OH,F)_2 AlSi_3O_{10}]$	1 : 2,5 Schichtsilikate	2–2,5		Heller K-Glimmer silberglänzend.

Mineral	XX-System	Theoretische Formel	Si(Al)/O-Verhältnis Struktur	Härte	Dichte	Bemerkungen
Biotit	monoklin	$K(Mg,Fe)_3 [(OH,F)_2 AlSi_3 O_{10}]$		2,5—3,0	2,8—3,2	Dunkler K-Glimmer mit wechselndem Mg-Fe-Gehalt.
Amphibole *Hornblenden*	monoklin		1 : 2,75 Bandsilikate			Meist schwarz und langprismatisch. Spaltwinkel 124,5°.
Strahlstein-reihe		z. B. Tremolit $(Ca_2Mg_5) [(OH)_2Si_8O_{22}]$		5—6	2,9—3,2	Vorkommen meist nur in Metamorphiten.
Hornblenden		z. B. „Gemeine Hornblende" mit heterogener Zusammensetzung		5—6	3,1—3,4	In sauren und intermediären Magmatiten und in Metamorphiten.
Natronhorn-blenden		z. B. Glaukophan $Na_2(Mg_3Al_2) [(OH)_2 SiO_4 O_{11})_2]$		5—6	3,0—3,15	Glaukophan nur in metamorphen Gesteinen.
Pyroxene *Augite*			1 : 3 Kettensilikate			Meist schwarz und kurzprismatisch. Spaltwinkel ca. 87°.
Orthaugite	rhombisch	z. B. Enstatit $MgSi_2O_6$ z. B. Bronzit $(Mg,Fe)_2Si_2O_6$			3,1	In basischen Tiefengesteinen und katazonalen Metamorphiten.
Klinaugite	monoklin	z. B. Diopsid $CaMgSi_2O_6$ z. B. „Gemeiner Augit" mit heterogener Zusammensetzung		6	3,3—3,5	Langprismatisch im Gegensatz zu anderen Augiten. Seine blättrige Absonderung (100) wird Diallag genannt. Typisch grüne Farbe, in Plutoniten und Vulkaniten der Alkalireihe.
Alkaliaugite	monoklin	z. B. Ägirin $NaFe(Si_2O_6)$		6,5	3,7	
Olivin	rhombisch	$(Mg,Fe)_2SiO_4$	1 : 4 Inselsilikat	6,5—7,0	3,3—4,2	Nur in bas. und ultrabas. Gesteinen.

sämtliche anderen 84 Elemente kaum mehr als 1 % des Gesamtgewichtes der Kruste ausmachen.

Die chemischen Bestandteile des Magmas spiegeln sich in der Art und Zusammensetzung der Minerale eines Erstarrungsgesteins wider. Minerale sind selten aus Elementen, meistens aus chemischen Verbindungen aufgebaut. Hauptsächlich kommen sie in kristallisierter Form vor. Unter einem Mineral verstehen wir demnach einen natürlichen, festen, anorganischen und homogenen Baustein der festen Erdkruste. Die Homogenität trifft auch für Mischkristallbildungen, polymorphe Umwandlungen und Einschlüsse in den Mineralen zu. Eine Konzentration von Mineralen führt zu einer Lagerstätte, sofern es sich dabei um nutzbare Stoffe wie z. B. metallhaltige Minerale, d. h. Erze, handelt. Die meisten Minerale sind kristallisiert, da ihnen Atome und Ionen in bestimmten Raumgittern zugeordnet sind.

Die Bestimmung der Minerale eines Gesteins ist daher gleichzeitig eine Art großzügiger chemischer Analyse. In den Erstarrungsgesteinen finden wir vorzugsweise Silikatminerale, die zusammen mit der auskristallisierten überschüssigen Kieselsäure, dem Quarz, die Hauptgemengeteile bilden. Dazu treten in vielen Fällen als wesentliche Begleiter die immer vorhandenen Nebengemengeteile, die für die Mineralkombination der Erstarrungsgesteine typisch sind.

Für die Zwecke der Gesteinsbestimmung reichen von den über 2000 bekannten Mineralen 200 aus. Kaum 10 % von diesen genügen aber schon zur Bestimmung der Hauptgemengeteile, die man im engeren Sinne als die „gesteinsbildenden Minerale" betrachtet (siehe Tab. I). Sie lassen sich nach ihrer chemischen Zusammensetzung in zwei Gruppen einteilen: Die hellen, felsischen oder salischen Minerale sind SiO_2-reich und vorwiegend Ca-Na-K-Al-Silikate; die dunklen, mafischen oder femischen Minerale sind SiO_2-ärmer, aber reicher an dichten Elementen, daher meist Mg-Fe-Ca-Silikate. Beide Gruppen sind durch viele Übergänge miteinander verknüpft.

Von besonderer Bedeutung für die Bestimmung der Erstarrungsgesteine ist endlich das Gefüge, das während der Erstarrung entsteht. Man unterscheidet hierbei die *Struktur,* d. h. Größe, Form und Verband der Kristalle, und die *Textur,* d. h. ihre Anordnung im Raum. Die plutonischen Gesteine (Plutonite) sind in der Erdkruste langsamer erstarrt als die an die Oberfläche gelangten vulkanischen (Vulkanite), ihre typische Struktur bezeichnet man als vollkristallin. Ihre Textur ist meistens richtungslos, d. h. daß viele Plutone während der Erstarrung keine oder zumindest durch keine Einregelung nachweisbare mechanische Beanspruchung mehr erfahren haben.

Bei einem plötzlichen und krassen Temperaturabfall, wie ihm vulkanische Schmelzen an oder nahe der Oberfläche ausgesetzt sind, reicht die Zeit für ein geordnetes Kristallwachstum nicht aus. Die Ausscheidung der Minerale vollzieht sich daher nur im mikrokristallinen Bereich und erscheint so als eine dichte Grundmasse. Bei sehr rascher Erstarrung kann diese zum Teil oder auch ganz aus amorphem Glas bestehen. Da saure Schmelzen im allgemeinen zähflüssiger sind als basische, erstarren sie bei einer bestimmten Abkühlungsgeschwindigkeit eher zu einer glasigen Grund-

Tabelle II: Die wichtigsten Magmatite (ohne Feldspatvertreter)

							Palagonit (submarin)	
Gesteinsgläser	Tertiär und jünger	Obsidian (2 % H_2O)						
	Vortertiär	Pechstein (4—8 % H_2O)						
Vulkanite	Tertiär und jünger	Rhyolith, Quarzlatit	Dacit	Alkali-trachyt	Latit, Trachyt	Andesit	Basalt Tholeiit	Olivinbasalt noch mit Anorthosit
	Vortertiär	Quarzporphyr Quarzkeratophyr	Quarz-porphyrit	Keratophyr, Orthophyr	Porphyrit		Melaphyr	Pikrit
Ganggesteine		Aplit Pegmatit Granitporphyr		*Minette*		Kersantit	Diabas	
Plutonite		Alkali-granit Granit Qu-Mon-zonit Grano-diorit	Quarz-diorit Trond-hjemit	Alkali-syenit	Syenit Monzonit	Diorit	Gabbro Norit / Anorthosit	Peridotit (Dunit) Pyroxenit
		Granitgruppe		Syenitgruppe		Diorit-Gabbrogruppe		Mafitit-gruppe
Hauptgemengteile		Orthoklas + Plagioklas + Quarz Muskovit + Biotit		Orthoklas + Plagioklas Biotit + Hornblende		Plagioklas + Hornbl. + Biotit	+ Diallag + Orthaugit (Norit)	Olivin Erz (Augit)

Quarzgehalt abnehmend ——→

——→ Plagioklasgehalt zunehmend ——→

61

masse, wogegen die basischen Schmelzen unter gleichen Bedingungen noch vollkommen auskristallisieren. Vor allem saure Gesteinsgläser wie Obsidian mit 2 % H_2O-Gehalt und Pechstein mit 4—8 % H_2O-Gehalt zeigen infolgedessen eine glasige Struktur. Außerdem ist Pechstein das erdgeschichtlich ältere Gesteinsglas.

Sehr oft enthalten Vulkanite in ihrer feinkristallinen Grundmasse makroskopisch deutlich erkennbare Einsprenglinge in mehr oder weniger gut ausgebildetem Fließgefüge. Sie gehören einer älteren, schon in größerer Tiefe erfolgten Auskristallisation an und sind als fertige Kristalle mit der Schmelze nach oben gewandert. In stofflicher Hinsicht stimmen sie vielfach mit den Bestandteilen der Grundmasse überein wie z. B. die Einsprenglinge von Quarz und Orthoklas im Quarzporphyr. Da unter den Vulkaniten besonders die Porphyre Einsprenglinge in einer dichten Grundmasse aufweisen, so sprechen wir in solchen Fällen von einer *porphyrischen* Struktur.

Als weitere Struktur ist die schaumig aufgeblähte des Bimssteins anzuführen oder die Lavastruktur überhaupt, bei der jeder Hohlraum einer vom erstarrenden Gestein festgehaltenen Gasblase entspricht. Die ehemaligen Gashohlräume können später durch wandernde Lösungen mit Stoffen verschiedenster Art und Herkunft, z. B. Kieselsäure oder Kalziumkarbonat, ausgefüllt werden. Es entsteht dann eine *Mandelsteinstruktur*. So sind z. B. die Achatmandeln im Gebiet von Idar-Oberstein entstanden.

Wird von den aus der Tiefe mitgebrachten Kristallen die Fließbewegung der Schmelze in den letzten Phasen der Erstarrung festgehalten, entsteht das bereits erwähnte Fließgefüge (siehe Drachenfels S. 51).

Für die Bestimmung eines Gesteins sind jeweils nur drei, manchmal sogar nur zwei Minerale von Bedeutung (siehe Tab. II). Ein Magmatit wird daher durch einen typischen Mineralbestand charakterisiert. Schon an dem Anteil der hellen und dunklen Gemengteile lassen sich die Gesteine bereits rein makroskopisch nach der Farbe unterscheiden. Melanokrate Gesteine bestehen vorwiegend aus dunklen, leukokrate dagegen aus hellen Mineralen. Dazwischen liegt die weitaus größte Gruppe der mesotypen Gesteine. Eine weitere, genauere Einteilung kann nach dem Verhältnis der Feldspäte vorgenommen werden: Alkalifeldspat/Plagioklas und Feldspat/Foide.

Die Frage, wieweit Tiefen- und Ergußgesteine tatsächlich genetisch so zusammengehören, wie es dem Mineralbestand nach in unserer Tabelle erscheint, kann hier noch nicht beantwortet werden. Es sei aber schon darauf hingewiesen, daß von den Ergußgesteinen nur 2 % sauer, dagegen 98 % basisch sind (davon über 80 % Basalte), während umgekehrt 95 % aller Tiefengesteine granitische Zusammensetzung haben (davon über 80 % Granite und Granodiorite).

Neben den Vulkaniten und Plutoniten zählen auch die Ganggesteine (Spaltungsgesteine, Differentiationsgesteine) zu den Erstarrungsgesteinen.

Die folgende Tabelle III zeigt die wichtigsten Magmatite mit Feldspatvertretern = Foiden (Foid = Abkürzung für Feldspatoid = Feldspatvertreter). *Foide* bilden sich nur in kieselsäurearmen, aber relativ alkalischen Schmelzen, sie sind daher kieselsäureärmer als Feldspäte.

Vulkanite	Phonolith	Phonolith-tephrit	Tephrit	Olivinleucitit, Leucitit	Nephelinit
Plutonite	Nephelin-syenit Foyait	Essexit	Theralit	Fergusit	Ijolith
Haupt-gemengteile	Na-Ortho-klas Nephelin Na-Augit	Na-Sanidin Sanidin Plagioklas Nephelin Augit Biotit	Na-Sanidin Plagioklas Nephelin Augit Biotit Olivin	Leucit Augit Nephelin Biotit Olivin	Nephelin Na-Augit

Die foidischen Magmatite treten vor allem in den Bruchzonen der Erde auf, während die anderen Magmatite mehr an die Bildungszonen der Faltengebirge gebunden sind. Die Tektonik der Erdkruste beeinflußt offensichtlich Entstehung und Chemismus der Schmelzen. Man hat daher verschiedene magmatische Sippen unterschieden, die mit der tektonischen Entwicklung eines Gebietes eng verbunden sind. Es gibt eine Kalkalkali-Sippe, deren Schmelzen in den Faltengebirgen gefördert werden; die Alkali-Sippe, die in eine Kali- und in eine Natronreihe unterteilt werden kann, ist an die Bruchzonen der Kruste gebunden.

Teilt sich ein chemisch ursprünglich einheitliches Stamm-Magma in verschiedene Teil-Magmen auf, so spricht man von *Differentiation*. Letzten Endes ist Differentiation eine Entwicklung der Schmelze, bei der eine Trennung des Magmas bei infolge des Aufstiegs sich ständig verändernden Druck-Temperatur-Verhätnissen in bereits ausgeschiedene Kristalle und Restschmelze eintritt (Kristallisationsdifferentiation und Gravitationsdifferentiation). Auch Einschmelzungen aus dem Nebengestein können die Zusammensetzung einer Schmelze ändern *(Assimilation)*. Allerdings darf man das Ausmaß der Assimilation nicht zu hoch bewerten. Sie tritt ein, wenn im kontaktmetamorphen Bereich (siehe S. 125) Schollen des Nebengesteins von der Schmelze aufgelöst und assimiliert werden. Je nach dessen Zusammensetzung kann die Schmelze z. B. reicher an Kieselsäure oder Kalziumkarbonat werden, wie die entsprechenden Minerale zeigen.

Assimilation erscheint deutlich bei der Entwicklung des Vesuvmagmas (siehe S. 39).

Für den Vorgang der Differentiation sind die fortschreitende Kristallisation und vor allem die dabei auftretende gravitative Kristallsaigerung von höchster Bedeutung. Schon gebildete schwerere Kristalle (Erze, schwere Silikate) sinken und entziehen dabei der Schmelze vorher in ihr gelöste Stoffe. Bei dieser Differentiation entstehen u. a. die liquid-magmatischen Lagerstätten. Ebenso wird die ursprüngliche Zusammensetzung der Schmelze durch das Emporsteigen von Gasen verändert (pneumatolytische Differentiation), der Wasserdampf dürfte dabei eine große Rolle spielen, daneben der Transport von Alkalien. Durch ihn kommt es zur Entalkalisierung im unteren, zur Alkalisierung im oberen Teil des Magmas. Nicht unerwähnt soll bleiben, daß die Gase für die Kristallisation aus dem Magma als Katalysatoren eine besondere Bedeutung haben (vor allem Wasserdampf). Da der Gasgehalt in einem Tiefengestein sehr viel länger festgehalten wird als in einem Ergußgestein, weisen Plutonite mit 600—900 °C viel geringere Temperaturen bei der Erstarrung auf als die Laven an der Oberfläche, die z. B. beim Vesuv 1015—1040 °C oder beim Ätna 1060 °C erreichen.

Die durch Differentiation entstandenen Teilmagmen besitzen also unterschiedliche chemische Zusammensetzung und verschiedene Beweglichkeit. Basische Magmen sind leichter beweglich als saure und eilen diesen beim Magmenaufstieg voraus (basische Vorläufer).

Die Differentiation der magmatischen Schmelze geht also von einem primären Urmagma aus, das in sehr großer Tiefe ein Bestandteil des oberen Mantels ist. Von hier nimmt es seinen Weg in die höheren Teile der Kruste, ja selbst an die Erdoberfläche, wo es noch in großen Massen in den Plateau- und Schildvulkanen ankommt. Demzufolge ist das mit einem Anteil von mehr als 80 % typische basaltische Magma nur sehr wenig differenziert. Unterschiede sind wohl auf verschiedene Druck- und Temperaturverhältnisse schon am Entstehungsort der Schmelze oder auch während ihres langen Aufstiegweges zurückzuführen. Die Vorgänge der Differentiation betreffen daher vorwiegend das granitische Magma, das stofflich eine andere Zusammensetzung und gleichzeitig einen anderen Entstehungsort in der Kruste besitzt. (Über die Herkunft der Magmen siehe S. 135, 142).

Am auffälligsten bei der Erstarrung ist die Tatsache, daß die einzelnen Minerale sich nicht nach der Reihenfolge ihrer Schmelztemperaturen abscheiden. Sie richten sich vielmehr nach dem Atomvolumen, den Bindungskräften und der gegenseitigen Löslichkeit sowie dem jeweils herrschenden Druck. Daher enthält ein Vulkanit, der aus höheren Temperaturen erstarrt, andere Mineral-Modifikationen als der aus tieferen Temperaturen (vgl. Eutektikum) erstarrende Plutonit. So ist z. B. ein Kalifeldspat im vulkanischen Bereich hochtemperiert mit höherem Na-Gehalt = Sanidin, im Granit dagegen ein Orthoklas oder Mikroklin. Auf den Tabellen der Magmatite konnte das nicht zum Ausdruck gebracht werden. Dabei strebt die Schmelze zuletzt einem *Eutektikum* zu, dessen Kennzeichen die gleichzeitige Erstarrung aller zuletzt in ihr noch vorhandenen Komponenten ist, wobei der Erstarrungspunkt einer eutektischen Schmelze erheblich unter demjenigen der einzelnen Komponenten liegt *(eutektischer Punkt)* und diese eine bestimmte prozentuale Zusammensetzung haben. Der pegmatitische Schriftgranit entspricht mit der Verwachsung von 75 % Orthoklas und 25 % Quarz einer eutektischen Schmelze.

Meist übrigbleibende granitische Restschmelzen sind infolge des hohen Gasgehaltes, also einer hohen Dampfspannung bei sinkender Temperatur, leicht beweglich. Sie erstarren in Spalten des oberen Plutons und in dessen Umgebung, es entstehen die „Ganggesteine" der Pegmatitgruppe, deren Minerale leicht an flüchtigen Bestandteilen sind (z. B. Turmalin, Topas, Flußspat, Beryll, Zinnstein, Wolframit u. a.). Die pegmatitisch-pneumatolytische Differentiation bildet eine eigene Zone am Außenrand des Plutons und in dessen Umgebung, damit auch einen eigenen Lager-

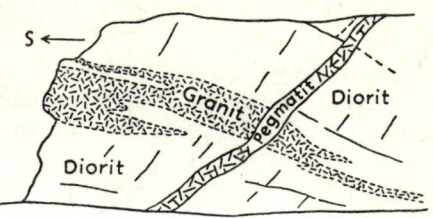

Abb. 8: *Gesteinsgänge im Birkenauer Tal bei Weinheim, Odenwald*

In den basischen Vorläufer von Diorit dringt mit unscharfem Kontakt (noch nicht ganz abgekühlter Gesteinsverband) in breiten Gängen Granit ein, später nach erfolgter Abkühlung mit scharfer Grenze Pegmatit. Durchbrechende Gesteinsgänge sind jünger als das durchbrochene Gestein, in diesem Fall auch saurer.

stättentyp gleichen Namens. Erstarrungstemperaturen fallen hier bis 400 °C. Der weitere Stofftransport bildet dann hydrothermale Differentiate unterhalb dieser Temperaturen und damit auch die hydrothermalen Lagerstätten von sulfidischer, oxydischer und karbonatischer Zusammensetzung.

Zuletzt sei darauf hingewiesen, daß die Plutone eine *Ganggefolgschaft* besitzen, der die Ganggesteine angehören, z. B. Aplit, Lamprophyre, Minetten u. a. Sie gehören ebenfalls Restschmelzen an, die vornehmlich bei der gravitativen Differentiation entstehen und auf Spalten und Klüften den bereits erstarrten Pluton durchsetzen (Abb. 8).

matisch (femisch) dunkel
salisch (felsisch) hell

lave

alpinotyp   Erdalkali-Sippe   Alkali-Sippe   germanotyp

pazifisch   Na   ü
                 mediterran   atlantisch

65

Verwitterung

Die Verwitterung spielt unter den geologischen Vorgängen mit die größte Rolle. Sie zerstört die Gesteine und sorgt dafür, daß für den Abtransport durch Wasser, Eis und Wind immer neue Verwitterungsprodukte zur Verfügung stehen. Ohne Verwitterung gäbe es keinen Kreislauf der Stoffe. Für die Vorgänge der Verwitterung ist der Kreislauf des Wassers von ausschlaggebender Bedeutung.

Der Kreislauf des Wassers, Grundwasser und Quellen

Der Kreislauf des Wassers wird von der Sonnenstrahlung und den durch diese bedingten Kreislauf der Luft in Gang gehalten. Die emporgehobenen Verdunstungsmengen fallen als Niederschläge auf die Erde, vom Festland fließen sie zum Teil als Oberflächenwasser ins Meer zurück, hierbei gleichzeitig eine beträchtliche Arbeit leistend. Das in den Erdboden einsickernde Wasser (im Gebiet der Dauerfrostböden dringt kein Wasser in den Boden ein, in Felslandschaften nur wenig) wird in geringer oder größerer Tiefe von undurchlässigen Gesteinen gestaut (Wasserstauer, z. B. tonige oder mergelige Gesteine) und sammelt sich zum unterirdisch fließenden Grundwasser, dessen Oberfläche der Grundwasserspiegel ist. Er bleibt in regenreichen Zeiten durch einen Kapillarsaum mit dem Haftwasser der obersten Bodenschicht verbunden, das durch die Pflanzenwurzeln beim Einsickern festgehalten wird. In trockenen Zeiten reißt diese Verbindung; das Haftwasser wird dann rasch aufgezehrt, es kommt zur Dürre.

Das Gestein, in dem das Grundwasser sich bewegt, ist der Wasserspeicher (oder Wasserträger), in dem sich das Wasser in den Poren und Hohlräumen (Porenraum oder Porenvolumen = Gesamthohlraum im Gestein) sammelt. Das Maximum an Wassergehalt mit 47,6 % tritt ein bei Kugelgestalt der Körner und gleicher Korngröße und ergibt den gefährlichen Schwimmsand. Es kommt weniger auf das Porenvolumen als auf die Permeabilität (Durchlässigkeit) eines Gesteins an, damit das Wasser durchfließen kann; bei zu kleinen Poren wird das Gestein undurchlässig infolge der Adhäsion in den Poren.

Grundwasserströme werden bei hohen Wasserständen der Flüsse von diesen gespeist und geben umgekehrt in Trockenzeiten bei Niedrigwasser der Flüsse Wasser an diese ab.

Karstwässer gehören ebenfalls zum Grundwasser.

Die Fließgeschwindigkeit des Grundwassers ist in Sanden gering, in Kiesen größer (ein Wassertropfen braucht für die Entfernung Alpenrand—München in der Isar 8 Stunden, im Grundwasser $3^{1/2}$ Jahre).

Fließt das Grundwasser zwischen einem Wasserstauer oben (im Hangenden) und unten (im Liegenden) bei fehlender vertikaler Ausweichmöglichkeit, so steht es unter Druck und ist ein gespanntes (= artesisches Wasser). Es kann dann beim Anbohren bis zur Höhe des Zuflusses im Einzugsgebiet aufsteigen (z. B. Pariser Becken).

Natürliche Austritte von Grundwasser bezeichnet man als Quellen, z. B. an Abhängen. War das Grundwasser sehr tief eingesickert und infolge der geothermischen

66

Tiefenstufe erwärmt worden, so handelt es sich um Thermen, z. B. Badenweiler und das nahe Bellingen.

Tritt das Grundwasser dem Einfallen der Schichten entsprechend aus, spricht man von Schichtquellen. Überfallquellen gibt es da, wo das Wasser bei hohem Stand des Grundwasserspiegels entgegen der Schichtneigung überläuft (typisch dafür ist der Hohe Meißner in Hessen). Stauquellen entstehen bei Überlagerung des Grundwasserträgers durch undurchlässige Gesteine im Grenzbereich beider (z. B. Paderquellen bei Paderborn, Elm bei Braunschweig); Kluftquellen liegen an Störungen, vor allem als artesische Quellen (Steigquellen). Mineralquellen enthalten eine Reihe gelöster Stoffe und können zu Heilzwecken dienen.

Wesentlich für die Nutzung einer Quelle ist ihre Schüttung *(l pro sec)* und deren Konstanz.

Fließt das Grundwasser durch Ca-haltige Gesteine, können vor allem Erdalkali-, Karbonat- und Sulfationen in mehr oder weniger großer Menge gelöst werden und eine Wasserhärte hervorrufen (weiches Wasser hat weniger als 10 deutsche Härtegrade, hartes Wasser über 20. Ein deutscher Härtegrad = 10 mg CaO pro Liter).

Das in den Boden einsickernde Wasser ist für die Verwitterung, Bodenbildung und die Bodenstruktur von größter Bedeutung.

Verwitterung

Alle an der Oberfläche anstehenden Gesteine unterliegen anderen physikalischen und chemischen Zustandsbedingungen als an ihrem Entstehungsort. Bestimmte Minerale werden unter dem Einfluß exogener Kräfte instabil, d. h. der Mineralbestand wird gelockert und sein Zusammenhalt allmählich zerstört. Man bezeichnet diesen Vorgang als Verwitterung und versteht darunter die Zerlegung und Zersetzung der Gesteine durch physikalische und chemische Vorgänge, die von außen her an oder dicht unter der Erdoberfläche einwirken. Die Verwitterung ist weitgehend vom Klima abhängig. So können unter einem bestimmten Klima aus ganz verschiedenen Gesteinsarten Verwitterungsböden gleicher Farbe entstehen und umgekehrt unterschiedliche Klimate aus ein und derselben Gesteinsart völlig verschiedenfarbige Böden bilden. Der Widerstand, den die einzelnen Minerale der Verwitterung entgegensetzen, ist sehr verschieden. Es gibt Minerale wie Quarz und Muskovit (heller Glimmer), die kaum oder nur schwer verwittern, Olivin dagegen und andere dunkle Gemengteile unterliegen im allgemeinen raschen Veränderungen.

Man unterscheidet physikalische, chemische und biologische Verwitterung. Die Ursache der biologischen Verwitterung ist die Tätigkeit von Organismen, deren Auswirkungen auf das Gestein physikalischer oder chemischer Art sind. In der Natur greifen meist mehrere Prozesse ineinander.

Die physikalische Verwitterung überwiegt in den Gebieten, in denen das nackte Gestein der unmittelbaren Einwirkung der atmosphärischen, periodischen Temperaturgegensätze ausgesetzt ist. Sie zerkleinert die Gesteine mechanisch und bereitet sie auf ohne stoffliche Veränderung der einzelnen Komponenten. Diese Erscheinungen beobachtet man z. B. im Hochgebirge, in periglazialen Gebieten oder in Wüsten.

Hauptursachen sind starke Sonneneinstrahlung (Insolation), Frost und Salzsprengung. Verwitterung vorwiegend mechanischer Art herrscht schließlich auch an den Küsten, ganz besonders wirksam an brandungsreichen Steilküsten.

Die Insolation schafft die Voraussetzungen für die *Temperaturverwitterung.* Dabei dehnen sich die Gesteine infolge Wärmeabsorption durch die Minerale bei Tage aus, während sie sich mit der Abkühlung nachts wieder zusammenziehen. Der Ausdehnungskoeffizient ist von Mineral zu Mineral verschieden. Durch ständige Temperaturschwankungen entstehen an den Grenzflächen der Mineralkomponenten Spannungen, die zusammen mit den bei der Ausdehnung auftretenden erhöhten Drucken den Gesteinsverband lockern und schließlich in Grus zerfallen lassen. Zuweilen kommt es auch entlang feinster Haarrisse und Unstetigkeitsflächen zu Absprengungen ganzer Gesteinsplatten oder zu scherbenartigen Abschuppungen, Desquamation genannt. Die Temperaturverwitterung bleibt im wesentlichen auf wenige Meter der äußeren Oberfläche beschränkt.

Die *Frostverwitterung* ist eine Folge der Kristallisation des Wassers, bei der eine Volumvermehrung um 9 % eintritt. Da Wasser überall im Gestein in Poren, Fugen und sonstigen Hohlräumen vorkommt, kann es beim Gefrieren einen erheblichen Druck auf seine Umgebung ausüben (bei — 22 °C etwa 2200 kg/cm²). Die Frostverwitterung wirkt vor allem in niederschlagsreichen Gebieten, deren Temperatur häufig um den Gefrierpunkt schwankt, z. B. im Hochgebirge (Wandverwitterung, Abgrusung) und im periglazialen Bereich. Ein Sonderfall von jedoch großer regionaler Ausdehnung und markanten geomorphologischen Folgen ist die submarine Frostverwitterung unter gezeitenbewegtem Schelfeis. Das dauernde Gefrieren und Wiederauftauen zermürbt das Gestein nach und nach, bis es schließlich unter der Frostsprengung an und unter der Oberfläche in scharfkantige und eckige Bestandteile verschiedener Größen zerfällt.

Bei der *Salzsprengung* gelangen in Zonen starker Verdunstung gelöste Stoffe zusammen mit dem Lösungsmittel bei intensiver Sonnenbestrahlung kapillar an die Oberfläche, wo sie in Gesteinsporen, Haarrissen usw. kristallisieren. Bei Feuchtigkeitsaufnahme können diese Salze erneut in Lösung gehen oder durch Wasseranlagerung an die Moleküle eine beträchtliche (bis etwa 33 %) Volumvermehrung erfahren. Salzsprengung trifft man in ariden und semiariden Gebieten mit gelegentlichen Niederschlägen an.

Die physikalische Verwitterung mit ihrer mechanischen Zerkleinerung stellt das Material für den Transport bereit und ermöglicht durch den Zerfall (vergrößerte Oberflächen) eine raschere *chemische Verwitterung.* Hier wirkt vor allem das Wasser zersetzend und lösend auf die Gesteinskomponenten. Es tritt dabei eine Auflösung und Zerlegung der Minerale in ihre chemischen Bestandteile, d. h. in Ionen und Moleküle ein. Seine zersetzende Wirkung wird noch erhöht durch in ihm gelöste aggressive Bestandteile, vor allem gasförmige Stoffe wie freier Sauerstoff (O_2), Kohlendioxyd (CO_2), Stickstoff (N_2) sowie gewisse organische und anorganische Säuren. Von den Prozessen der chemischen Verwitterung seien hier die Lösungsverwitterung, die Oxydation, die Hydratation und die hydrolytische Verwitterung genannt.

Die *Lösungsverwitterung* bezieht sich hauptsächlich auf leichtlösliche Alkalisalze und Erdalkaliverbindungen wie Gips, Anhydrit und Karbonate. In überwiegend trockenen Gebieten stehen *Evaporite* gesteinsbildend an der Erdoberfläche an. Durch die spärlichen Niederschläge werden diese Salze kaum aufgelöst und weggeführt. In humidem Klima ist eine Salzbeständigkeit über Tage nicht möglich. Hier trifft man Auslaugungsvorgänge an, die selbst noch in größerer Tiefe vorkommen. Die auf einem Salzhorst erbaute Stadt Lüneburg bietet in Form ständiger Gebäudeschäden einen lebhaften Eindruck solcher Erscheinungen, wobei hier allerdings die Lösung unter Tage durch den Menschen — Einführung von Wasser und Förderung von Sole — absichtlich herbeigeführt wird.

Unter der Einwirkung von Feuchtigkeit gehen auch Anhydrit und Gips, die gelegentlich zutage ausstreichen, allmählich in Lösung über, wobei sich der Anhydrit durch Wasseraufnahme zunächst in Gips umwandeln kann. Die Volumzunahme erfolgt dabei unter Drucken bis zu 11 000 kg/cm². Auch der sogenannte „Gipshut" über zahlreichen Salzlagerstätten wird durch lösende Wässer angegriffen.

Von besonderer Bedeutung ist die *Karbonatverwitterung*, die unter Einfluß des mit Kohlensäure beladenen Regen- und Sickerwassers zur Auflösung vor allem des Kalkes ($CaCO_3$) und des Dolomits ($CaMg(CO_3)_2$) führt. Kalziumkarbonat geht dabei in die lösliche Form des Kalziumbikarbonats über:

$$CaCO_3 + H_2O + CO_2 \underset{\leftarrow}{\rightarrow} Ca(HCO_3)_2$$

Die Löslichkeit des Karbonats steigt mit dem CO_2-Partialdruck (Pfeil nach rechts). Je höher der Druck und je niedriger die Temperatur des Wassers ist, um so mehr Kohlensäure ist darin gelöst. In der Natur führt diese Art der Verwitterung zur Ausbildung einer Karstlandschaft.

Manche Minerale werden entsprechend ihrer chemischen Zusammensetzung besonders leicht durch den im Wasser enthaltenen freien Sauerstoff oder durch den Luftsauerstoff angegriffen. Vor allem betrifft das Minerale, die Eisen (Fe) und das weniger häufige Mangan (Mn) enthalten. Bei dieser *Oxydationsverwitterung* wird das zweiwertige Fe^{++} in die dreiwertige Stufe Fe^{+++} übergeführt (Mn^{++} in $MnOOH$ und MnO_2). Die Oxydation des Eisens ist mit einem deutlichen Farbwechsel von dunklen (grün — grau — schwärzlich) Farbtönen zu helleren (rötlich — braun) verbunden. Damit wird das Eisen zu einem wichtigen Indikator bei der Verwitterung. Bei Lagerstätten mit eisenreichen Mineralen (Sulfide, Karbonate und Oxide) wird die *Oxydationszone* als „Eiserner Hut" bezeichnet, der bis zum Grundwasserspiegel hinabreicht. Es bildet sich in dieser Zone im humiden Klima Brauneisen ($FeOOH$) mit einem gewissen Wassergehalt. Die Verwitterung sulfidischer Erze führt über deszendent abwandernde sulfatische Lösungen in der Zementationszone, d. h. im Bereich unterhalb des Grundwasserspiegels, erneut zur Fällung von Metallsulfiden. Ihre chemische Zusammensetzung richtet sich nach dem Grad des Löslichkeitsproduktes der an den Reaktionen beteiligten Ionen, denenzufolge die jeweils edleren Metalle sich bevorzugt abscheiden. Außerdem können in der Oxydationszone Reste der ursprünglichen Metallsulfide auch als Oxide auftreten oder unter Einwirkung des CO_2-Gehaltes der Luft und der Bodenlösung sowie karbonathaltiger Lösungen aus dem Nebengestein in relativ stabile Karbonate übergehen, z. B. in Cerussit ($PbCO_3$ = Weißbleierz), in Zinkspat ($ZnCO_3$) oder in das Hydrokarbonat Malachit ($Cu_2(OH)_2CO_3$). Auch das Bleisulfat Anglesit ($PbSO_4$) ist eine stabile, schwerlösliche Verbindung.

Die Silikate, die den Hauptanteil der gesteinsbildenden Minerale darstellen, unterliegen der Verwitterung durch *Hydratation* und *Hydrolyse*. Hydratation heißt Wasseranlagerung an die Ionen einer Lösung oder eines Kristallgitters. Sie ist eine Folge der Dipoleigenschaft der Wassermoleküle, in denen der Schwerpunkt der positiven (vom Wasserstoff kommenden) und negativen (vom Sauerstoff kommenden) Ladung nicht zusammenfällt.

Die Hydratation greift demnach zunächst das Gitter oder den Gitterrest eines Kristalls von außen an, da die betreffenden Grenzflächenionen in dieser Richtung nicht abgesättigt sind und begierig Wassermoleküle an sich ziehen. Dadurch werden diese Ionen nun gegen ihre entgegengesetzt geladenen Nachbarionen infolge der Hydrathülle isoliert. Es tritt zwischen den randlichen Gitterionen eine Schwächung der elektrostatischen Kräfte ein, womit eine allmähliche Auflockerung der Gitterfestigkeit verbunden ist. Schließlich kommt es zur Abspaltung von Gitterfetzen und zum Aufreißen feinster Risse, in die sofort weitere dipolare Wassermoleküle eindringen. Auf diese Weise breitet sich die Hydratation immer mehr aus und bewirkt letzten Endes den Zerfall des Kristallgitters. Je mehr Angriffsflächen und -punkte das Gestein besitzt, um so schneller unterliegt es dem Zusammenspiel der chemischen Verwitterungsarten. Eine andere Form der Hydratation ist mit dem Einbau der Wassermoleküle in das Gitter verknüpft. Als Beispiel wurde die Gipsbildung aus Anhydrit erwähnt, bei der Volumvergrößerung eintritt. Man spricht in diesem Falle von Hydratationssprengung.

Bei der Verwitterung der Silikate hat jedoch die *Hydrolyse* den Hauptanteil. Ihre Ursache liegt in der geringen Eigendissoziation des Wassers, d. h., ein äußerst geringer Teil der H_2O-Moleküle zerfällt in seine ionaren Bestandteile, in Wasserstoff- und Hydroxylionen. Diese kleinste Menge der aggressiven Wasserstoffionen reicht indes aus, um das alkalisch reagierende Silikat in seinen Basen(Kationen)- und Säure(Anionen)-Anteil aufzuspalten. Wenngleich die Wirkung auf das Silikatgestein auch nur sehr schwach ist, so darf der Faktor Zeit nicht übersehen werden. Das Maß der hydrolytischen Zersetzung wird mitbestimmt von der Niederschlagsmenge und vor allem auch der Temperatur, da bei ihrem Anstieg die Dissoziation des Wassers wächst. Das heißfeuchte Klima der Tropen bietet der Hydrolyse daher die besten Voraussetzungen. Die Umsetzung der Silikate mit Wasser ist eine Gleichgewichtsreaktion, bei der ein Austausch der Ionen stattfindet. Aus den Feldspäten entstehen dabei Tonminerale, bei deren Bildung der pH-Wert (Kennzeichen der Wasserstoff-Ionen-Konzentration in Böden, also die Art der Reaktion der betreffenden Lösung; pH-Wert 7 ergibt eine neutrale Reaktion, darunter liegen saure, darüber alkalische Reaktionen) der Verwitterungslösungen eine große Rolle spielt. Bei einem pH-Wert von 4—5 bildet sich aus einem Kalifeldspat der sog. Kaolinit, dagegen bei einem pH-Wert von 8—9 der quellfähige Montmorillonit, der mehr Kieselsäure enthält.

Die Bildung von Tonmineralen wird auch als *siallitische* (Si-Al) *Verwitterung* bezeichnet. Sie tritt hauptsächlich im kühlhumiden, aber auch im tropisch immerfeuchten Klima auf. Entscheidend ist immer der pH-Wert der Bodenlösung, der ganz allgemein vom Klima, speziell von den Niederschlägen, der Temperatur, der Vegetation und der Art der Gesteinszusammensetzung abhängt. In kühlfeuchten bzw. nivalen Klimazonen (siehe S. 24) ist der pH-Wert so niedrig, daß hier auch das Eisen in Lösung geht und Bleicherden entstehen. Die stark saure Bodenlösung ist eine Folge der geringen Oxydation der pflanzlichen Abfallstoffe infolge von Wärmemangel. Dadurch werden die Verwesung gehemmt und die Bildung von Huminsäuren begünstigt.

Sauer

Im Gegensatz dazu verläuft die *allitische* (Al) *Verwitterung* bei einem pH-Wert um den Neutralpunkt, d. h. um 7. Als Hydrolyseprodukt entstehen hierbei Aluminiumhydroxid $Al(OH)_3$ = Hydrargillit und Aluminiummetahydroxid α-AlOOH = Diaspor. Beide zusammen treten vorherrschend im Bauxit auf. Diese Art der Verwitterung findet man vornehmlich in semihumiden Gebieten mit viel Kalkgesteinen wie im mediterranen Raum. Der Neutralpunkt wird z. B. erreicht, wenn eine saure, kohlensäurehaltige Lösung, die durch die Hydrolyse mit Silizium- und Aluminiumionen beladen ist, auf Kalk trifft. Dadurch wird die Lösung alkalisch, es bildet sich „Kalk"-Bauxit, während die Kieselsäure mehr oder weniger weit wandert und dabei in Solform (Kolloide) transportiert wird.

basisch

Die zersetzende Kraft des Wassers wird meistens durch gelöste organische und anorganische Säuren erheblich verstärkt.

Da bei der Verwitterung ja auch Mineralneubildungen auftreten, kann man sie bereits zu einem der Prozesse der Bodenbildung rechnen. Die der Verwitterung unterworfenen Gesteine liefern das für eine Bodenbildung wesentliche Ausgangsmaterial, wobei neben Zerfall, Zersetzung oder Auflösung die Bildung von Tonmineralen und anderen Neubildungen eine unmittelbare Folge der Verwitterung ist. Maßgebend für alle Vorgänge, von der Verwitterung bis zum Boden, sind Ausgangsgestein, Klima und damit Zusammensetzung und pH-Wert der Lösungen. Falls das verwitternde Gesteinsmaterial nicht während seiner Verwitterung dauernd weggeführt wird und damit die Gesteine unmittelbar die Oberfläche bilden (z. B. Hochgebirge), führen alle Verwitterungsvorgänge zur Bildung von Bodenprofilen, besonders auch auf Lockersedimenten. Von der Oberfläche bis zum anstehenden Gestein kann man daher bestenfalls drei Horizonte erkennen, die durch die Buchstaben A, B und C gekennzeichnet werden, während Subhorizonte Zahlenindizes oder Kleinbuchstaben erhalten. A ist der oberste Boden, durch Humus gekennzeichnet, B der mittlere, meist humusfreie Unterboden, der nach unten in das aufgelockerte und sich zersetzende Gestein übergeht, während C das Muttergestein ist.

Die Verwitterung liefert je nach dem Klima verschieden gefärbte Böden. Auf die eisenentziehende Wirkung der siallitischen Verwitterung im kühlfeuchten Bereich mit ihren Bleichböden wurde schon hingewiesen. Im gemäßigt humiden Bereich (siehe

S. 24) wird der anfallende Humus durch die größere Wärme oxydiert, eisenentziehende niedermolekulare Huminlösungen treten daher zurück. Die Niederschläge sind so hoch und verteilt, daß das bei der Verwitterung im Boden bleibende Eisen zu braunem, dreiwertigem Hydroxid umgewandelt wird. Die Verwitterungsböden sind daher braun gefärbt.

Im humiden und semihumiden warmen Klima z. B. des Mittelmeerraumes, wo freilich die Niederschläge nicht gleichmäßig wie im kühler humiden Bereich fallen, treten im Zusammenhang mit der allitischen Verwitterung rote Verwitterungsprodukte auf den Kalksteinen auf, die *Terra rossa*. An Stelle des braunen Eisenhydroxid der gemäßigt humiden Zonen tritt hier das rote Fe_2O_3 auf neben Al-Oxiden. Terra-rossa-Anreicherungen liegen vor allem in den Dolinen und Poljen von Karstgebieten. In den wechselfeuchten Tropen endlich treten Fe- und Al-Oxide und Hydroxide auf mit geringem SiO_2-Gehalt und löslicher Kieselsäure, die den roten *Laterit* bilden.

Fossile Terra rossa ist in Mitteleuropa aus dem Tertiär erhalten geblieben, fossiler Laterit hat sich gleichfalls im Tertiär aus den Basalten des Vogelsberges und aus ihren Tuffen gebildet.

Anders verläuft die Verwitterung in den ariden Gebieten, in denen naturgemäß die chemische Verwitterung stark zurücktritt, die physikalische dagegen überwiegt, vor allem in den Wüsten, wo die Temperaturschwankungen besonders groß sind. Durch den Zerfall der Gesteine können beträchtliche Schuttmassen angesammelt werden, die bei Bergen höher und höher steigen, so daß schließlich das Gebirge unter seinen eigenen Verwitterungsbildungen mehr und mehr begraben wird (z. B. Death Valley in Kalifornien). In den langen Trockenzeiten wird das im Boden enthaltene Wasser (das auch durch Tau gespeist werden kann) kapillar zur Oberfläche gesaugt, auf der es dann verdunstet und dabei seine gelösten Salze abscheidet. Gips- und Kalkkrusten entstehen hierbei, z. B. in der Kalahari mächtige Bildungen von Oberflächenkalk (surface limestone, Caliche), aber auch Kieselsäure kann lagenweise abgesetzt werden (surface quartzite). Hierher gehört auch der dunkle Wüstenlack, dessen Eisen- und Manganoxidrinden die Gesteine überziehen und sie gegen weitere Verwitterung schützen.

Die biologische Verwitterung ist schwer zu beobachten, aber z. B. Flechten greifen das Gestein durch Säurebildung an, dasselbe gilt für das Wurzelwerk von Moosen usw. Schließlich sind die Pflanzen durch die Bildung von Humus und Huminsäuren an der chemischen Verwitterung beträchtlich beteiligt.

Sedimentation, Sedimente, Diagenese und Sedimentite

Die Schwerkraft befördert allein oder mit Hilfe von Wasser, Wind, Schnee oder Eis die Stoffe vom Verwitterungsort in Vertiefungen der Erdoberfläche. Wenn die Transportkräfte nicht mehr wirksam sind, werden die Stoffe wieder abgelagert, d. h. sedimentiert. In den meisten Fällen erfolgt das im Meer; doch gibt es auch Sedimente auf dem Festland (terrestrische S.), in abflußlosen Senken, in Süßwasserseen (limnische S.), oder es gibt Flußabsätze wie Schotter und Sande (fluviatile S.); ferner gehören auch Ablagerungen des Eises (Moränen) hierher. Sedimente können auch chemisch aus Lösungen niedergeschlagen werden, wie etwa Gips oder Salz (chemische S.), oder aus der Anhäufung pflanzlicher Stoffe entstehen, wie die Kohle oder Faulschlammbildungen (organogene S.).

Alle Sedimente sind zunächst locker. Der Weg zum verfestigten Sediment*gestein* führt über die *Diagenese*. Zeit, Druck, Temperatur und Reaktionsfähigkeit der Stoffe spielen dabei die wesentliche Rolle. So entstehen z. B. in Salzgesteinen schon bei niederen Drucken und Temperaturen so starke Veränderungen, wie sie bei andern Sedimenten erst bei starker Metamorphose eintreten. Zur Diagenese gehören Auspressung des Wassers bei zunehmender Überdeckung und Belastung durch neue Sedimente, Sammelkristallisation, Bildung stabiler Minerale, Ausfüllung der Poren mit Bindemittel (z. B. Kalziumkarbonat, Tonerdeminerale, Kieselsäure u. a.). Mineralbestand und Gefüge werden im Gegensatz zur Metamorphose nicht umgewandelt. Erhöhte Wärmezufuhr etwa subvulkanischer Herkunft beschleunigt die Diagenese beträchtlich, ebenso tektonische Vorgänge. Es braucht hier nur an die Bildung bzw. Veredelung der Kohle erinnert zu werden. So wird in vielen Fällen das Festwerden des Gesteins erst bei Einsatz tektonischer Prozesse zu Ende geführt. Es gibt z. B. kambrische Tone, die fast 500 Mill. Jahre alt und trotzdem heute noch unverfestigt sind, da sie niemals von tektonischen Vorgängen betroffen wurden. Die meisten tertiären Gesteine Europas sind unverfestigt, aber in den Pyrenäen, Alpen, dem Apennin, den Karpaten und Dinariden sind sie durch die Gebirgsbildung zu festen Gesteinen geworden. In Kalksteinen bilden sich während der Diagenese zapfenähnliche Gebilde mit deutlichen Nähten, auf denen als Kappen Tonhäute als unlösliche Rückstände sitzen. Diese „Stylolithen" sind unter Druck erfolgte Auflöseerscheinungen mit Rückständen von Ton.

Sedimente und Sedimentgesteine sind geschichtet. *Schichtung* ist Materialwechsel, bedeutet also einen Wechsel in der Stoffzufuhr, z. B. vom gröberen zum feineren Korn. Dieser Wechsel kann sehr verschiedene Ursachen haben: z. B. Schwankungen in den Strömungsgeschwindigkeiten und damit in der Transportkraft der transportierenden Medien oder jahreszeitliche Rhythmik der Ablagerung, Klimaänderungen oder tektonische Bewegungen usw.

Jede *Schicht* ist ein linsenförmiger Körper und wird durch eine *Schichtfuge* von der liegenden und hangenden Schicht getrennt. Die Fuge beruht auf dem Materialwechsel und besteht in vielen Fällen aus Ton zwischen Sand- oder Kalkschichten. Rhythmische Sedimentation ist fast bei allen Sedimenten sichtbar. Sandsteinbänke beginnen oft im Liegenden mit dem gröberen Korn, gehen nach oben über zu immer

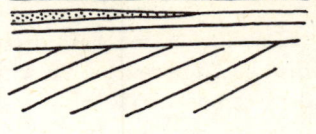

gradiert und konkordant

diskordant mit auskeilender Schicht

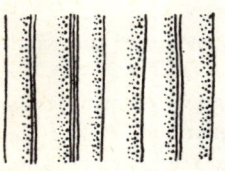

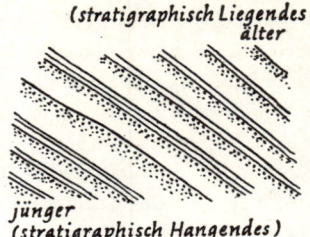

gradierte Schichtung, saiger stehend

gradierte Schichtung, tektonisch überkippt

Schrägschichtung

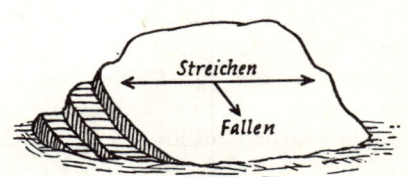

Streichen und Fallen bei geneigter Schichtung

Abb. 9: Verschiedene Arten der Schichtung. Streichen und Fallen geneigter Schichten

feinerem Korn und schließen endlich im Hangenden mit dem feinsten, einer Ton-haut, ab. Die hangende Sandschicht darüber beginnt wieder mit dem gröbsten Korn usw. Diese Schichtung nennt man *gradiert* („graded bedding"). Die Beobachtung der Gradierung ist wesentlich für die Feststellung normaler oder tektonisch überkippter Schichtfolgen (Abb. 9). Rhythmische Schichtung ist auch bei chemischen Sedimenten, vor allem Salzgesteinen, deutlich ausgeprägt, z. B. in dem immer wiederkehrenden Wechsel Anhydrit—Steinsalz.

Die Schichtung wird häufig dadurch ganz besonders deutlich, daß sich blättchen-förmige Minerale, z. B. Glimmer, bei der Sedimentation der Schichtungsebene parallel legen. Aber auch anderes Material, wie Muschelschalen, Gerölle usw., wird entsprechend eingeregelt. Dieses primäre, durch die Strömung zustande gekom-mene Parallelgefüge wird damit zu einem wesentlichen Bestandteil der Schichtung. Die Spaltbarkeit von Sedimentgesteinen verläuft daher diesem Gefüge parallel. Schichtunterseiten sind oft gekennzeichnet durch Wülste, Strömungsmarken, Rippel-marken und Ausfüllungen von Lebensspuren. Dabei handelt es sich um Formen, die auf der Oberseite der darunterliegenden Schicht eingefügt wurden. Das Sediment

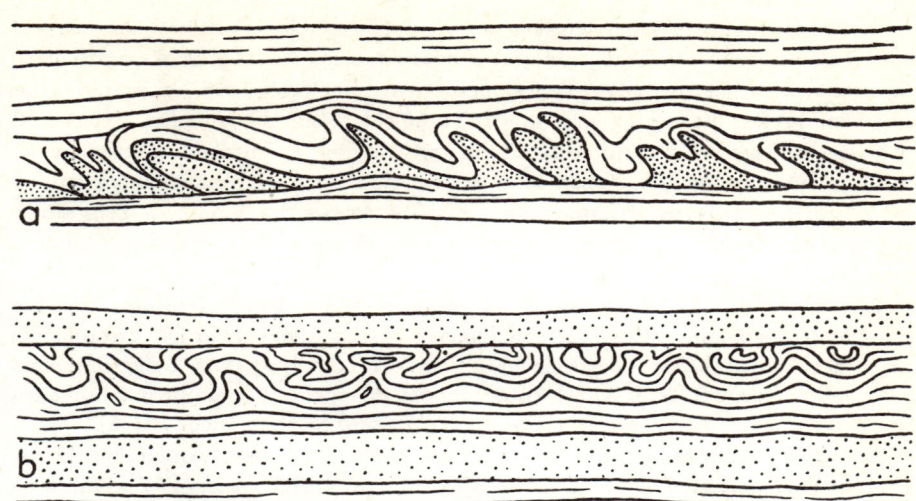

Abb. 10: Fließfältelung (a) und convolute lamination (b)

convolute bedding.

der höheren Schicht hat diese Formen ausgegossen und als positives Relief an ihrer Unterseite fixiert. Strömungsmarken sind z. B. gerade verlaufende Schleifmarken (drag marks) und vor allem Strömungswülste (flute casts) als ausgefüllte Kolke, die leicht die Strömungsrichtung erkennen lassen. Freilich sagen die Strömungsmarken nur wenig über die Herkunft der Sedimente aus.

Im unteren Teil gradierter Schichten ist oft eine Fließ-Rutschfältelung zu beobachten (Abb. 10 a), bei der die sandigen Lagen einer Schicht über die tonige Lage der nächst tieferen Schicht in Richtung zum Becken geglitten sind. Starke Vergenzen in der Fließrichtung sind typisch. Mit dieser Fließfältelung nicht verwechselt werden dürfen die Wülste im oberen Teil von Schichten mit unregelmäßigen, weiten Mulden und spitzen Sätteln, die Wulstbänke bilden *(convolute lamination)*. Sie lassen sich nicht immer in eine bestimmte Vergenzrichtung einordnen, wie dies bei der Fließfältelung möglich ist (Abb. 10 b).

Die convolute lamination geht nach unten in normale Schichtung über, ähnlich wie die Fließfältelung dies nach oben tut. Die Unregelmäßigkeiten der convolute lamination sind durch Ausgleichsbewegungen des instabilen Sedimentwasserbreis im Anschluß an die Sedimentation, also etwa durch Belastungsdruck und ungleiche Wasserauspressung, verursacht, wobei der Druck auch durch darüber hinweggehende Strömungen bedingt sein kann. An der Oberseite sind „Wulstbänke" typisch für „convolute lamination".

Subaquatische Rutschungen endlich (slump structures) umfassen meist mehrere Schichten und sind dann gut zu erkennen, da sowohl die Bänke unter den Rutschfalten als auch die später darauf abgesetzten Schichten diese Verformung nicht mitmachen, sondern einander parallel liegen.

Gradierte Schichten mit Wülsten an den Unterflächen werden überwiegend von Trübströmen *(turbidity currents)* abgesetzt. Sie gehen aus Hangrutschungen hervor, wie sie z. B. an Beckenrändern und Schelfabbrüchen auftreten können. Bei rascher Bewegung und hoher Turbulenz kann das rutschende Material in Suspension gehen und sich zum Trübstrom entwickeln. Im Sedimentationsgebiet fallen hieraus zuerst die groben und schließlich die feinen Komponenten aus, es bildet sich die gradierte Schichtung der *Turbidite*. Auch große Blöcke werden infolge der höheren Dichte der Suspensionsströme darin transportiert und finden sich in Turbiditen eingeschlossen.

Sehr langsam sich bewegende submarine Gleitströme bauen *Olisthostrome* (= Schlammströme) auf, die oft viele Kilometer gleiten können. Grobe Bestandteile, zerrissene Gesteinsbänke oder einzeln gleitende Blöcke, auch von Berggröße, sind *Olistholithe* (siehe S. 140). Alle eben genannten submarinen Transportmöglichkeiten gehören zu den wichtigsten Erscheinungen der *Resedimentation* (siehe S. 138).

Bei ruhiger Ablagerung in nicht zu schnell bewegtem Wasser erfolgt die Schichtung in horizontalen Lagen. Sie kann aber auch in einzelnen Bänken schräg verlaufen; dann entsteht Schräg- oder Kreuzschichtung, z. B. bei rasch oder unregelmäßig fließendem Wasser, an der Küste oder auch durch den Wind. Im ganzen bleibt aber trotzdem die Parallelität der einzelnen Bänke zueinander gewahrt, die Schichtung also *konkordant* (Abb. 9).

Greifen aber hangende Bänke über liegende hinweg und schneiden diese ab, dann ist die Schichtung *diskordant*. Solche abschneidenden Flächen, Diskordanzen, treten besonders dann auf, wenn eine Unterbrechung der Sedimentation eingetreten und eine Hebung erfolgt ist mit darauffolgender Abtragung eines Teiles der zuerst gebildeten Sedimente.

Jede Schicht keilt nach mehr oder weniger weitem Aushalten nach allen Seiten hin aus und wird durch eine andere ersetzt. Alle Schichten sind auf diese Weise miteinander verzahnt. Die Dicke zwischen Liegendem und Hangendem, senkrecht gemessen von Schichtfuge zu Schichtfuge, ist die *Mächtigkeit* der Schicht. Geneigte und tektonisch aufgerichtete Schichten werden in ihrer Lage im Raum durch *Streichen* und *Fallen* orientiert (Abb. 9). Das Streichen ist die Richtung der Schnittlinie einer geneigten Fläche mit einer gedachten horizontalen Fläche, z. B. 45° E oder 70° W. Das senkrecht dazu verlaufende Fallen ist der Neigungswinkel der Fläche (Fallwinkel) gegenüber der horizontalen Fläche (Winkelbetrag der Aufrichtung aus der Horizontalen, z. B. 30° S oder 65° NE).

In den meisten Fällen wird eine Schicht bestimmten Alters außerhalb ihres eigenen Ablagerungsraumes durch eine gleichaltrige Schicht anderer Zusammensetzung ersetzt. So können Sandsteine des einen Gebietes seitlich in Kalke übergehen. Ein Vergleich aus der Gegenwart: Während in den tropischen Meeren augenblicklich Korallenkalke gebildet werden, wird am Rande der Nordsee Wattenschlick sedimentiert oder entlang der Küste von Cornwall werden grobe Brandungsgerölle abgelagert, während zur selben Zeit anderswo vulkanische Aschen oder in der Kalahari rote Wüstensande angehäuft werden.

Diese verschiedenartige Ausbildungsweise von Sedimenten wird als *Fazies* bezeichnet; entsprechend dem genannten Beispiel kann man von kalkiger, sandiger, vulkanischer Fazies oder auch von litoraler (küstennaher), neritischer (Flachsee-), pelagischer (Meeres-) und bathyaler (Tiefsee-)Fazies reden. Man kann auch die Lebewelt zur Bezeichnung der Fazies heranziehen: Korallenfazies, Muschelfazies, Globigerinenfazies usw.

Schichten aus nutzbaren Gesteinen oder Mineralen werden als *Flöze* bezeichnet.

Die Einteilung der Sedimente und Sedimentite nach Zusammensetzung und Beschaffenheit zeigt Tab. III.

Klastische Sedimente und Sedimentite (Trümmergesteine)

Sie bestehen aus zertrümmerten und mehr oder weniger weit transportierten Bestandteilen älterer Gesteine. Zu ihnen gehören nach der Korngröße geordnet:

Psephite:	Blockwerk	Grobkies	Feinkies
Korngröße:	> 200 mm	200 mm—20 mm	20 mm—2 mm
Psammite:	Grobsand	Feinsand — Silt (Staubsand)	
Korngröße:	2 mm—0,2 mm	0,2 mm—0,02 mm	
Pelite:	Schluff (Grobton)	Feinton	
Korngröße:	0,02 mm—0,002 mm	< 0,02 mm	

Psephite: Grobe Schotter (Flußgerölle, Brandungsgerölle), also gerundete Blöcke und Kiese ergeben in verfestigtem Zustand *Konglomerate*. Sind die Komponenten nur wenig weit transportiert, also noch eckig, spricht man von *Brekzien* (Breccien). Unsortierte grobe Schuttmassen, die in Regenzeiten von Bächen oder Flüssen (z. B. in der Wüste) regellos in größeren Schuttfächern zusammengehäuft werden, heißen *Fanglomerate* (engl. fan = Fächer).

Psammite: Hier ist zunächst die wichtige Gruppe der Sandsteine zu nennen, deren Bestandteile im wesentlichen aus Quarztrümmern bestehen. Quarz übersteht Verwitterung und Transport dank seiner hohen Widerstandsfähigkeit gegenüber physikalischen und chemischen Einflüssen sehr gut im Gegensatz zu den instabilen Feldspäten. Das Bindemittel der Sandsteine ist entweder kalkig (Kalksandsteine) oder tonig. Ist es kieselig, dann wird aus dem Sandstein Quarzit. Gelegentlich können Sandsteine auch andere Bindemittel besitzen, z. B. Brauneisen, Eisenkarbonat oder Schwerspat.

Nun gibt es auch Sandsteine, die neben den Quarztrümmern noch Brocken von Tonschiefern, Kieselschiefern und meist frischem Feldspat enthalten, also eine recht heterogene Zusammensetzung haben. Sie werden als *Grauwacke* bezeichnet, wenn der Gehalt an Feldspat im Mittel 35 % beträgt. Grauwacken sind rasch geschüttet und treten vor allem in der Flyschfazies auf.

Sandsteine mit etwa 25 % Feldspat heißen *Arkosen*; ihre Feldspäte sind vielfach so frisch und unverwittert, daß sie keinen weiten Transport durchgemacht haben können. Arkosen sind daher küstennahe, z. T. auch terrestrische Sedimente. Sie enthalten höchstens 10 % Phyllosilikate.

Pelite: Unter den Sedimenten sind wasserreiche Tone weit verbreitet. Sie verfestigen sich nur sehr langsam und nur unter hohem Druck, z. B. bei gebirgsbildenden Vorgängen.

Tone bilden sich durch den Niederschlag der feinsten Trübe des Wassers, bestehen also aus den kleinsten und feinsten transportierten Mineralteilchen. Vor allem im salzhaltigen Wasser findet ein rascher Niederschlag dieser suspendierten Trübe durch Ausflockung statt. Von den Sandsteinen her nehmen im Übergang zu den Tonen Quarz und Feldspat ab, Glimmer in den Tonen zu. Die Tonminerale werden schon während der festländischen Verwitterung neu gebildet, teils durch Umwandlungen aus Glimmern, teils aus den Zerfallprodukten anderer Silikate oder auch durch Umbildungen untereinander. Je nach Klima, insbesondere der Niederschlagsverhältnisse, und den Ausgangsgesteinen finden sich bevorzugt im tropischen-subtropischen Bereich Kaolinit und Halloysit sowie sekundäre Chlorite, in gemäßigt-humiden Gebieten vorwiegend Illite und Montmorillonite, in vielen Tonschiefern und Phylliten insbesondere primäre Chlorite. Die typische Zusammensetzung glazialer Tonsedimente und der Tonminerale im Löß des Pleistozäns besteht hauptsächlich aus Illiten und wenigen (in der Reihenfolge quantitativ abnehmend) Chloriten, Montmorilloniten und Kaolinit. Illite gehören meist auch zum Hauptbestandteil mariner Tonablagerungen und sind häufiger in Brackwasserzonen verbreitet anzutreffen. Nach Kompaktion (Verfestigung) der weichen und meist quellfähigen Tone wird das Sediment zum Tonstein und dieser bei tektonischer Beanspruchung zum Tonschiefer.

Chemische Sedimente und Sedimentite

Zu den chemischen Gesteinen gehören vor allem Kalke, Dolomite, Gips, Anhydrit und die Salze.

Für die Bildung von *Kalken* ist das Verhalten der Kohlensäure in wässerigen Lösungen ausschlaggebend, denn Kalk wird sowohl bei einem Mangel an Kohlensäure ausgeschieden als auch bei einem Überschuß an Kohlensäure wieder aufgelöst. Es ist also entscheidend, ob und wieviel gasförmig gelöste Kohlensäure vorhanden ist. Das Wasser nimmt zwar aus der Luft CO_2 auf, doch ist dessen Gehalt im Wasser ziemlich konstant. Druck, Temperatur und biologische Faktoren sind für die Kalkbildung von großer Bedeutung. Bis zur Kompensationstiefe wird der CO_2-Gehalt des Wassers noch durch die Assimilation der Pflanzen kontrolliert, darunter jedoch steigt er an. Die Kompensationstiefe kann zwischen wenigen Zentimetern und 200 m Tiefe erreicht sein. Ebenso wird bei größerer Wärme weniger CO_2 vom Wasser absorbiert. Kalk wird daher vor allem in küstennahen Flachwasserbereichen ausgefällt, wenn ein Anstoß dazu gegeben wird, der die Übersättigung aufhebt (wenn etwa Kalkschlamm durch den Wellenschlag aufgerührt wird). Im tieferen Meer werden absinkende Kalkpartikel infolge des ansteigenden Kohlensäuregehaltes jedoch wieder aufgelöst.

Tabelle IV: Sedimente und Sedimentite (in jeder Gruppe links Sedimente, rechts entsprechende Sedimentite)

Klastische Sedimente (Trümmergesteine)		Chemische Sedimente		Organogene Sedimente	
Psephite (grob, Korngröße > 2 mm)					
Block, Schutt (eckig)	Brekzie (eckig) Bonebed (organische Komponenten) Fanglomerat (arid)	*Kalkschlamm*	Kalkstein, Mergel (Kalk + Ton) Oolith (Eisenoolith (Minette)) Kalksinter (Travertin)	*Foraminiferen-Schlick*	Kalkstein Kalkmergel Riffkalk
Schotter, Gerölle, Kies	Konglomerat (gerollte Komponenten)			*Schill*	Muschel- und Brachiopodenkalk Muschelbrekzie (Lumachelle) Kalktuff
Moräne (Geschiebelehm, -mergel, -sand)	Tillit	*Dolomitschlamm*	Dolomit Dolomitmergel		
Psammite (mittel, 2—0,02 mm)		*Evaporite*	Anhydrit Gips Steinsalz Kalium-, Magnesium-Salze	*Radiolarien-Schlamm*	Radiolarit (Kieselschiefer)
Sand	Sandstein (Kalk-, Ton-, Grün-); Quarzit (mit Kieselsäure-Bindemittel); Grauwacke (mit Feldspat und Gesteinstrümmern, vor allem in Flyschfazies) Arkose (reichlich Feldspat)	Kupferschiefer		*Schwammnadel-Schlamm*	Spongiolith
Löß (äolisch)				*Diatomeen-Schlamm* (Kieselalgen)	Diatomit (Kieselgur)
Pelite (fein, < 0,02 mm)		Bei den Kalken entspricht man nach der Korngröße der klastischen Komponenten: Calirudit = Psephit Calcarenit = Psammit Calcilutit = Pelit Nach der Kristallinität der Matrix unterscheidet man ferner Sparit (grob, etwa > 0,03 mm) und Micrit (fein, etwa < 0,03 mm). Biosparit und Biomicrit sind "klastische" Komponenten biogener Herkunft.		*Kaustobiolithe* Sapropel	Sapropelit Ölschiefer (Erdöl) Asphalt
Ton, Bänderton, Lehm	Tonstein, Tonschiefer			*Gyttja* Torf	Kuckersit Braunkohle Steinkohle

Vor allem ist aber die Lebewelt an der Kalkbildung beteiligt, so durch Bakterien, deren Stoffwechsel die Kalkabscheidung fördert. Durch Entstehung von Ammoniak wird die Kohlensäure neutralisiert und damit $CaCO_3$ zur Ausfällung gebracht, es kann aber auch das $CaSO_4$ des Meerwassers in $CaCO_3$ umgewandelt werden. Anorganische und biogene Fällung können also zusammentreffen.

Ein sehr verbreitetes Kalkgestein ist der *Oolith,* der sich aus rundlichen Einzelkörnern, Ooiden, zusammensetzt. Ein Ooid weist einen konzentrisch-schäligen Bau auf, der aus $CaCO_3$ besteht, das einen winzigen Fremdkörper, z. B. einen Schalensplitter oder ein Sandkorn umkrustet. Die Ooide haben untereinander meist gleiche Größe, sie werden im flachen Wasser so lange hin und hergerollt oder durch den Wellenschlag in Schwebe gehalten, bis sie zu schwer werden und absinken und liegenbleiben. Oolithe sind also typische Flachwassergesteine. Ihre Ähnlichkeit mit Fischrogen hat ihnen den Namen Rogensteine eingetragen. In ähnlicher Weise haben sich auch die Eisenoolithe gebildet, zu deren Entstehung eine stärkere Zufuhr von Eisenlösungen vom Festland her nötig ist. Sie bestehen aus Eisenhydroxid und Kieselsäure. In älteren Formationen sind sie als Eisensilikatoolithe entwickelt, die unter der Bezeichnung Thuringit und Chamosit gehen, während die jüngeren Eisenoolithe, vor allem der Juraformation, als *Minette* bezeichnet werden.

Werden die Kalksteine toniger, wobei meist auch ihr Sandgehalt steigt, dann werden sie dünnschichtig und heißen *Mergel.*

Nicht mariner Natur sind *Kalksinter* und *Kalktuff.* Auf der Landoberfläche semiarider oder arider Gebiete können sich Kalke da bilden, wo das infolge der starken Verdunstung kapillar aufsteigende Bodenwasser seinen Salzgehalt verliert und niederschlägt. Es können dann auf diese Weise dicke Rinden von Oberflächenkalken entstehen.

In vielen Fällen gehen Kalke durch Zunahme des Magnesiumgehaltes in *Dolomite* über, also in Gesteine von der Zusammensetzung $CaMg(CO_3)_2$. Die Bildungsweise der Dolomite ist noch umstritten. Sie scheinen nicht primär als unmittelbare Ausfällung aus dem Meerwasser zu entstehen, da dieses an Mg beträchtlich untersättigt ist, doch treten sie als Flachwasserbildungen vielfach beim Übergang vom tieferen zum flacheren Wasser an die Stelle der Kalksteine. Das erklärt den Wechsel von Kalken und Dolomiten in vielen Formationen, und daher findet sich Dolomit häufig auch zusammen mit salinaren Sedimenten. Man muß annehmen, daß in solchen Flachwassergebieten mit starker Verdunstung jede dünnste Kalkschicht, die sich eben gebildet hat, bald danach durch Eindampfung des Meereswassers etwa bei Ebbe durch Aufnahme von Magnesium dolomitisiert wird. Da es sich um eine teilweise Verdrängung von Ca handelt, kann man diesen Vorgang als primärmetasomatisch bezeichnen (Protodolomit). Sekundäre Dolomite sind alle die Gesteine, die durch Dolomitisierung eines Kalksteines lange nach dessen Absatz entstanden sind, wobei die Zufuhr der Magnesiumlösungen meist nicht mehr marin, sondern festländisch erfolgte. Auch kann von Spalten aus bei Zufuhr von Mg-Lösungen eine Dolomitisierung erfolgen: Diese sekundäre, also spätmetasomatische Dolomitisierung ist örtlich begrenzt.

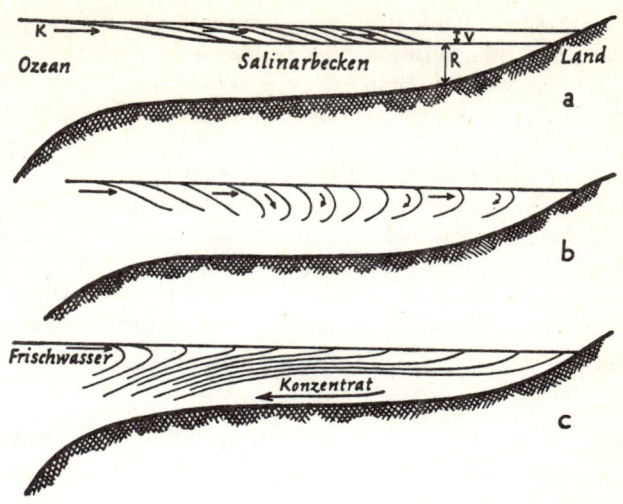

Abb. 11: Ozeanwasser und Salinarbecken (nach G. RICHTER-BERNBURG, *1953)*

Der Dolomit steht an erster Stelle unter den Sedimenten, die ihre Entstehung z. T. der Verdunstung des Meerwassers verdanken. Dies führt uns weiter zu den salinaren Gesteinen. Für ihre Entstehung gibt es mehrere Möglichkeiten: Grundbedingung ist arides Klima in der Umgebung von Becken- oder Schelfteilen, die durch Schwellen vom offenen Meer abgetrennt wurden. Dabei legen sich die einzelnen salinaren Gesteine vom Dolomit bis zu den Kali-Magnesium-Salzgesteinen nicht nach ihrer jeweiligen Löslichkeit übereinander, sondern nebeneinander (Abb. 12). Arides Klima ist für die stärkere Verdunstung (V) gegenüber dem offenen Ozean erforderlich, die das spezifische Gewicht der Salzlösung erhöht und eine Kompensationswelle (K) vom Ozean her aus leichterem Wasser bewirkt (Abb. 11). Diese unterliegt wiederum der stärkeren Verdunstung und wird durch zunehmende Salzkonzentration schwerer. Ist auch ihr Gewicht dem von R gleich, vermischt sie sich

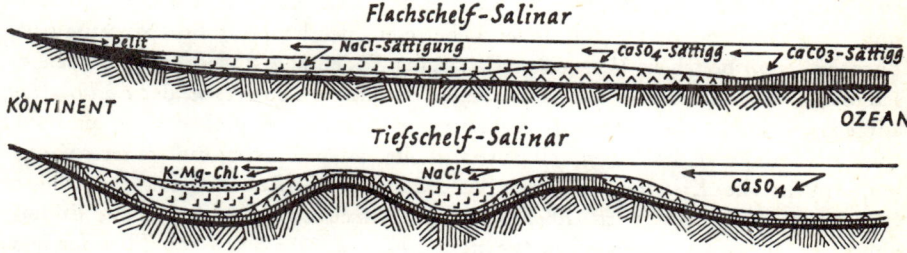

Abb. 12: Fraktionierte chemische Sedimentation (nach RICHTER-BERNBURG 1953). *Im Flachschelf-Salinar ergibt sich die Ausscheidungsfolge für die einzelnen Sedimente durch die verschiedene Lage der Sättigungspunkte für die einzelnen Salze. Im Tiefschelf-Salinar wird dieser Vorgang noch durch die jeweilige Wassertiefe modifiziert bei vollständigerem Salzgehalt des Beckenwassers.*

81

mit diesem. Dadurch wird die Konzentration weiter vergrößert. Die Dichte von R wird mit jeder Frischwasserwelle immer weiter gegen das Land zu verlagert. Abb. 12 gibt eine weitere Darstellung der Sedimentation nach G. RICHTER-BERNBURG. Jedes Steinsalzvorkommen geht dabei im Tiefschelf seitlich in eine Anhydritbarre über, wie es die deutschen Zechsteinsalze tatsächlich zeigen.

Gehört der Dolomit teilweise bereits zu den Eindampfungsgesteinen, so fallen unter die eigentlichen *Evaporite* (vgl. Tab. III) die *Sulfatgesteine* Anhydrit ($CaSO_4$), der bei Wasseraufnahme unter Volumzunahme in Gips übergeht, sowie die *Salzgesteine* (Chloride) Steinsalz (NaCl), Sylvin (KCl) und Carnallit ($KCl \cdot MgCl_2 \cdot 6\,H_2O$) sowie andere Mischungen von wasserhaltigen Sulfaten und Chloriden.

Die nord- und mitteldeutschen Salzgesteine erreichen Mächtigkeiten im Inneren der Becken bis 300 m.

Organogene Sedimente und Sedimentite

Hier sind an erster Stelle noch einmal Kalkschlamm und Kalke zu nennen, soweit sie im Gegensatz zu den anorganischen Fällungen deutlich die Mithilfe der Organismen zeigen, sei es, daß sie aus ganzen Hartteilen von Muscheln, Brachiopoden, Korallen usw. oder aus zerriebenem Schalenmaterial entstanden sind. Die reichste Kalkschalen tragende Lebewelt wird sich da finden, wo die größte Sättigung bzw. Übersättigung des Meerwassers an Kalksalzen vorhanden ist, also an der warmen Oberfläche und in tropischen Meeren. Vor allem sind die Riffkorallen als Kalkbildner großen Umfanges zu erwähnen. Sie bleiben aber auf die Flachwasserzonen zwischen den beiden Wendekreisen beschränkt, sofern Wassertemperaturen über 22 °C herrschen. Korallenkalke aus früheren Formationen der Erdgeschichte liefern daher wesentliche Angaben über die paläogeographischen Verhältnisse. Auch Kalkalgen können mächtige Gesteinsmassen als Riffe aufbauen. Autochthone Riffgesteine (Biolithite) unterscheiden sich in der Form von ihrem Nebengestein, man nennt sie *Bioherme. Biostrome* dagegen sind schichtförmig eingelagerte Bänke von meist sessilem Benthos. Von besonders weiter Verbreitung sind Kalke und Mergel, die ausschließlich aus den Schalen einzelliger Lebewesen, der hauptsächlich planktonischen *Foraminiferen,* bestehen. Von nicht allzugroßer Bedeutung sind organogene Kieselsedimente, die aus den feinsten Kieselschalen einzelliger Lebewesen, der *Radiolarien,* aufgebaut werden. Sie treten als *Kieselschiefer* bzw. als *Radiolarite* auf und sind ebenfalls Sedimente des reinen, teilweise auch des tiefen Wassers. Ein weiteres Kieselsediment ist die *Kieselgur,* die aus den Schalen von planktonischen Kieselalgen *(Diatomeen)* aufgebaut wird. Ebenso können Kieselschwämme Anlaß zur Bildung von kieselreichen Gesteinen geben *(Spongiolithe).* Geht ihr SiO_2-Anteil bei der Diagenese in Lösung, wird sie meist in Knollenform als Chalzedon oder Opal bald wieder ausgeschieden und bildet die Feuersteine, wie sie in der oberen Kreideformation häufig sind (Südengland, Rügen).

Von wirtschaftlich ganz besonderer Bedeutung ist die Gruppe der *Kohlegesteine.* Sie sind aufgespeicherte Energie des Sonnenlichts und großartige Anhäufungen

82 Bioherm : wachsen versucht vertikal
Biostrom : wachsen vertikt horizontal

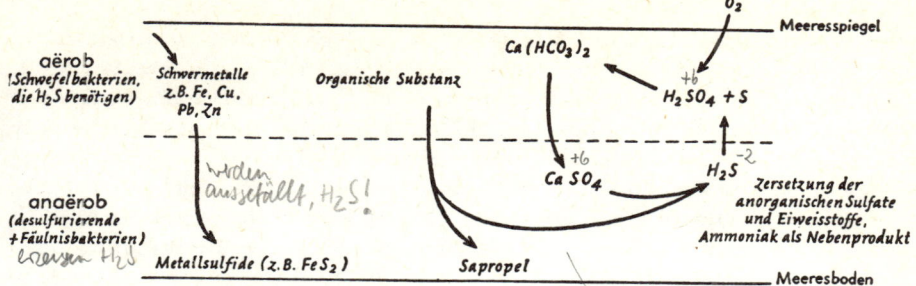

Abb. 13: Die Sedimentation unter Bedingungen des Schwefelkreislaufs

pflanzlicher Substanz. Zu ihrer Bildung war ein relativ warmes und feuchtes Klima erforderlich. Bei ihrer Diagenese mußte der Zutritt von Luftsauerstoff zu der abgestorbenen Pflanzensubstanz verwehrt sein, was durch Überdeckung mit anderen Sedimenten (Schlamm, Ton, Sand usw.) geschah. Vertorfung und Fäulnis führen zur Torfbildung. Reduktion durch Selbstoxydation ohne Zutritt von äußerem Sauerstoff und Umwandlung von Zellulose und Lignin in langen Zeiträumen und bei erhöhter Temperatur *(Inkohlung)* verwandelt den Torf in Kohle. Der bei der langsamen Selbstzersetzung des Inkohlungsprozesses freiwerdende Sauerstoff entweicht in Wasser und Kohlendioxid, ebenso geht der Wasserstoff verloren. Von den pflanzlichen Bestandteilen ist es das Lignin (Holzanteil), das über Bildung von Huminstoffen von Torf bis zur Steinkohle in *Humite* umgewandelt wird. So wird die angehäufte pflanzliche Masse über Vertorfung und Inkohlung immer stärker an Kohlenstoff angereichert. Es ist *ein* Weg vom Torf zur Braunkohle und von dieser zur Steinkohle, zum Anthrazit und zuletzt zum Graphit (100 % C). Bogheadkohle besteht im wesentlichen aus Algen, Kännelkohle aus Sporen und hohem Bitumengehalt. Durch starke Wärmezufuhr z. B. bei magmatischen Vorgängen kann die Inkohlung beschleunigt werden (tertiäre Braunkohlen sind z. B. auf dem Hohen Meißner bis zur Schwarzkohle und Anthrazitähnlichkeit umgewandelt). Der Wasserverlust läßt dabei den Heizwert stark ansteigen. Westerwald und die böhmische Braunkohle sind bekannte Beispiele. Große Anhäufung von Kohle entsteht nur in tektonischen Senkungsräumen (z. B. Vortiefen aufsteigender Gebirge, Einbruch der Niederrheinischen Bucht) oder auch in Senkungszonen über Gebieten von Salzauslaugungen (Mitteldeutschland z. T.). Zeiten besonders starker Kohlebildung waren Karbon und Tertiär.

Zuletzt seien noch kurz Sedimente erwähnt, die als *Muttergesteine* für das *Erdöl* eine große Rolle spielen. Dieses besteht aus pflanzlichen und tierischen Bestandteilen, im wesentlichen aus Fetten, Eiweißstoffen und Kohlehydraten, die zu verschiedenen mehr oder weniger komplizierten gesättigten Kohlenwasserstoffen (Paraffin- und Naphtenöle) führen. Das noch unverfestigte Erdölmuttergestein, in dem sich die Vorgänge abspielen, ist der *Sapropel* (Faulschlamm mit Protobitumen). Er bildet sich in Becken mit sauerstofffreiem Tiefenwasser und enthält etwa 45 % Eiweiß, 45 % Kohlehydrate und 5—10 % Fett. Dazu kommen noch Metalle wie

Kupfer, Nickel, Molybdän und Vanadium, die bei der Ölbildung als Katalysatoren die natürliche Hydrierung begünstigen. Wichtig ist, daß die Sedimentation des Sapropel in den Bereich des Schwefelkreislaufs fällt (euxinische Sedimentation wie heute im Schwarzen Meer, Abb. 13) und die organischen Bestandteile nur durch Bakterien umgebildet werden. Die sonst leicht zersetzlichen Eiweißstoffe bleiben daher in den Sapropeliten erhalten, ebenso wie z. B. der grüne Pflanzenfarbstoff Chlorophyll oder der Blutfarbstoff Hämin, auch bleibt der Stickstoffgehalt hoch. Die Temperatur hat weder bei der Bildung noch bei der Wanderung des Erdöls 200 °C überschritten.

Bei der Diagenese des Faulschlamms bleibt das Protobitumen entweder als festes *Bitumen* im Gestein (Sapropelit, Ölschiefer), oder es trennt sich infolge tektonischer Vorgänge von seinem Muttergestein und wandert in poröse *Speichergesteine,* seinem geringen spezifischen Gewicht entsprechend dabei immer nach oben steigend. Es wandert gleichzeitig in tektonisch angelegte und vorbestimmte Räume (Sättel, Kuppeln, Dome). Es teilt sich dabei in die leichte Erdgaskappe oben, das Erdöl in der Mitte und schweres, sekundär gebildetes Salzwasser unten. Festes Bitumen, also Gestein, ist Asphalt, der durch Oxydation aus Erdölen, vor allem Schweröl, nahe der Erdoberfläche entsteht. Aus rein pflanzlicher Substanz (Algen) hat sich in Estland der brennbare Schiefer *Kuckersit* gebildet. Ein dem Faulschlamm ähnliches Sediment ist schließlich die *Gyttja*, die im Stillwasser bei starker Zufuhr organischer Stoffe, aber bei Sauerstoffanwesenheit, sich bildet. Die Gyttja wird auf dem Weg des Gefressen- und wieder Ausgeschiedenwerdens umgewandelt, wobei die leichtzersetzlichen Stoffe zerstört werden und der Gehalt an Stickstoff abnimmt.

Eine weitere Einteilung der Sedimente kann nach ihrem Entstehungsbereich und damit nach der Fazies vorgenommen werden. So zeigt die kontinentale Sedimentation terrestrische, fluviatile und limnische Sedimente. Die marine Sedimentation ergibt strandnahe litorale und strandfernere neritische Flachwasserabsätze sowie bathyale, abyssische und hadale Sedimente (ca. bis 1200 m, ca. bis 4500 m und unterhalb dieser Tiefen). Pelagische Sedimente sind meistens landferner. Am Kontinentalabhang entstehen die hemipelagischen Sedimente des pyritreichen Blauschlicks, während eupelagische Sedimente in den Becken der Tiefsee (z. B. Radiolarienschlamm und kalkfreier roter Tiefseeton) sich fast unvorstellbar langsam sedimentieren. Von E. SEIBOLD werden aus dem Pazifischen Ozean Werte zwischen 0,05 und 0,26 cm in 1000 Jahren angegeben.

Bewegungen der Erdkruste und Tektonik

Tektonik ist die Lehre vom Bau der Erdkruste, ihren mechanischen Beanspruchungen und ihrer Reaktion darauf. Sie darf nicht nur dreidimensional, sondern muß unter Berücksichtigung des Faktors Zeit vierdimensional gesehen werden. Gerade der zeitliche Ablauf tektonischer Vorgänge ist von großer Bedeutung.

Die Äußerungen der tektonischen Kräfte lassen sich in zwei große Gruppen zerlegen, die, obwohl scheinbar scharf voneinander getrennt, doch sehr eng zusammengehören: *brechende Tektonik und biegende (fließende) Tektonik.*

Es ist selbstverständlich, daß bei tektonischen Beanspruchungen jeder Art Kraft- und Zeitaufwand verschieden sind und daher verschiedene Ergebnisse erzielt werden müssen. Dabei ist die Zusammensetzung des der Beanspruchung unterliegenden Materials von gleich großer Bedeutung. Faltung in *kompetenten* (zur Fortleitung des Druckes geeigneten) Gesteinen zeigt ein mechanisch anderes Bild als etwa in Mergeln und Tonschiefern *(inkompetente Gesteine)*. Kompetente Gesteine werden gefaltet, inkompetente Mergel und Tonschiefer chaotisch umgeformt oder geschiefert, aber nicht gefaltet. So erscheint es einleuchtend, daß feste, ungeschichtete Gesteine durch Druck zerbrechen, auseinanderfallen oder in einzelnen Bruchstücken verschoben werden können, während weniger starre dagegen gebogen, gefaltet oder gefältelt werden. Vorweg bemerkt sei, daß die Verformung (Deformation) eines Körperbereiches, also die Veränderung nach Gestalt und Volumen, als *strain* bezeichnet wird. Die in dem Körper wirkenden Spannungen sind der *stress* (normal stress oder Scherspannung = shear stress).

Auf der Erde gibt es im Bereich der Kontinentalschollen keine Gebiete, die nicht zu irgendeiner Zeit einmal von tektonischen Bewegungen betroffen worden sind. Aber es gibt sehr alte Teile der Kruste, die seit sehr langen Zeiten sich als stabil erwiesen haben und von keinen weiteren tektonischen Bewegungen mehr umgeformt worden sind *(Kratone)*. Vielleicht weniger deshalb, weil sie tatsächlich stabil sind als vielmehr, weil sie von ernsthaften tektonischen Angriffen verschont blieben. Ursache und Wirkung sind allerdings auch hier noch keineswegs klar. Der Kanadische und Fennoskandisch-Baltische Schild gehören zu solchen Gebieten, ebenso wie z. B. weite Teile Südafrikas.

Bruchtektonik

Brechende Vorgänge sind oft eine Folgeerscheinung von biegenden Vorgängen, das Umgekehrte ist dagegen seltener der Fall und auch räumlich stark beschränkt (Stauchungen an Störungsflächen usw.). Folgende Einteilung kann man den Zerreißvorgängen zu Grunde legen:

1. Klüfte und Spalten.

2. Verschiebungen: Abschiebungen, Aufschiebungen, Überschiebungen, Untervorschiebungen, Seitenverschiebungen.

Klüfte

Klüfte sind einfache Trennungsflächen, sie lassen sich in jedem Steinbruch oder in allen Felspartien beobachten. Nähere Betrachtung zeigt, daß das Gestein von parallelen Rissen, manchmal mehrerer Systeme, durchzogen wird, ohne daß sich indes eine Verschiebung oder ein Klaffen längs dieser Fugen beobachten läßt. Das Gestein wird von Klüften in bestimmten Richtungen durchzogen, die sich messen und nach gewissen statistischen Verfahren aufzeichnen und für die Beurteilung der tektonischen Beanspruchungen verwerten lassen. Es ist die Auslösung von Spannungen im Gestein, die zur Bildung von Kluftflächen führt. Durch die Kluftflächen wird der Zusammenhalt eines Gesteins gelockert und damit der Verwitterung Vorschub geleistet. Gewöhnlich überwiegt eine Kluftrichtung alle anderen, aber eine tektonisch zugehörige andere Richtung ist immer vorhanden. Grundsätzlich gehört ein paariges System zusammen, dessen Klüfte meist mit spitzem oder nahezu rechtem Winkel aufeinanderstehen.

Spalten

Spalten deuten nicht nur auf eine tektonische Beanspruchung, sondern auch auf tektonische Bewegungen im Gestein hin. Spalten sind Klüfte, deren Flächen auseinandergewichen sind, gleichgültig in welcher Richtung (Dehnungsspalten). Es entstehen dann offene, langgestreckte Hohlräume mit parallelen Wänden. Häufig finden sich in einem Gesteinsverband viele Klüfte, aber wenige von ihnen wurden zu Spalten erweitert. Diese können dann wandernde Gesteinsschmelzen aufnehmen und Gänge von Eruptivgesteinen enthalten (Gesteinsgänge).

Besonders gern werden sie von aufsteigenden Mineral- bzw. Erzlösungen ausgefüllt und so zum Träger von hydrothermalen Mineral- oder Erzgängen. Die Form der Lagerstätte, in diesem Falle des Erzganges, ist dann die tektonische Form der Spalte.

Spalten treten meist gesellig auf, weniger in der Form sich durchkreuzender Systeme, wie das bei den Klüften der Fall ist, sondern in Form mehr oder weniger paralleler Schwärme. Erzgänge sind vielfach große Gangzüge (z. B. Siegerland), deren Länge mehrere Kilometer betragen kann. Reine Mineralgänge, die meist nur von Kalkspat oder Quarz erfüllt sind, durchadern fast jedes Gestein.

Eine Zerspaltung tritt überall ein, wo die Kruste gedehnt wird, z. B. bei Aufwölbungen oder Verbiegungen jeder Art. Die Dehnungsspalten (Reißspalten) sind von Bedeutung für die Bestimmung der hauptsächlichen Beanspruchung im Gestein. Sie liegen immer senkrecht zur Achse der maximalen Dehnung. Ein besonderer Spaltentyp, die *Fiederspalten*, entspricht den Randspalten eines Gletschers. Sie lassen sich genau wie beim Gletscher zur Bestimmung der Bewegungsrichtung benutzen (Abb. 14 und 15). Endlich sind noch die *Scherspalten* zu erwähnen, die durch scherende Bewegung entstehen, daher Winkel zu den im Gestein auftretenden Spannungen bilden und meistens in paarweisen Systemen auftreten, die ganz bestimmte

Der obere Teil ist nach rechts unten bzw. der untere nach links oben bewegt. Während des Aufreißens und Füllens der Spalten mit Quarz ging die Bewegung weiter und führte zur sigmoidalen Verbiegung der Spalten (zu Abb. 14; rechte Bildseite ist unten).

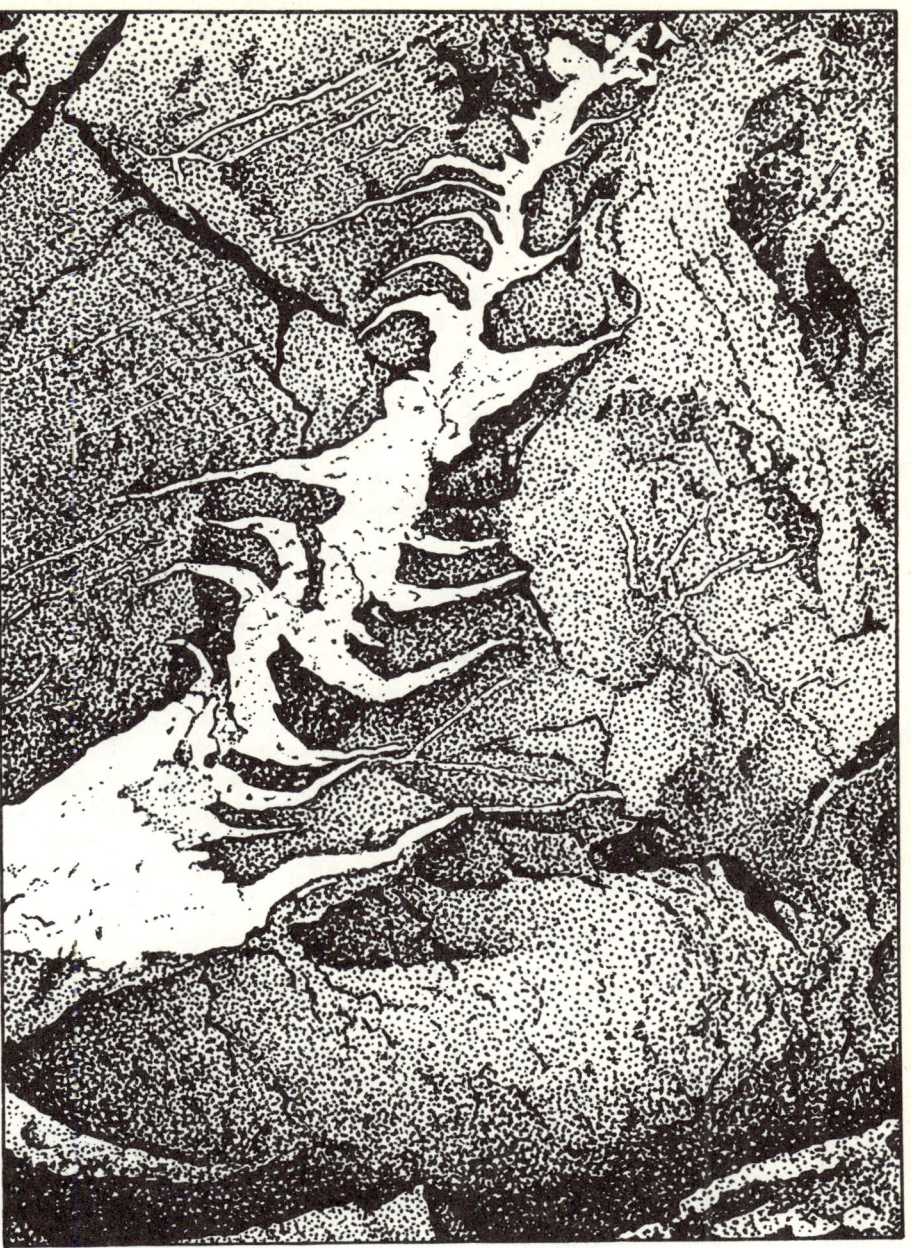

Oben

Unten

Abb. 14: Fiederspalten in der unteren Hovin-Serie (ob. Ordovizium) bei Hommel-vik nördlich Trondheim

Winkel zwischen sich einschließen. Rechte Winkel sind selten, meist weichen sie um 10—25° von diesen ab, je nach dem Material und der Geschwindigkeit der Beanspruchung, die offensichtlich das Verhältnis von Druck und Zugfestigkeit beeinflussen. Aus den Winkeln läßt sich auf die Richtung der Spannungen schließen. Die Richtung des größten Druckes halbiert normalerweise den kleineren, die Richtung der maximalen Dehnung den größeren Winkel. Voraussetzung ist natürlich, daß es sich wirklich um gleichwertige Kluftpaare handelt.

Verschiebungen

In vielen Fällen werden die Trennungsflächen im Gestein als Verschiebungsflächen benutzt, d. h. das Gestein ist längs einer solchen Fläche nicht nur zerschnitten, sondern beiderseits derselben sind die zerschnittenen Teile gegeneinander verschoben. Die Größenordnung solcher Verschiebungen geht von Millimetern (auch erst mikroskopisch sichtbar werdende Beträge gehören hierher) über Hunderte von Metern zu Kilometerbeträgen. Rücksichtslos werden von ihnen Schichten, Falten oder auch Gebirgsteile durchschnitten. In der Praxis spielen sie eine besonders große Rolle, weil sie Gänge, Flöze und Lagerstätten jeder Art zerschneiden und gegenseitig versetzen.

Die Verschiebungsflächen können eben oder gekrümmt sein. In vielen Fällen ordnen sie sich zu ganzen Systemen und können dann über Hunderte von Kilometern verfolgt werden. Sie lassen sich in Abschiebungen, Aufschiebungen, Überschiebungen, Untervorschiebungen und Seitenverschiebungen gliedern. Abb. 15 gibt das Schema.

Abschiebungen sind die häufigste Gruppe unter den Zerreißerscheinungen und bilden einen eigenen tektonischen Baustil. Sie treten sowohl in Tafelländern mit flach liegenden wie auch bei geneigten Schichten oder in Falten- und Deckengebirgen auf. Man bezeichnet sie auch als *Verwerfungen, Sprünge* oder *Brüche,* doch ist der von H. Cloos verwandte Ausdruck „Abschiebungen" aus genetischen Gründen vorzuziehen. Bei den Abschiebungen steht die Verschiebungsfläche mehr oder weniger steil. Entlang dieser Fläche ist eine Hangendscholle abwärts oder eine Liegendscholle aufwärts bewegt worden, es können auch beide Schollen gleichzeitig die entsprechenden Bewegungen durchmachen. Je nach der Neigung der Abschiebungsfläche und der Größe des Abschiebungsbetrages verändert sich dabei der Abstand der auseinandergerissenen beiden Schollen. Daraus ergibt sich, daß die Abschiebungen durch seitliche Dehnung entstehen, also durch eine Längung der Erdoberfläche. Die Tief- und die Grabenschollen folgen bei ihrem Einsinken der Schwerkraft.

Die Verschiebungsbeträge können außerordentlich groß werden. In Deutschland gehören die Abschiebungen beiderseits des Oberrheingebietes, welche die Grenze zwischen abgesunkener Tiefebene und aufsteigenden Gebirgen bilden, zu den größten; hier erreichen sie im südlichen Teil bis 3000 m und darüber. Groß ist auch die streichende Länge, die Hunderte von Kilometern betragen kann. Allerdings handelt es sich in den meisten Fällen nicht um eine einzige Fläche von dieser Länge, sondern um Scharen von Flächen, die nebeneinander oder hintereinander gestaffelt den Verschiebungsbetrag herbeiführen und sich gegenseitig ablösen.

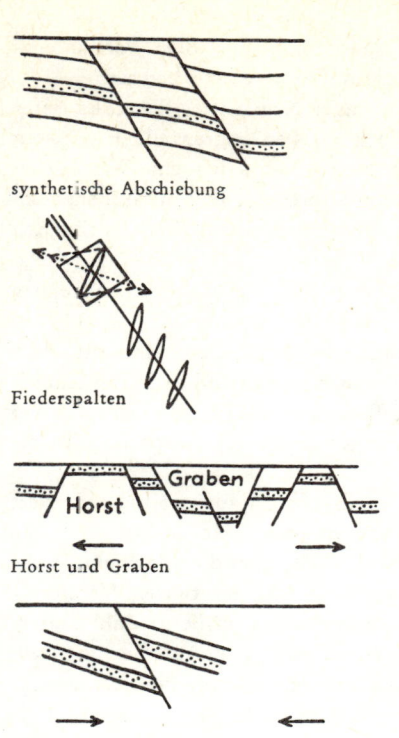

synthetische Abschiebung

Fiederspalten

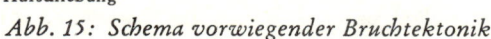

Horst und Graben

Aufschiebung

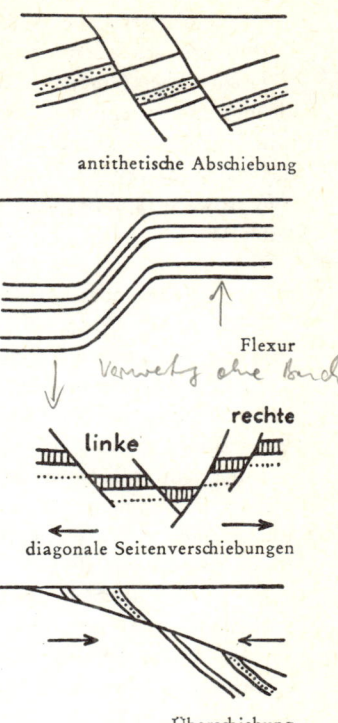

antithetische Abschiebung

Flexur

Verwerfg ohne Bruch

diagonale Seitenverschiebungen

Überschiebung

Abb. 15: Schema vorwiegender Bruchtektonik

In den meisten Fällen beträgt der Einfallwinkel der Verschiebungsfläche 60—80°, flachere Winkel sind selten. Neigungswinkel und Verschiebungsbetrag hängen ab von der Stärke der durch einen tektonischen Vorgang herbeigeführten Dehnung. Die Schollenverschiebung braucht nicht absolut vertikal zu erfolgen, sondern kann auch schräg gerichtet sein (Schrägabschiebungen). Die Richtung der relativen Verschiebung wird in vielen Fällen durch eine *Schleppung* angezeigt, d. h., die Schichten der höheren Scholle sind zur tieferen Scholle herab- bzw. die der tieferen zur höheren emporgebogen. Die Streifung der Verschiebungsflächen *(Harnisch)* ist häufig in der Richtung der gesunkenen Scholle glatt, in der entgegengesetzten aber rauh und gekerbt.

Bei *synthetischen Abschiebungen* fallen Schichten und Verschiebungsflächen nach derselben Richtung. Eine Schicht wird daher in immer tiefere Lage gebracht. Bei *antithetischen Abschiebungen* ist die Neigung der Verschiebungsfläche entgegengesetzt der Schichtneigung. Die verworfene Schicht bleibt daher praktisch immer in derselben Höhenlage (Abb. 15). Die Abschiebungen bilden oft ganze Systeme von Bruchzonen, die die Kruste zerteilen und tektonisch gliedern. So haben sich häufig zu bestimmten Zeiten bestimmte Bruchsysteme gebildet, die unter Umständen sogar bestimmte Richtungen einhalten. Die Abschiebungsflächen sind dabei horizontal oder vertikal gestaffelt oder schließen je nach ihrer Stellung Gräben und Horste zwischen sich ein.

Tektonischer Graben: Ein schmaler, aber meist langer Krustenstreifen sinkt tiefer als die angrenzenden Krustenstreifen ab. Die einen Graben begrenzenden höheren Schollen bleiben also im Senkungsvorgang zurück oder heben sich sogar. Wir dürfen daher grundsätzlich nur von einem relativen Absinken sprechen. In den Grabenzonen sind sowohl synthetische als auch antithetische Verschiebungsflächen vorhanden (Abb. 15).

Tektonischer Horst: Ein Krustenstreifen, der entweder bei Einbrüchen relativ stehengeblieben oder vertikal aufgestiegen ist.

Während die Abschiebungen auf Dehnungsvorgänge zurückgehen, sind die *Aufschiebungen* einengende Bewegungen. Sie kommen daher fast ausschließlich zusammen mit Faltungserscheinungen vor. Die Aufschiebungsflächen sind steile Flächen mit etwa 60—70° Neigung. Noch steilere Einfallwinkel sind gewöhnlich durch spätere Zusammenpressung entstanden, also sekundär.

Aufschiebungen treten im Faltengebirge besonders häufig da auf, wo bei besonders starker Zusammenpressung Ausweichbewegungen nach oben erforderlich sind. Sie führen dann zur Schuppenbildung und können daher auch gegen die allgemeine Richtung (Vergenz) der Falten geneigt sein und zu Rückaufschiebungen führen. Vereinzelt auftretende Aufschiebungen sind selten, meistens treten sie in größerer Zahl hinter- und übereinanderliegend gestaffelt auf (Dachziegelstruktur). Die Aufschiebung verschiebt nur um geringe Beträge, d. h. einige hundert Meter, maximal bis wenige Kilometer. Durch das scharenweise Auftreten wird aber doch die summierte Einengung beträchtlich.

Bei *Überschiebungen* liegt der Einfallwinkel unter 45°, was sie von den Aufschiebungen unterscheidet. Durch die flachen Neigungswinkel bedingt, überdeckt die Hangendscholle viel stärker die liegende, überfahrene Scholle als dies bei den Aufschiebungen der Fall sein kann.

Die Überschiebungen bedingen eine beträchtliche Einengung bei gebirgsbildenden Vorgängen, sie sind daher an Faltengebirge gebunden (Länge der Überdeckung einer liegenden Scholle durch die darüber hinwegbewegte = *Schubweite*). Da die Schubweiten sehr groß werden können, Zehner von Kilometern und mehr, bedeutet dies eine gewaltige Umkehr aller Lagerungsverhältnisse der Kruste.

Die Überschiebungsflächen können durch spätere Faltung nicht nur verbogen, sondern sogar wie Schichtflächen gefaltet werden. Es kommt dabei über Auffaltungen der Überschiebungsfläche häufig zu Zerreißungen der Gewölbescheitel. Es gehört zum Wesen der Überschiebungen, daß bei ihnen in den weitaus meisten Fällen ältere Gesteine über jüngere geschoben werden, so daß eine Wiederholung derselben Schichtenfolge, also Verdoppelung oder Vervielfachung, übereinander eintritt.

Wenn die überschobenen Schollen weite Wege zurücklegen und damit ihre Unterlage in großem Ausmaß überdecken, werden die Überschiebungsflächen zu *Deckenbahnen* und die verschobenen Massen zu Decken. Die Überschiebungsflächen sind damit gleichzeitig Deckengrenzen (Abb. 23 und 24).

Durch eine spätere Verfaltung der Überschiebungsflächen *(Deckenfaltung)* liegt die Basis ein und derselben Decke bald in höherem, bald in tieferem Niveau. In den Deckensätteln, wo sie hochgefaltet ist, greift die Abtragung rascher an, entfernt die hochliegenden Deckenteile und läßt den überschobenen Untergrund sichtbar werden. Ein solches Erosionsloch bezeichnet man als *tektonisches Fenster.* Jüngere Gesteine aus dem Hangenden der überschobenen tieferen Serie erscheinen dann inmitten der älteren Gesteine der höheren Decke. Ein Fenster kann aber auch durch Zerreißen der höheren Decke primär entstehen *(Reißfenster).*

In den Deckenmulden, wo die Basis der überschobenen Decke in tieferes Niveau hinabgefaltet wurde, können auch bei tiefreichender Abtragung noch Reste der überschobenen Decke erhalten bleiben. Wir bezeichnen solche, von der Abtragung noch nicht entfernte Deckenreste als *Deckenmulden (Deckenschollen, tektonische Klippen).*

Wird eine Decke nachweislich über eine alte Landoberfläche hinwegbewegt, also über ein Abtragungsrelief, dann liegt eine *Reliefüberschiebung* vor. Diese wird in erster Linie dadurch erkennbar, daß die überschiebende Scholle oder Decke über verschiedenaltrige Gesteine des Untergrundes hinweggreift, also die Strukturen des Untergrundes diskordant überdeckt.

Gebirge, zu deren Bauplan ganz überwiegend der Deckenbau gehört, sind Deckengebirge, z. B. Alpen, Karpaten, Kaledonisches Gebirge Skandinaviens.

In neuerer Zeit hat man erkannt, daß in bestimmten tektonischen Situationen z. B. die Liegendflügel einer Falte in der Bewegungsrichtung scheinbar voreilen können. Ebenso werden in steilstehenden Schichtserien tiefere Teile an Scherflächen schräg unter höheren Teilen voreilend aufwärts bewegt, wie man früher annahm. Solche *Untervorschiebungen* sind z. B. aus den Alpen und vom Harznordrand sowie vielen anderen Stellen bekannt geworden (Abb. 20).

Aber nicht nur auf und ab oder übereinander wandern die Schollen und Krustenteile, sondern auch seitlich aneinander vorbei. Die Mehrzahl der *Seitenverschiebungen* sind an die Faltengebirge gebunden und gehören als wesentliche tektonische Merkmale zu ihrem Inventar (siehe S. 93). Ganz allgemein durchschneiden die Seitenverschiebungen die Falten nicht in senkrechter, sondern in diagonaler Richtung. Dabei haben die Harnische meist eine Neigung von 10—15°. Häufig zeigt die Schichtung beiderseits der Bewegungsflächen Schleppung oder Übergänge in horizontale *Flexuren.* Der Verschiebungsbetrag der Seitenverschiebungen kann bis zu Kilometern betragen. Ein großartiges Beispiel ist das Walchen-Kochel-Seegebiet in Oberbayern, bei dem die Verschiebungsweite bis 2,5 km beträgt. In Gebirgen treten die Seitenverschiebungen morphologisch deutlich hervor, z. B. beim Sax-Schwendibruch im Säntis oder in der großartigen Seitenverschiebung von Pontarlier im Faltenjura.

Von wesentlicher Bedeutung ist die Tatsache, daß auch die Seitenverschiebungen in paarweisen Systemen auftreten, die sich in annähernd rechtem Winkel durchschneiden, d. h., genau wie bei der Klüftung weichen die Winkel um 10—20° davon ab. Wir stoßen hier also genau auf dasselbe mechanische Prinzip wie dort und wissen damit zugleich, daß es sich auch bei den Systemen der Seitenverschiebungen um Scherflächen handeln muß. Die beiden Systeme gehören also auch zeitlich im wesent-

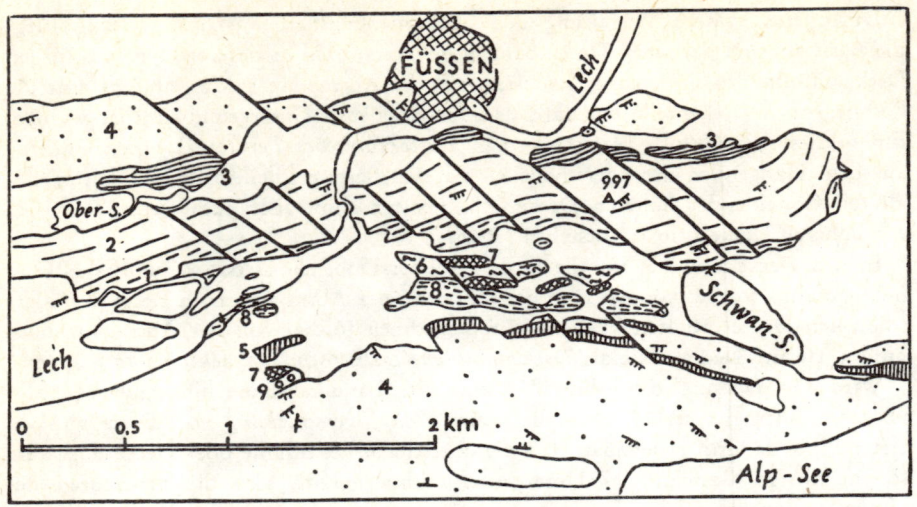

Abb. 16: Seitenverschiebungen am nördlichen Alpenrand (nach KOCKEL, RICHTER, STEINMANN)

1—4 mittlere — obere Trias; 5—6 unterer Jura; 7—9 mittlerer — oberer Jura

lichen zusammen und verdanken einem Beanspruchungsvorgang ihre Entstehung, den wir in diesem Fall besonders gut erklären können. Die diagonalen Seitenverschiebungen durchschneiden Falten und Schichten unter ziemlich konstanten Winkeln von etwa 110—135° (Abb. 16). Findet man daher irgendwo Verschiebungen, die geneigte Schichten diagonal unter den genannten Winkeln schneiden, so kann man ohne weiteres auf Seitenverschiebungen schließen und weiterhin darauf, wohin der verschobene Flügel bewegt wurde. Er findet sich grundsätzlich in der Richtung der Seitenverschiebung, und zwar auf der Seite des stumpfen Winkels, gleichgültig welcher der beiden Flügel verschoben wurde. Die absolute Verschiebung ergibt sich dann wieder wie oben aus der Neigung der Streifung, die in Richtung der absolut verschobenen Scholle einfällt. Die Ursache hierfür ist darin zu sehen, daß diese Scholle aus ihrem Verband gelöst wird und beim weiteren Verschub aus isostatischen Gründen kopflastig wird. Die Streifung wird daher in der Verschubrichtung nach vorn immer steiler. Die diagonal zum Faltenstreichen nach links laufenden Seitenverschiebungen bezeichnen wir als linke, die diagonal nach rechts laufenden als rechte Seitenverschiebungen. Die absolute Himmelsrichtung, in der sie verlaufen, ist dabei völlig belanglos (Abb. 16).

Ein typisches Gebiet für Seitenverschiebungen ist der Oberharz. Die hier auftretenden Erzgänge liegen auf Gangzügen, die linke Seitenverschiebungen sind, d. h., es ist bei ihnen der jeweils links (südlich) der Verschiebungsfläche liegende Teil nach WNW verschoben. An der Schichtung der devonischen und kulmischen Sedimente ist das besonders gut zu sehen. Die Verschiebungsbeträge erreichen bis zu 400 m.

Seitenverschiebungen sind neben den Dehnungsspalten Erscheinungen einer beträchtlichen Dehnung (Längung) des Faltenstranges *während* der Faltung. Der Dehnungsbetrag kann bis über 25 % im Streichen gehen. Da die Anlage der Seitenverschiebungen schon in frühen Stadien der Faltung auftritt, können die Gesteine beiderseits der Verschiebungsflächen verschieden gefaltet sein. Ein Vergleich mit Gebieten mit Vertikalabschiebungen ergibt, daß die diagonalen Seitenverschiebungen dieselbe Mechanik und Dehnung in der Horizontalen zeigen wie jene in der Vertikalen.

Übergroße Seitenverschiebungen unabhängig von Faltung, wie sie z. B. in Kalifornien oder in Schottland auftreten, siehe S. 110, ebenda wird auch der Zusammenhang zwischen Seitenverschiebungen und Faltenachsen (siehe S. 98) behandelt.

Bruchgebiete der Erde

Die Erdkruste wird von Brüchen der verschiedensten Art weitgehend zerlegt und zerstückelt, wobei hier unter „Brüchen" sämtliche Arten von Verschiebungen zu verstehen sind.

Die auffallendsten tektonischen Ergebnisse liefern die Abschiebungen mit den tiefreichenden Einbrüchen der Gräben, die sich häufig zu lang hinziehenden Grabenzonen zusammenschließen. Eine derartige Grabenzone läßt sich vom Mjösensee in Südnorwegen nach Süden verfolgen, ihm verdankt der Oslofjord seine Entstehung ebenso wie das Kattegat. In seiner Fortsetzung verläuft eine analoge Grabenzone durch Nieder- und Oberhessen und über Frankfurt bis nach Basel. Bei Mainz vereinigt sie sich mit einem flachen Grabensystem, das vom Niederrheingebiet über die Kölner Bucht und das Neuwieder Becken quer durch das Rheinische Schiefergebirge verläuft, ihm folgt der heutige Rhein ab Bingen. Eine weitere Fortsetzung zieht alternierend das Rhonetal abwärts zum Mittelmeer (Rhonetalgraben).

Es ist nun keineswegs so, daß nur eine Hauptstörung vorhanden ist, längs welcher der Graben als Ganzes abgesunken ist. Der Weg in die Tiefe wird durch eine Reihe von Abschiebungsflächen synthetischer und antithetischer Natur vermittelt und die absinkende Kruste dadurch in eine Reihe selbständiger Einzelschollen aufgelöst. An den Rändern der stehengebliebenen oder sogar in aufsteigender Bewegung begriffenen Randgebirge wie Schwarzwald, Odenwald, Pfälzerwald und Vogesen sind vielfach einzelne Schollen „hängen"-geblieben, die aus Gesteinen bestehen, die einstmals über diesen Gebirgen lagen, aber inzwischen längst abgetragen wurden. Da sie zu den höheren Gebirgen als Vorberge eine auch geomorphologisch vermittelnde Stellung einnehmen, wie z. B. zwischen Offenburg und Basel, bezeichnet man sie tektonisch als Vorbergzone (Abb. 17). Der Oberrheintalgraben mit seinen 300 km Länge und bis 40 km Breite ist im tektonischen Bauplan Süddeutschlands das auffallendste Element. Er alterniert mit dem Rhonetalgraben nach S und mit der Grabenzone Hessen—Skagerrak—Oslograben—Mjösensee nach N. Das ganze System führt den Namen Mittelmeer-Mjösenzone und hat eine Länge von fast 2000 km. Die Senkungsbeträge erreichen 3000—4000 m.

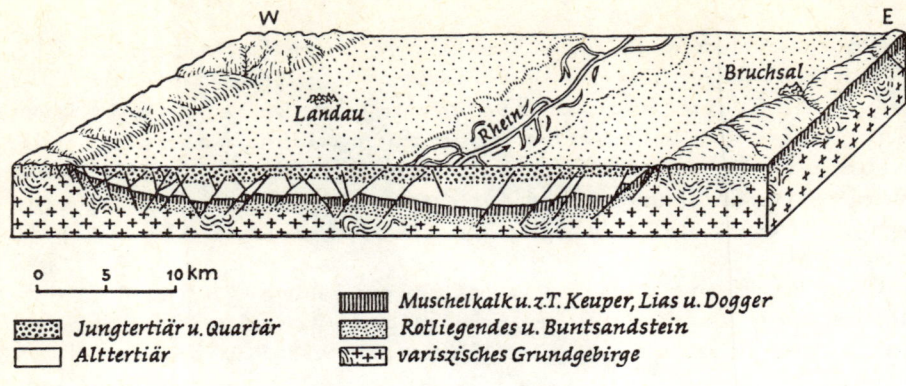

Abb. 17: Ansicht und Profil des Oberrheintalgrabens

Das großartigste Grabensystem der Erde sind die afrikanischen Gräben, die in der südlichen Türkei bei Maraš beginnen, sich durch Syrien, Libanon und Palästina als Jordangraben verfolgen lassen, weiter über das Rote Meer — Abessinien — Ostafrika ziehen und jenseits des Sambesi enden (Abb. 18). Das ganze System erreicht eine Länge von rund 6000 km und wird von einem intensiven Vulkanismus begleitet. Einzelne Teile der Grabenzone sind bis weit unter den Meeresspiegel gesunken, so der Jordangraben, der an die 400 m u. M. liegt, das Rote Meer, als größtes Grabenstück des ganzen Systems, dessen Boden bis auf 3000 m u. M. abgesunken ist, der Tanganyikagraben, dessen Sohle 662 m u. M. und der Njassagraben, dessen Boden 314 m unter den Meeresspiegel geraten ist. Da aber die meisten Grabenteile intrakontinental liegen, konnte das Meer bisher erst in die Grabenstücke bei Aden und des Roten Meeres eindringen, während andere tiefgesunkene Grabenstücke infolge der Abflußlosigkeit von Binnenseen erfüllt oder sogar trocken geblieben sind. Am tiefsten abgesenkt ist der Graben von Aden, dessen Sohle über 3000 m u. M. liegt und dessen Gesamtversenkung rund 5000 m beträgt.

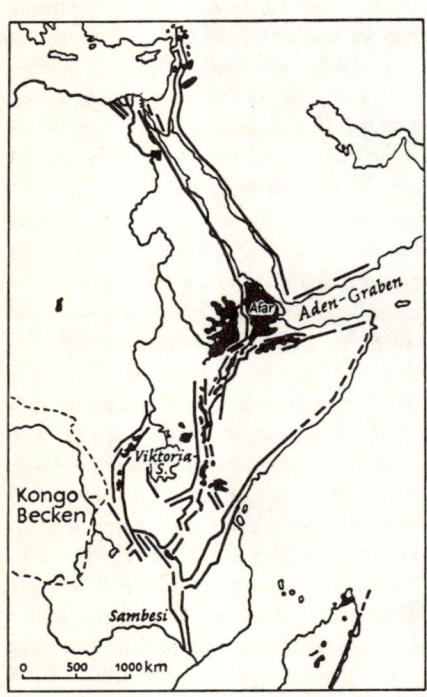

Abb. 18: Das ostafrikanische Grabensystem

Schwarz = junger Oberflächenvulkanismus.

In diesem Zusammenhang muß noch auf die Tiefseegräben hingewiesen werden, die, meist unmittelbar vor den kontinentalen Rändern gelegen, besonders tiefe Teile der Kruste darstellen, aber mit den hier behandelten Gräben nicht in Zusammenhang gebracht werden dürfen.

Da bei den Grabenzonen eine einfache Dehnung nicht in Frage kommt, kann die Dehnung der Kruste die Folge einer Wölbungsbewegung sein, d. h. einer Hochbewegung der Kruste als primärem Vorgang. Mit der Grabenbildung ist gleichzeitig ein Aufsteigen der Ränder verbunden, das aber nicht unbedingt primäre Wölbung zu sein braucht. Die Kippung der aufsteigenden Randschollen kann ebensogut eine Schrägstellung als Folge der Grabenbildung sein, da der Zerreißvorgang naturgemäß den Schwerpunkt der nicht absinkenden Schollen verändert (z. B. ostafrikanische Bruchstufenlandschaft mit Senken- und Seenbildung längs der Innenränder der abgesunkenen Schollen vor der Bruchstufe der höheren Scholle). Wahrscheinlich ist die Schrägstellung der randlichen Schollen (Pultschollen) beides, also primär und sekundär. Die relativ starke Schrägstellung dürfte sekundär als Einstellung auf die neue Schwerpunktlage entstehen, während gleichzeitig eine leichte Schrägstellung die direkte Folge der Wölbung ist. Die antithetische Schollenkippung geht damit auf beide Vorgänge zurück.

Biege- und Fließtektonik

Im Gegensatz zur Bruchtektonik tritt die Biege- oder Fließtektonik als im wesentlichen bruchlose Umformung der Gesteine auf. Wenn man etwa in den Falten die Schichtenverbiegungen kleinen und großen Ausmaßes beobachtet, muß man sich immer wieder fragen, wieso überhaupt bei tektonischer Beanspruchung ein im festen Zustand gefaltetes Gestein nicht zerbricht oder einfach zerdrückt wird, zumal es experimentell nur sehr schwer gelingt, eine Gesteinsplatte zu verbiegen, ohne daß sie dabei bricht.

Hier ist zunächst auf den Faktor Zeit hinzuweisen. Die Verformung eines Gesteins geht so langsam vor sich, daß es sich tatsächlich biegen kann. Wir können dabei an das bekannte Beispiel der Wachskerze oder noch besser der „festen" Stange Siegellack erinnern, die wir in der Hand nicht biegen können, ohne daß sie zerbricht. Lassen wir uns aber zu dem Versuch einige Wochen Zeit, d. h., befestigen wir die Stange Siegellack so, daß sie sich unter der eigenen Schwere durchbiegen kann, so wird sie dies ohne Bruch tun. Bei genügender Zeit geht also die Verformung bruchlos vor sich. Außerdem darf man nicht übersehen, daß in der Natur auch nicht eine einzelne Platte gebogen und bruchlos verformt wird, sondern daß die Umformung Schichtenstöße von einigen tausend Metern Mächtigkeit ergreift.

Bei den Biegeerscheinungen lassen sich drei Gruppen unterscheiden, von denen die zweite Gruppe die größte Bedeutung besitzt: 1. Flexuren, 2. Falten, 3. Beulen.

Flexuren

Flexuren stellen Schichtenabbiegungen in beliebiger Richtung dar (Abb. 19). Sie sind sozusagen einfache Verschiebungen, aber ohne Zerreißung. Tritt eine solche ein, dann

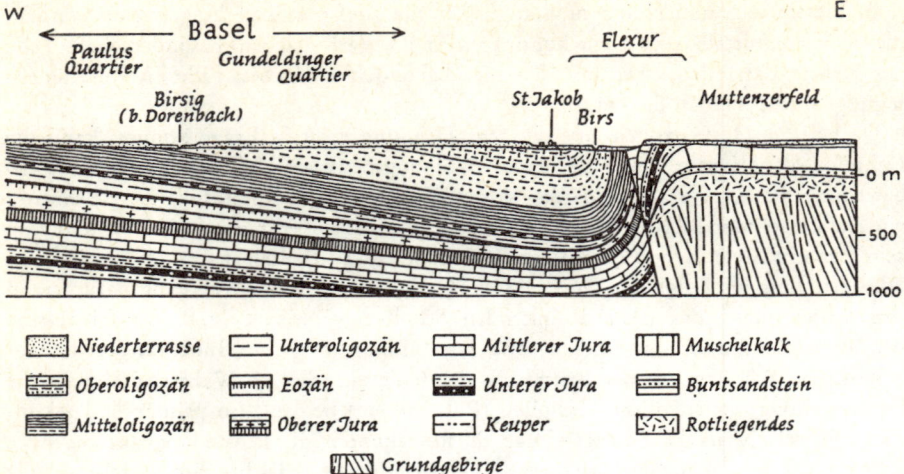

W ← Basel → E

Paulus Quartier — Gundeldinger Quartier — Flexur

Birsig (b.Dorenbach) — St.Jakob / Birs — Muttenzerfeld

0 m
500
1000

- Niederterrasse
- Unteroligozän
- Mittlerer Jura
- Muschelkalk
- Oberoligozän
- Eozän
- Unterer Jura
- Buntsandstein
- Mitteloligozän
- Oberer Jura
- Keuper
- Rotliegendes
- Grundgebirge

Abb. 19: Flexur des Oberrheintalgrabens bei Basel (nach A. BUXTORF, *1934)*

wird aus der Flexur eine Verschiebungsfläche. In vielen Fällen sind solche Verschiebungen aus Flexuren hervorgegangen, und zwar in dem Augenblick, in dem das Maß der Beanspruchung die Festigkeit des Gesteins überschritt und die bruchlose Verformung nicht mehr länger möglich war. Flexuren können daher ebenfalls auf Dehnung zurückgehen, aber auch in steile Aufschiebungen übergehen (Abb. 19).

Mit einer großartigen Flexur, die eine Schichtabbiegung von über 1000 m darstellt, endet der Oberrheintalgraben bei Basel (Abb. 19). Flexurartig biegen sich auch die Schichten auf der West- und Südseite des Harzes zu diesem empor, und großartige Flexuren finden sich im mittleren Nordamerika in den Rocky Mountains.

Falten

Durch Einengungsvorgänge der Kruste, gleichgültig welcher Entstehung, werden die Gesteine gefaltet. Dazu muß aber eine wesentliche Voraussetzung erfüllt sein: Die Gesteine können nur gefaltet werden, wenn sie geschichtet sind. Die Faltung ergreift daher nur die Sedimentgesteine. Der Grund hierfür ist einfach und einleuchtend. Da die Faltung eine freie Beweglichkeit der einzelnen Bänke voraussetzt, muß die Verschiebbarkeit derselben auf den Schichtfugen gegeben sein *(Biegegleitung)*. Bei der Faltung verschiebt sich also jede Bank oder Schicht zwischen ihren beiden Schichtfugen im Hangenden und Liegenden.

Die Falte kann, wie alle tektonischen Elemente, durch das Koordinatensystem a, b und c bestimmt werden. In der Richtung der Einengung (senkrecht zum Streichen) liegt a, im Faltenstreichen b (liegt häufig parallel b; c steht senkrecht auf a und b). Alle linearen oder flächigen Elemente werden durch diese Koordinaten fixiert.

Je nach dem Grad der Beanspruchung und dem Gesteinsmaterial entstehen verschiedene Faltenformen. Eine Falte besteht immer aus zwei Teilen: Aus einer auf-

Abb. 20: Schema vorwiegender Biegetektonik

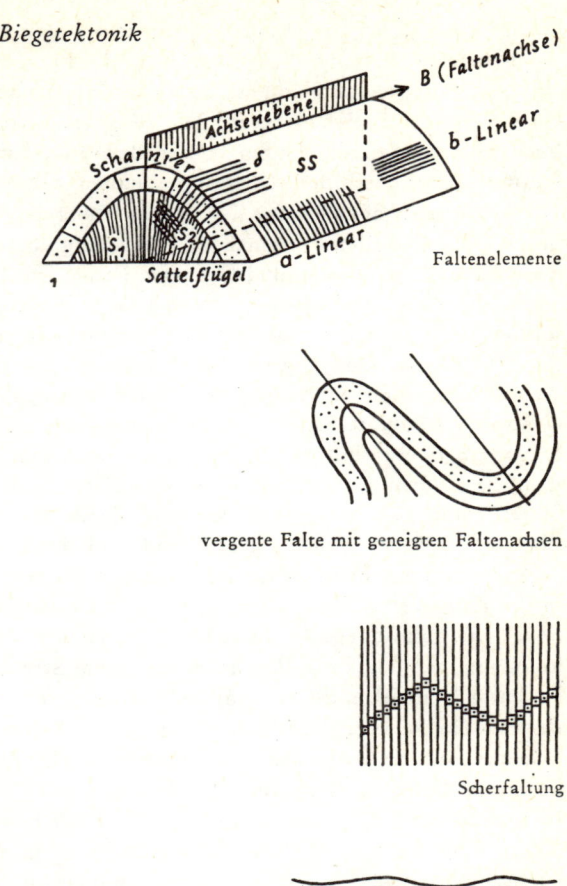

Faltenelemente

Biegefaltung

vergente Falte mit geneigten Faltenachsen

Faltenüberschiebung

Scherfaltung

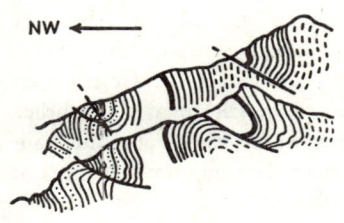

Untervorschiebung (nach EUGSTER 1923)

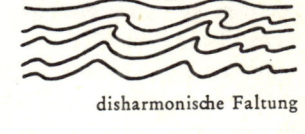

disharmonische Faltung

wärts, in vielen Fällen auch gleichzeitig im Sinne der Faltung vorwärts gerichteten Schichtenumbiegung, *Antiklinale* oder *Sattel* und aus einer nach unten bzw. auch nach hinten zeigenden Umbiegung, *Synklinale* oder *Mulde*. Beide werden durch die Flügel *(Sattelflügel, Muldenflügel)* miteinander verbunden (Abb. 20).

Verfolgt man die höchste oder tiefste Stelle der Umbiegung, das Scharnier eines Sattels oder einer Mulde im Streichen, so haben wir als Linie die *Faltenachse* (B-Achse). Verbindet man die Scharniere aller Schichten einer Falte miteinander, so erhält man die *Faltenachsenebene* als winkelhalbierende Ebene der beiden Flügel (Abb. 20). Die Faltenachse B liegt häufig parallel b.

Die Falten können im Raum verschiedene Lagen einnehmen. Eine häufige Lage ist bei schwacher Faltung die aufrechte (aufrechte Falten), bei der die Achsenebene eine vertikal stehende Fläche ist. In vielen Fällen sind die Falten jedoch einseitig nach einer Richtung geneigt (vergent). Die Achsenebene liegt dann schräg in Richtung der Bewegung, so daß die Falten in der Bewegungsrichtung vergieren. Diese Art der Faltung heißt überkippt. Überkippte Falten deuten auf eine stärkere Einengung. Noch stärker ist diese bei der liegenden Faltung, bei der die Achsenebenen horizontal liegen, d.h. die Falten übereinander oder schräg übereinander gestaffelt sind. Bezeichnend für die überkippten und liegenden Falten ist, daß die Schichtenfolge gedoppelt, vervielfacht und vor allem in verkehrter Lagerung auftritt. Es kommt sogar bei starker Vergenz häufig vor, daß die Sattelstirnen nach vorn abwärts geneigt sind, die Achsenebene dann also nach vorn absteigend einfällt. Diese Erscheinung führt zu *Tauch-* und weiter zu *Nickfalten*. Bei der Abtragung solcher Falten erscheint dann eine solche getauchte Sattelstirn als falscher Kern einer Mulde.

Normalerweise sind die Faltenachsen ohnedies in streichender Richtung verbogen, d. h., sie tauchen auf und ab. So verschwinden durch das Abtauchen der Sattelachsen Sättel völlig und werden alternierend durch andere ersetzt, die neu auftauchen. Ebenso heben sich Mulden heraus und sind durch Abtragung dann verschwunden, oder sie kommen herunter in der Fortsetzung schon abgetragener Teile und tauchen in die Kruste ein. Diese Neigung der Faltenachsen im Streichen bezeichnet man am besten als „Einschieben". Es entstehen dadurch Achsendepressionen und Achsenkulminationen. Da keine Raumverkürzung im Streichen der Falten damit verbunden ist, handelt es sich nicht um eine Querfaltung, wie früher angenommen wurde, sondern um Beulen (siehe S. 100) im Streichen der Falten (M. RICHTER 1958).

Dieses Auf und Ab der Faltenachsen ist eine Folge der durch die Einengung bedingten Dehnung (Längung) der Gesteine und Falten im Streichen. Da aber eine Falte nicht länger werden kann (trotz 10—25 % Längung, vgl. Seitenverschiebungen, S. 93), muß die trotzdem auftretende Längung durch Ausweichen der Gesteinsverbände, also durch Faltung der Faltenachse quer zu ihrer Längsrichtung, ausgeglichen werden. Je steiler die Neigung der Achsen, desto größer waren Einengung und Längung. Taucht eine Reihe von Falten gleichzeitig nach einer Richtung unter, so spricht man von einer *Achsenrampe* (z. B. zentrale Eifel nach W).

Die streichende Länge der Falten kann viele Zehner von Kilometern betragen, wie z. B. im Schweizer Jura oder in den Alpen. Ist bei breiter Faltung ein Sattel durch baldiges Achsenabtauchen nur kurz, z. B. nicht länger als breit, so entsteht ein Dom oder eine Kuppel. Es sind dies Formen, die auch in der Praxis eine große Rolle spielen, denn sie begünstigen ganz besonders die Anreicherung großer Mengen von Erdöl oder Erdgas. Bei steilem oder senkrechtem Einschieben können die Schichten quer zum Faltenstreichen verlaufen und Schlingen bilden.

Nicht nur die Länge der Falten, sondern überhaupt die Größe der Falten schwankt innerhalb weiter Grenzen. Sie hängt nicht nur von der Intensität der Faltung, sondern vor allem von der Art des beteiligten Materials ab. Es ist von vornherein zu erwarten, daß alle dünnbankigen Schichten engere, kleinere und spitzere Falten bilden als dickere Lagen. Zwischen der Schichtdicke und der Form der Falten besteht das von B. SANDER entwickelte Gesetz der *Stauchfaltengröße* (Pakete dickerer Schichten werden in weitere und höhere Falten gelegt). Da nun aber in der Natur meistens ein stärkerer Wechsel zwischen dünner und dicker geschichteten Gesteinspaketen besteht, können nicht Hunderte oder Tausende von Metern Schichtdicke gemeinsam in derselben Weise gefaltet werden. Die Faltung kann daher für größere Schichtmächtigkeiten niemals harmonisch sein, sondern muß disharmonisch erfolgen. *Disharmonische Faltung* setzt aber wieder Abscherung voraus, so daß sich innerhalb desselben Faltengebirges *Faltenstockwerke* mit eigenem und voneinander verschiedenem Bau ergeben.

Bei starker Faltung kommt es häufig vor, daß die Falten so aneinandergeklappt werden, daß ihre Flügel über längere Strecken hin gleichmäßig einfallen. Da hierbei die Umbiegungen infolge Abtragung oder anderer Gründe meist nicht zu sehen sind, läßt sich der Faltenbau einer solchen *isoklinalen Faltung* nur schwer ermitteln, vor allem dann, wenn die Schichtenfolge auch noch überkippt ist.

Die Intensität der Faltung, d. h. in diesem Falle das Ausmaß des Zusammenschubs, kann durch die Abwicklung einzelner Falten eines ganzen Faltengebirges ermittelt werden. Dazu muß man gedanklich die Falten „ausglätten", d. h. die an ihnen beteiligten Schichten wieder in ihre Lage vor der Faltung zurückversetzen, um durch direkten Vergleich von gefalteter und ungefalteter Ausdehnung der Schichten die Raumverkürzung zu ersehen. Beim Schweizer Kettenjura beträgt z. B. die Raumverkürzung (Einengung) durchschnittlich 30—40 %, beim Rheinischen Schiefergebirge z. B. im Oberbergischen Land bis zu 14 %. Je komplizierter die Tektonik ist, desto schwieriger und auch ungenauer wird natürlich diese Abwicklung.

Erwähnt sei hier noch der „Faltenspiegel": Eine gedachte Fläche, die über die gleiche Schicht in den Sattelscharnieren der Faltung gelegt wird, gibt die Lage oder auch Neigung des Faltenspiegels an (vgl. Abb. 22).

Scherfaltung

Durch scherende Bewegung entstandene Zerlegungsflächen spielen nicht nur im Bereich der brechenden Tektonik die größte Rolle, sondern treten auch zusätzlich zur Faltung auf, ja können sogar in bestimmten Fällen die Biegefaltung ersetzen.

So kommt die Scherfaltung (im Gegensatz zur Biegefaltung) durch enggedrängte parallele Gleitflächen zustande, wobei die einzelnen Gleitlamellen sich gegenseitig so verschieben, daß die Schichtung im Sinne einer Faltung verbogen erscheint (Abb. 20). Häufig kommt es dabei noch zu einer echten Verbiegung der Schichten zwischen den Lamellen, so daß eine Kombination von Biege- und Scherfaltung entsteht.

Schiefrigkeit, Schieferung und Kleintektonik

Inkompetente, tonige Sedimentgesteine, vor allem Tonschiefer, zeigen eine von der Schichtung unabhängige engständige Klüftung, die als Schiefrigkeit bezeichnet wird. Schieferung ist ein Vorgang der Gefügeprägung, der dem Gestein eine neue Teilbarkeit aufdrückt (z. B. Dachschiefer), während unter Schiefrigkeit als Gefügeelement das Ergebnis der Schieferung verstanden wird. Während sandige und kalkige Gesteine gefaltet werden, trifft der Vorgang der Schieferung die tonigen Gesteine, an den Grenzen zwischen beiden wird die Schieferung meist abgelenkt. Die Schieferung als Scherflächenbildung ist wie die Faltung ein Element der Einengung. Wenn eine erste oder zweite Schieferung für eine weitere Deformation eines Gesteinsverbandes ungeeignet ist, kann eine letzte, weiterständige zustande kommen, die als Schubklüftung bezeichnet wird (vgl. Abb. 20, s_2).

Zur Nomenklatur der Kleintektonik einige Angaben: s sind alle Flächen der Teilbarkeit im Gestein; ss Schichtflächen; s_1 Flächen der 1., s_2 Flächen der 2. Schiefrigkeit. Schnittkanten ss und s_1 mit s_1 oder s_2 ergeben eine Striemung auf den s-Flächen (b-Linear) und werden als δ bezeichnet. Das b-Linear kann aber auch eine Streifung im Streichen der Schichten als Folge der maximalen Dehnung sein und damit parallel zu B oder B_1 verlaufen. Daneben gibt es ein Linear in Richtung der Einengung (= Richtung des tektonischen Transportes) auf den ss-Flächen (a-Linear), entstanden durch das Gleiten der Schichten während der Faltung. Achsen der Großfaltung heißen B, der Spezialfaltung und -fältelung B_1 und B_2. β-Achsen sind durch Messung und Projektion geometrisch ermittelt.

Diese wenigen Angaben müssen genügen, um auf die Bedeutung gefüge- und kleintektonischer Untersuchungen hinzuweisen, wie sie heute für tektonisches Arbeiten sehr wichtig sind, auch wenn ihre Bedeutung nicht überschätzt werden darf, zumal Kleintektonik eine Stockwerkstektonik verschiedener tektonischer Niveaus ist. Aber verschiedene, nacheinander verlaufende tektonische Bearbeitungen und Überprägungen können nur durch kleintektonische Untersuchungen erkannt und gedeutet werden.

Beulen

Äußerlich sind Beulen ähnlich wie Falten, aber ohne seitliche Raumverkürzung. Das mag zunächst paradox erscheinen, ist aber ohne weiteres verständlich, wenn man eine Auf- und Einbeulung der Kruste annimmt, also allein das vertikale Moment als Antriebskraft. Dabei muß die verbeulte Sedimenthaut ausgedünnt werden oder sie muß sich zerspalten. Es ist das die einzige Möglichkeit, Beulen von Falten zu unterscheiden. Soweit Beulen mit einiger Sicherheit erkannt werden können, müssen sie auf subvulkanische oder plutonische Vorgänge und Auftreibungen zurückgehen, d. h. auf Zuwanderungen von anderem Material. So sind z. B. die Salzdome, Salzhorste und Salzsättel in Norddeutschland Beulen, entstanden durch die Zuwanderung von fließendem Salz. Man kann annehmen, daß in vielen Fällen Beulen vorhanden sind, wo eine diapirische Faltung vorkommt. Größere Gebiete mit Beulen, wie z. B. Teile

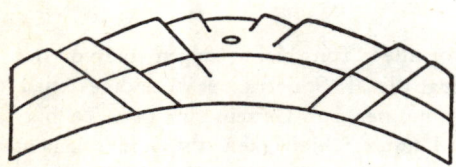

Abb. 21: Beule (nach H. Cloos, *1936),*
s. Abb. 20 (Biegefaltung) zum Vergleich

von Nordwestdeutschland, zeigen im Gegensatz zu einem Faltengebiet keine Einengung, sondern Dehnung. Besonders schöne Beulen gibt es in Mittel- und Südtunesien sowie in Mittelalgerien, wo die salinare Trias in Jura- und Kreideschichten emporgedrungen ist und diese z. T. durchbrochen, z. T. emporgewölbt hat.

Faltengebirge

Die Faltengebirge erscheinen als relativ schmale Bänder oder Girlanden in der Erdkruste, die Kratonen anliegen und Kontinente säumen. Sie sind ein „versteinerter Wellenwurf", hervorgegangen aus Bewegungsvorgängen in labilen Teilen der Erdkruste, zumeist Geosynklinalen. Bei starken Überschiebungs- und Abscherungsvorgängen infolge besonders großer Einengung können sie zu Deckengebirgen werden.

Modell eines kleinen Faltengebirges ist der Faltenjura (maximale Bogenlänge am äußeren Rand 390 km, größte Breite 70 km). Seine Faltung ist über einer Abscherungsfläche im mittleren Muschelkalk erfolgt (salinarer und tonreicher Horizont), der noch in die Faltung einbezogen wurde. Der Untergrund ist ungefaltet geblieben, möglicherweise aber gelegentlich geschuppt worden; doch muß daran festgehalten werden, daß für die Form der Falten allein die Sedimentdicke neben ihrer Lithologie maßgebend ist (Abb. 22). Im Süden legen sich die inneren Falten südwestlich vom Genfer See an die Westalpen an und gehen in diese über, im Osten bündeln sich die Faltenketten und erlöschen in einer einzigen Falte (Lägernkette nördl. Zürich bei Baden).

Da die Mächtigkeit der Sedimente im französischen Jura sehr viel größer ist als im Nordosten (über 3000 m gegen 2000—1200 m), gibt es dort breite, plumpe Falten *(Kofferfalten)*, vor allem oft sehr breite Mulden, deren Schichten horizontal liegen und bei großer Ausdehnung Plateaus bilden (siehe S. 141). Im Osten treten bei großer Beweglichkeit enge Falten und Überschiebungen auf. Der Betrag der Einengung macht durchschnittlich etwa ein Drittel der ursprünglichen Ablagerungsbreite aus, im Gebiet besonders starker Faltungen und Überschiebungen bis zwei Drittel. Die durch die

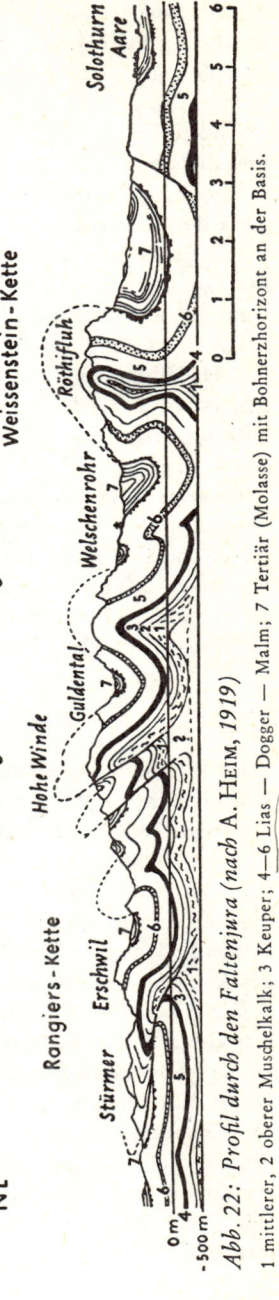

Abb. 22: Profil durch den Faltenjura (nach A. Heim, 1919)

1 mittlerer, 2 oberer Muschelkalk; 3 Keuper; 4—6 Lias — Dogger — Malm; 7 Tertiär (Molasse) mit Bohnerzhorizont an der Basis.

Einengung bedingte Dehnung wird in zahlreichen beträchtlichen diagonalen Seitenverschiebungen und im Auf und Ab der Faltenachsen deutlich. Der Faltungstiefgang ist also im Faltenjura gering. Da er erst am Ende des Tertiärs gefaltet wurde, ist die Morphologie noch völlig von der Faltung abhängig (Mulden = Längstäler, Sättel = Ketten). Das Talnetz ist z. T. antezedent.

Andere Faltengebirge zeigen bei anderen Größenverhältnissen beträchtlichen Faltungstiefgang, z. B. das Variskische Gebirge des jüngeren Paläozoikums mit vielen Kilometern. Bei großen Faltengebirgen ist ein zonaler Bau vorhanden, die Beteiligung des Magmatismus ist vor allem an breite Innenzonen gebunden.

Die Faltengebirge und auch die Deckengebirge zeigen einen zweiseitigen Bau, d. h. Bewegungen nach dem Außen- und Innenrand des Gebirgsbogens (z. B. Variskisches Gebirge, Schweizer Jura [Abb. 22], Alpen, Pyrenäen).

Große Mächtigkeiten toniger Gesteine zeigen bei der Faltung steiles Hochdringen mit Durchbrechung und Zerreißung hangender Gesteinsmassen, die dabei auf den plastischen Tonschiefern weggleiten können. Eine derartige Faltung wird als *Diapir-Faltung* bezeichnet, die hochgedrungenen Massen sind Diapire (Abb. 25), vgl. auch S. 106. Typ eines diapirischen Gebirges ist z. B. der tunesische Atlas und z. T. auch der Sahara-Atlas Algeriens.

Auch spröde Gesteine können als vertikal aufsteigende Horste diapirisch auftreten (Kalk- oder Dolomitdiapire), z. B. im Kalkapennin südlich der Abruzzen, in den pontischen „Ketten" der türkischen Schwarzmeer-Küste oder auch z. T. in den Dinariden Griechenlands. Auch die Granitplutone (siehe S. 54) sind schließlich Granit-Diapire (S. 57). Über Salzdiapire siehe Salztektonik (S. 105).

Deckengebirge

Besonders starke Einengung des Raumes bedingt große horizontale Verfrachtung von Gesteinsmassen, die damit weitgehend vom Ort ihrer Entstehung entfernt und anderswo „tektonisch sedimentiert" werden. So entstehen Gebirge mit eigenem Baustil, die Deckengebirge, die ein Paroxysmus der Gebirgsbildung sind. Dabei beträgt z. B. die Raumverkürzung in den nordschweizer Alpen über 66 %, d. h. wenn man die helvetischen Decken gedanklich wieder in ihren ursprünglichen Raum vor der Deckenbildung zurückzieht(„abwickelt"), erhält man eine Ablagerungsbreite von 150 km, gegenüber 50 km Gebirgsbreite (Abb. 23).

Die Alpen sind das beste Beispiel der Deckengebirge. An ihrem Aufbau beteiligen sich Gesteine verschiedener Ablagerungsräume, die als breite Meeresgebiete während langer geologischer Perioden hindurch von N nach S nebeneinanderlagen. Infolge des Deckenbaues liegen heute diese Zonen nicht mehr nebeneinander, sondern großenteils übereinander. Man unterscheidet: Helvetische Zone (westlicher und nördlicher Schelf), penninische Zone (achsiale Tiefenzone) und ostalpine Zone (südlicher Teil der Geosynklinale) und schließlich noch eine südalpine Zone. Mit Ausnahme der letzten hat jede dieser Zonen mehrere Decken geliefert. Ihre Gesteine unterscheiden sich durch ihre Fazies voneinander. Der Deckenbau der einzelnen Zonen trägt jeweils einen

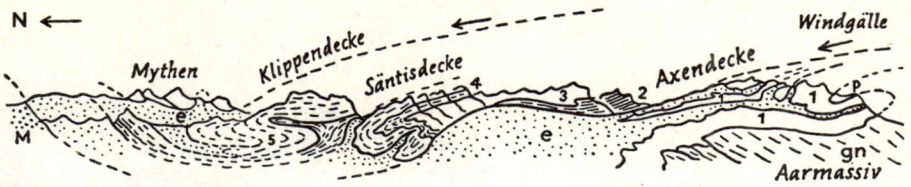

N ← Windgälle

Mythen Klippendecke Säntisdecke Axendecke

Windgälle

Aarmassiv

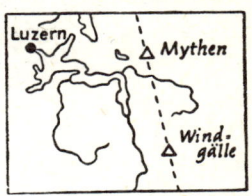

Abb. 23: Profil durch die Decken der Nordschweiz (nach
A. Heim, *1921)*

gn Gneis; P Quarzporphyr; 1 Trias und Jura (parautochthon);
2—3 Jura; 4 Unterkreide; 5 Oberkreide; e Eozän; M Molasse. In
den Mythen Trias — Oberkreide

eigenen Stil, der außer von den verschiedenartigen Gesteinen auch von der Stock-
werkshöhe abhängig ist. Oberflächennahe Decken (oberostalpine, helvetische und
romanische Decken) tragen einen anderen Baustil als tiefe Decken (penninische
Decken). Dabei zeigen die Alpen die typische tektonische Zweiseitigkeit aller großen
Kettengebirge. Vom Val d'Illiez südlich vom Genfer See bis zum Wiener Becken sind
die genannten Decken bis 30 km weit nach Norden über die tertiäre Molasse vor-
geschoben worden. Sie haben damit ihren alpinen Ablagerungsbereich verlassen und
liegen auf der süddeutschen Großscholle.

Es gibt in den Alpen aber auch weite Gebiete ohne Deckenbau (autochthone Gebiete, *gebundene Tektonik*), z. B. große Teile der Westalpen, Südalpen die den
Gebieten mit Deckenbau *(gelöste Tektonik)* gegenüberstehen.

Die helvetischen Decken reichen von den Ostalpen nach Westen bis gegen die
Rhone. Ihr Ablagerungsraum lag südlich der Zone der autochthonen Zentralmassive
(vor allem Aarmassiv). Westlich des Rhonequertales (Martigny — Genfer See) gibt
es keine helvetischen Decken mehr. Hier liegt auch der Ablagerungsraum des Helvetikums überwiegend nordwestlich und westlich der Zentralmassive (Montblanc-M.,
Pelvoux-M., Mercantour-M.), also nicht hinter, sondern vor den Massiven im Sinne
der tektonischen Bewegung. Große Bedeutung hat die Glarner Decke, mit mächtigem
Verrucano als Basis der gesamten helvetischen Decken über alttertiären Flysch geschoben, sowie die in der großen Wildhorn-Säntisdecke zusammengefaßte Hauptmasse des entwurzelten Helvetikums (Schweizer Kalkhochalpen).

Die penninischen Decken der alpinen Innenzone von Genua bis über die Hohen
Tauern hinaus enthalten mächtiges metamorphes Paläozoikum sowie Trias und
schiefrigen, gleichfalls metamorphen Jura mit starkem Magmatismus. Ihre alten
variskischen Granitkerne wurden durch die alpinen Faltungen weitgehend überprägt
und in Granitgneiskerne umgewandelt, die vielfach Kuppeln oder riesige liegende
Falten bilden. Nicht metamorph ist die penninische Außenzone des „Briançonnais",
der auch die schon genannten romanischen Decken angehören. Neue Altersbestimmungen haben gezeigt, daß die Metamorphose sehr jung ist und von der obersten
Kreide bis in das jüngere Tertiär reicht. .

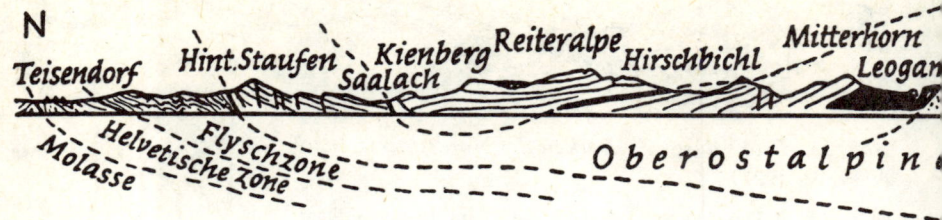

Abb. 24: Profil durch die Decken der Ostalpen mit dem penninischen und unterostalpin

Die ostalpinen Decken zeigen wie die Südalpen typische mediterrane Fazies und sind über 100 km weit nach Norden verfrachtet worden. Ihnen gehören die nördlichen Kalkalpen an mit Kernen von nicht überprägtem variskischen Kristallin in den Zentralalpen (z. B. Silvretta, Ötztaler Alpen, Muralpen). Erosionsgebiete zeigen inmitten der ostalpinen Decken im Unterengadin und in den Hohen Tauern große tektonische Fenster, in denen die metamorphen penninischen Decken zu Tage treten.

In den Alpen sind die Decken teilweise harmonisch übereinandergeschoben (Deckenschub vor der Faltung). Es gibt aber auch disharmonische Deckenbewegungen (z. B. ostalpine Decken über die penninischen Flyschzonen am Rand der Ostalpen).

Deckenbau gibt es auch in anderen Gebirgen, z. B. in den Karpaten und im kleineren Umfang im Apennin, vor allem auch in manchen asiatischen Hochgebirgen. Auch in älteren Gebirgen, wie im variskischen, ist am Nordrand Deckenbau bekannt (belgisches Kohlengebiet). Diesem kommt aber keinesfalls die Bedeutung zu, die er in den jungen Kettengebirgen und von diesen wieder gerade in den Alpen besitzt.

Bruchfaltengebirge

Bei nicht sehr großer Schichtdicke und stabilem Untergrund, der den Vorgängen der obersten Kruste gegenüber sich passiv verhält, kann es zur „germanotypen" Tektonik kommen, d. h., die freie Faltung tritt zurück, und Brüche beteiligen sich neben faltenähnlichen Verbiegungen sehr stark an der Ausgestaltung der tektonischen Formen. Neben einer Einengung gibt es daher umfangreiche Dehnung, Schrägstellung von Schollen, Gräben u. a. m. Die Einengung selbst bleibt dabei meist gering. Durch dieses Neben- und Ineinander von tektonischen Formen und Beanspruchungen entstehen in vielen Fällen disharmonische Strukturen. So wechseln im Bruchfaltengebirge die Baupläne von Ort zu Ort, immer abhängig von der Umgebung und von örtlich bedingten Beanspruchungen. Daß bei gleichen Bedingungen aber auch Faltengebirge entstehen, zeigt z. B. der Schweizer Faltenjura.

Große Gebirge entstehen im Bereich der Bruchfaltentektonik nicht, ebensowenig wie sich scharfe Grenzen gegenüber der Umgebung finden lassen. Dagegen treten

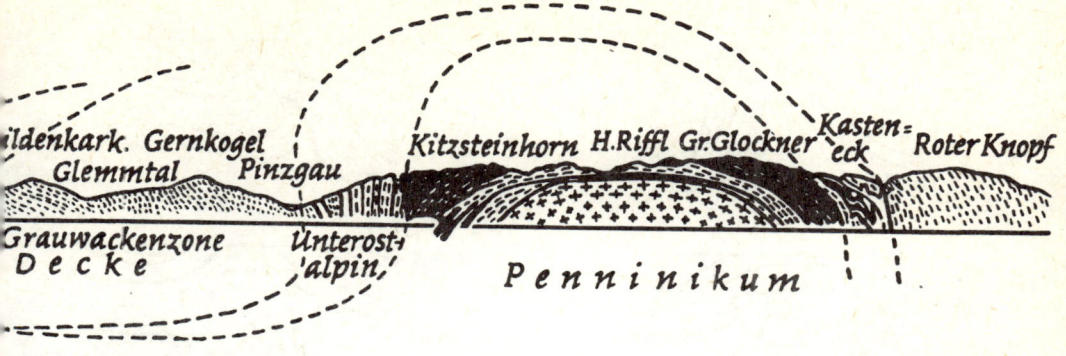

ildenkark. Gernkogel   Kitzsteinhorn H.Riffl Gr.Glockner   Kasten=eck   Roter Knopf
Glemmtal   Pinzgau

Grauwackenzone   Unterost-
D e c k e   'alpin'   P e n n i n i k u m

...enster der Hohen Tauern (nach H. P. Cornelius, *1953)*

zusätzlich innerhalb der Bruchfaltung vertikale Bewegungen auf, bei denen Krustenteile horstartig hochgepreßt werden (z. B. Harz oder Thüringer Wald). Ebenso fehlt eine zonale Anordnung, wie sie für die Kettengebirge üblich ist.

Für Bruchfaltung bezeichnend können die im jüngeren Mesozoikum und Alttertiär bewegten Teile Nord- und Mitteldeutschlands gelten, die sogar geomorphologische Miniaturgebirge bilden, besonders Osning und Teutoburger Wald, soweit sie nicht auf Salztektonik zurückgehen. Im niedersächsischen Flachland ist dagegen nur Salztektonik vorhanden. Bruchfaltung in typischer Form findet sich in Spanien zwischen den Faltengebirgen der Pyrenäen im Norden und der Betischen Kordillere im Süden. In diesem gerahmten und stabilen Raum ist ein Mosaik von einzelnen tektonischen Schollen typisch, die wechselweise gekippt, gefaltet und zerbrochen sind. Auch hier fehlt tektonische Einheitlichkeit.

Salztektonik (Halokinese)

Ein Gebiet typischer Salzfaltung liegt in NW-Deutschland vor der Front der deutschen Mittelgebirge. Hier bildeten Hunderte von Metern mächtige Salze des oberen Perm (Zechstein) das Liegende einer 2000—3000 m dicken Serie des Mesozoikums von der Trias bis in die Oberkreide. Dieser mächtige salinare Komplex reagierte auf Druck und vor allem auf jede Druckänderung durch starke Eigenbewegungen und führte zum Salzauftrieb und zur Fließfaltung. Es ist daher zweckmäßig, eine eigene „Salztektonik" von der normalen Faltung und Bruchfaltung abzutrennen.

Die Gebiete der Salztektonik sind als „pseudotektonische Gebiete" zu betrachten, da die „tektonische" Formung eine Folge der Salzbewegung ist. Auch echte tektonische Impulse können jedoch vorhanden sein, wenn auch nicht in allen Gebieten mit Halokinese.

Anlaß zur Salztektonik gibt neben dem geringeren Gewicht die hohe Löslichkeit und Fähigkeit zur Umkristallisation sowie die leichte innere Verschiebbarkeit (Translation) der Salzkristalle. Das Salz kann sich daher selbständig machen und sogar seinen Ablagerungsort verlassen. Es wird vor allem dahin wandern und aus-

105

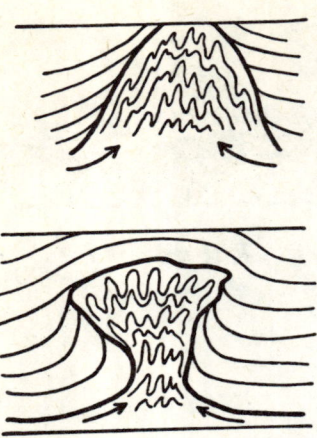

Abb. 25: Formen von Diapiren.

weichen, wo Druckentlastung herrscht (in Dehnungszonen) oder sonst der Aufstieg nach oben möglich ist.

Die hangenden Gesteinsserien werden dabei über dem aufsteigenden Salzhorst oder Salzsattel aufgebogen, aufgewölbt und vielfach zerbrochen, wobei der Salzstock durch die zerbrochenen Gesteinsserien weiter aufsteigen kann (u. U. bis zur Erdoberfläche) und dabei mit stratigraphisch immer jüngeren Schichten in Beziehung kommt. Dabei entstehen die verschiedensten Formen von *Diapiren* (siehe auch S. 102). Für das Gebiet einer solchen „diapirischen Faltung" sind breite Mulden typisch, die durch Auswanderung des Salzes im Untergrund und Einbiegung der Schichtenfolge über den Raum des ausgewanderten Salzes entstanden sind (z. B. Hilsmulde und Gronauer Mulde westlich vom Harz). Die Sättel sind dagegen durch mehr oder weniger schmale Salzhorste und Zonen der Zerbrechung gekennzeichnet.

In den Zonen des Aufstieges, die eine gewaltige Anhäufung des zugewanderten Salzes darstellen, ist prachtvolle Fließfaltung bemerkenswert. Das Problem dabei liegt darin, wie es möglich ist, daß die primäre Schichtung der salinaren Gesteine die Wanderung überstehen kann. In einigen Fällen ist das Salz so weit nach oben aufgedrungen, daß jeder Zusammenhang mit seinem Herkunftsgebiet verlorengegangen ist.

Gegenüber dem tieferen Untergrund ist wie bei der Bruchfaltung auch die Salztektonik disharmonisch. Der unmittelbare Untergrund ist wie beim Kettenjura großenteils nur wenig beteiligt, über ihm schiebt sich eine relativ dünne Schichttafel zusammen.

Faltung, Abscherung und Sedimentdicke

Für den Ablauf der Faltung sind das gesamte beteiligte Sedimentpaket sowie Art, Zusammensetzung und Mächtigkeit der einzelnen an der Faltung beteiligten Schichten von Bedeutung. Schon oben wurde gezeigt, daß Faltung überhaupt erst durch die Schichtung ermöglicht wird, d. h. durch das Vorhandensein von parallelen Ablösungs- und Verschiebungsflächen. Fehlen in einem Gestein derartige Flächen, dann müssen sie, um eine Faltung möglich zu machen, erst tektonisch angelegt werden. Auch granitische Gesteine können auf diese Weise zur Faltung gebracht und zum Augengneis durchbewegt werden (z. B. Malojagneis im Oberengadin).

Nach Zusammensetzung und Dicke der einzelnen Schichten können wir faltungsfreudige (mobile bzw. inkompetente) und weniger faltungsfrohe Schichten (kompetente) unterscheiden. Zu den ersten gehören Gesteine mit enger Schichtung, also Mergel und Kieselschiefer sowie Tonschiefer, während zu den letzten alle dickbankigen Gesteine gehören (z. B. Kalke, Dolomite, Sandsteine u. a.). Die kurzwellige, enge Spezialfaltung der inkompetenten Gesteine zeigt, daß tiefere Horizonte nicht in die Faltung einbezogen sein können. Diese Faltung scheint nach unten begrenzt und abgeriegelt zu sein und bildet ein eigenes Stockwerk, das durch eine Abscherungsfläche, also Trennungsfläche, gegenüber den tieferen Faltungsstockwerken abgetrennt und selbständig geworden ist. Ein mehrere tausend Meter dickes Faltengebirge muß daher aus einer Reihe von verschiedenen tektonischen Stockwerken aufgebaut sein. So wie die Faltung nur möglich ist durch die Beweglichkeit jeder Schicht und ihre Verschiebbarkeit gegenüber oben und unten, so ist die Gesamtfaltung erst möglich durch die Zerlegung in mehrere Faltungsstockwerke.

Aus der Art der Faltung an der Erdoberfläche kann man daher bei stärker durchbewegten Gebirgen nicht ohne weiteres auf die Art der Faltung in größerer Tiefe schließen.

Die tiefste Abscherungsfläche, welche die gesamte Faltung nach unten abriegelt (soweit die tieferen Teile des Gebirges nicht migmatisiert oder granitisiert sind, siehe S. 139), ergibt den Faltungstiefgang und damit die Dicke eines ganzen Faltengebirges. Es gibt wenige Faltengebirge, bei denen sich diese Frage mit großer Sicherheit und Genauigkeit beantworten läßt. Das Musterbeispiel ist auch heute noch der Schweizer Faltenjura. Seine Faltung hört dort auf, wo seine Schichtmächtigkeit 1200 m unterschreitet.

Man kann aus der Faltenform auf die von der Faltung ergriffene Schichtmächtigkeit schließen (Gesetz der Stauchfaltengröße, vgl. S. 99). Im übrigen zeigt gerade der Faltenjura eine hervorragende Faltbarkeit durch seinen fast rhythmischen Wechsel von Kalken und Mergeln, wie er in ähnlicher Weise nur noch im helvetischen Deckengebirge in der Kreideformation vorkommt.

Bei großem Faltungstiefgang, wie etwa bei einem Teil unserer Hochgebirge, teilt sich das Gebirge durch den Deckenbau in eine Reihe von Faltungsstockwerken. Der Tiefgang kann dann bis 10 000 m und darüber betragen, wobei jedes Stockwerk durch ein Deckenpaket von einigen Kilometern Dicke dargestellt wird. Dies ergibt vielfach eine disharmonische Tektonik, und jede Deckenbasis ist ein besonderer Abscherungshorizont. Jede Faltung basiert also auf einem oder mehreren Abscherungshorizonten, ohne die sie nicht möglich wäre. Tiefenlage dieses Horizontes, also Dicke der für die Faltung zur Verfügung stehenden Sedimente und deren Art und Zusammensetzung ergeben den Baustil und im einzelnen die Faltenform.

Tektogenese, Orogenese und Epirogenese (Wölbungsbewegungen)

Bei der Gesamtbetrachtung aller tektonischen Vorgänge im Laufe der Erdgeschichte kommt man zu dem Ergebnis, daß diese nach Zeit und Raum sehr verschieden ablaufen. Es hat den Anschein, als würden große Gebirgsbildungen nur zu bestimmten Zeiten und in bestimmten Räumen stattfinden, die Zeiten dazwischen und andere Räume seien aber ohne tektonische Ereignisse geblieben.

Es wurden daher zwei große Gruppen von Bewegungsvorgängen unterschieden: 1. Orogenetische Bewegungen (Orogenese = Gebirgsbildung) und 2. Epirogenetische Bewegungen (Epirogenese = Festlandsbildung). Der Begriff *Orogenese* umfaßt die Gebirgsbildung, wobei man sich vorstellt, die Höhenlage des Gebirges sei durch die Empor- und Hochfaltung bedingt worden. Da aber die Faltung der Gesteine keine Hochfaltung, sondern geosynklinal abwärts gerichtet ist, bleibt die Orogenese auf den sichtbaren Anteil der Gebirgsbildung, also auf die Hebung der geosynklinalen, gefalteten Teile beschränkt. Die tektonischen Bewegungen, also Faltung, Überschiebung usw., faßt man daher besser unter dem Begriff *Tektogenese* zusammen, während die eigentliche Orogenese erst nach der Faltung, also im Anschluß an die tektonischen Bewegungen, die Hebung zum geomorphologischen Gebirge bedingt. Sie ist damit gleichzeitig das Endglied der gesamten Bewegungsvorgänge, die mit der Geosynklinale beginnen (siehe S. 138), und bringt keine Veränderungen in der Struktur der Erdkruste hervor. Diese bleiben den tektogenetischen Vorgängen vorbehalten. Mit H. Stille kann man die Bildung von Falten als *Undulation* bezeichnen. Vielfach ist eine gewisse Gleichzeitigkeit tektonischer Bewegungen in verschiedenen Teilen der Erde festzustellen (Orogenetisches Zeitgesetz nach H. Stille).

Epirogenetische Vorgänge finden auf der Erde ständig statt, sie betreffen meist ausgedehnte Krustenteile, lassen aber deren Struktur intakt. Insofern könnte man die Orogenese zu den epirogenen Vorgängen rechnen, wenn diese sich nicht aus den tektogenetischen Bewegungen und im Anschluß an diese entwickeln würde. Orogenese gehört daher zum Zyklus der gesamten Gebirgsbildung, auch wenn sie sich dabei mit der Epirogenese berührt. Diese bedingt das Auf und Ab der Kruste sowie die weitgespannten *Wölbungsbewegungen*, die man mit H. Stille als *Undation* bezeichnen kann.

Orogene Hebung eines aufsteigenden Gebirges geht mit Wölbungsbewegungen zusammen, so daß die Hebung nicht alle Teile des Gebirges gleichzeitig erfaßt (z. B. Alpen), einzelne Teile können sogar in der Hebung stark zurückbleiben und deshalb sogar mit fluviatilen oder limnischen Sedimenten erfüllt werden.

Zusammengefaßt bezeichnet man die geosynklinalen Zonen mit Tektogenese und Orogenese als *Orogene*.

Tektonische Gliederung der Erdoberfläche

Kontinente und Ozeane bilden die Erdoberfläche. Die Kontinentalschollen haben im Laufe der Erdgeschichte, d. h. mindestens seit dem Kambrium, von älteren Kernen ausgehend, durch tektonische Ereignisse allmählich ihre heutige Größe und Gestalt angenommen. Vor allem die Zeiten der Orogenese haben jedesmal den Kontinenten einen neuen Streifen angeschweißt und sie damit um ein Stück vergrößert.

Als Beispiel für das kontinentale Wachstum im Laufe der Erdgeschichte sei auf das Werden *Europas* verwiesen. Das Ureuropa wird von der alten Masse des Nordens und Ostens gebildet, die wir bereits als *fennoskandische* kennengelernt haben. Sie umfaßte Südnorwegen, Schweden, Finnland und den größten Teil Rußlands bis zum Ural. Im Westen war diese Masse von der *kaledonischen* Geosynklinale umschlungen, deren Kettengebirge im Silur an die Masse angeschweißt wird; Ureuropa gliedert sich Paläoeuropa an. Die alte Masse wird für lange Zeiträume vom Meere und damit von Ablagerungen bedeckt, ohne daß indes tektonische Angriffe ihre Stabilität beeinträchtigen. Das Meer der neuen *variskischen* Geosynklinale zieht sich als breite Zone zwischen der alten Masse Nordafrikas und Paläoeuropas in W-E-Richtung entlang. Seine Ablagerungen werden im Karbon zum Kettengebirge. Europa erfährt damit wieder einen wesentlichen Zuwachs: Mesoeuropa. Am Ende dieser Faltungen entsteht der Ural als verbindendes Gebirge zu Asien. Die Geosynklinale weicht erneut nach Süden aus und wird zur mediterranen Tethys, die in der Oberen Kreide und im Tertiär aufgefaltet wird. Damit werden die *jungen Kettengebirge* im Süden Europas an Mesoeuropa angegliedert und es entsteht Neoeuropa. Gleichzeitig wird auch der ursprünglich breite Raum zwischen Ureuropa und Urafrika verengt und ausgefaltet. Europa ist also durch Anlegen immer neuer Säume zu seinem heutigen Umfang gewachsen. Dabei darf aber nicht übersehen werden, daß alle diese Säume keine solche Konsolidierung des Untergrundes mehr herbeigeführt haben, wie sie die alte Masse Ureuropas die Erdgeschichte hindurch gezeigt hat. Die Kruste Europas bleibt daher für Bruchfalten und Brüche zugänglich, ja Teile des Kaledonischen Gebirges wurden variskisch und Teile des Variskischen Gebirges alpin „aufgearbeitet" und verfaltet.

Die *alten Massen* sind schon sehr lange fest gewordene, stabilisierte oder konsolidierte Teile (Kratone), die aus kristallinen Gesteinen der ältesten Erdgeschichte (Präkambrium) bestehen. Solche sind z. B. der Kanadische Schild, der Fennoskandische Schild, die Sibirische Masse. Sie haben sich allen späteren tektonischen Angriffen gegenüber als äußerst stabil erwiesen, wahrscheinlich aber blieben sie überhaupt verschont. Sie wurden so zum ruhenden Element im tektonischen Auf und Ab ihrer Umgebung und gehören heute zu den erdbebenärmsten Teilen der Erdoberfläche.

Um die alten Massen herum aber steht „die tektonische Brandung" mit Geosynklinalen, Falten- und Deckengebirgen, die geomorphologisch zu Kettengebirgen wurden. Die erdgeschichtlich jungen Faltenzüge (aus der Kreide- oder Tertiärformation) bilden die geomorphologischen Gebirge und Hochgebirge, die in langen Ketten die Kontinente durchziehen oder säumen.

Die große Gebirgsmauer von Gibraltar bis Singapur verbindet heute und trennt zugleich die ehemaligen Nord- und Südkontinente. So gehört heute Vorderindien zwar zu Asien, hat aber mit diesem in seinem Bau nichts zu tun, sondern ist ein Südkontinent, der an den Nordkontinent angehängt wurde. Ebenso liegt umgekehrt der Tell-Atlas auf der afrikanischen Seite des Mittelmeeres, rechnet aber zu den jungen Faltengebirgen Europas.

Kettengebirge älterer Formationen treten infolge stärkerer Abtragung auf der heutigen Erdoberfläche in der Regel nicht mehr als durchlaufende Falten- und Gebirgsgirlanden oder Gebirgsbögen auf, sondern meist als *Rumpfgebirge*. Ausnahmen kommen aber vor: z. B. das Kapländische Faltengebirge in Südafrika (Faltung in der Obertrias), der Ural (Faltung im unteren Perm), oder auch die Appalachen in Nordamerika (Faltung im Oberdevon-Unterkarbon). Obwohl die Falten in diesen Gebirgen stärker abgetragen sind, bedingen sie dennoch deren Lage und Richtung infolge jüngerer Hebungen und Wölbungsbewegungen. Dadurch regenerieren die eingeebneten Falten zu neuen Ketten infolge der Härteunterschiede ihrer Gesteine.

In den eigentlichen Rumpfgebirgen erkennen wir isolierte Stücke erdgeschichtlich älterer Kettengebirge, die, abgetragen und mit jüngeren Sedimenten bedeckt, erst in jüngerer Zeit als Blöcke gehoben und nach Abtragung ihrer Sedimentlast wieder sichtbar geworden sind. Dies gilt für große Teile des ehemaligen Variskischen Gebirges der Karbonzeit, die heute als Mittelgebirge die Landschaft Europas beleben, oder das im Silur und Unterdevon gefaltete Kaledonische Gebirge Skandinaviens, das mit seinen Ketten unzerstückelt heute ein Hochgebirge bildet. Das Alter ist daher nicht unbedingt ausschlaggebend für die heutige Erscheinung. Trotzdem ist es im allgemeinen so, daß die alten Kettengebirge stark eingerumpft und zerbrochen sind.

Geringere Faltungsintensität als die Kettengebirge, weil nur mit geringem Faltungstiefgang über längst verfestigtem und daher unbeteiligtem Untergrund, zeigen die *Bruchfaltengebirge*, zumal sie im Bau der Kontinente relativ wenig hervortreten. Nur gelegentlich formen sie längere Ketten wie z. B. im Teutoburger Wald. Die Bruchfaltengebirge sind die typischen Vertreter der germanotypen Tektonik.

Eingerumpfte Gebiete früherer Faltengebirge können mit mehr oder weniger mächtigen Sedimentmassen überdeckt werden. Ein großartiges Beispiel hierfür ist die Russische Tafel, die von Störungen kaum betroffen worden ist, da ihre Sedimente die ältesten, daher frühzeitig konsolidierten Gesteine in der Fortsetzung der Fennoskandischen Masse (Fennosarmatia) bedecken. Bei späterer Hebung erfolgt dann gewöhnlich Schrägstellung dieser Krustenteile, und es entstehen Schichtstufenländer, bei denen die härteren Schichten die Stufenränder bilden, wie das besonders schön die schwäbisch-fränkische Schichtstufenlandschaft Süddeutschlands zeigt. Hierher gehören auch Arabien und das Colorado-Plateau in Nordamerika sowie weite Gebiete Nord- und Südafrikas.

An der tektonischen Gestaltung der Erdoberfläche beteiligen sich heute nicht zuletzt in weitem Umfang die *Brüche*, ins Auge fallend vor allem da, wo sie Grabenlandschaften oder treppenförmige Abbrüche großen Ausmaßes bilden. Hier ist auch die Hunderte von Kilometern lange San-Andreas-Seitenverschiebung zu nennen (siehe S. 93) oder die Glen-Fault-Seitenverschiebung. Beide beeinflussen das Landschaftsbild nachhaltig. Sehr große einander parallele Seitenverschiebungen von Hunderten Kilometern Länge wurden am Boden des Pazifiks westlich der Küste Nordamerikas, ferner im Bereich der atlantischen Schwelle zwischen Äquator und 10° nördlicher Breite festgestellt. Weite Teile der Kontinente können endlich gänzlich durch große *Aufschüttungsebenen* verhüllt werden, wie etwa die norddeutsche Ebene, Teile des

Alpenvorlandes oder in Spanien die großen Becken. Der *Vulkanismus* hat einen bedeutenden Anteil am tektonischen Geschehen und erleichtert oft dessen Verständnis. Hier sei besonders auf die großartigen Inselbögen Ostasiens mit ihrem Vulkanismus hingewiesen.

In die tektonische Gliederung lassen sich auch die *Ozeanbecken* einfügen. Drei Typen sind zu unterscheiden: *Der pazifische Typ:* Die Küste folgt dem Saum junger Kettengebirge, vor denen die Tiefseegräben parallel entlang laufen. *Der mediterrane Typ:* Bruchküsten innerhalb zerbrochener junger Kettengebirge herrschen vor. Der unregelmäßige Küstenverlauf schmiegt sich vielfach den Gebirgszügen an .wie teilweise im Tyrrhenischen Meer und vor allem in der Adria. Für das westliche Mittelmeer gilt aber nach neuen Untersuchungen (M. RICHTER, 1963), daß mit Ausnahme von Teilen Korsikas und Sardiniens frühere Schwellen und Abtragungsgebiete der Tethys den Meeresboden bilden, während den ehemaligen Geosynklinalen heute die Kettengebirge entsprechen. *Der atlantische Typ:* Bruchküsten liegen innerhalb alter Massen und Rumpfschollen, die meist ohne Rücksicht auf die tektonische Struktur geschnitten werden.

In diesem Zusammenhang muß noch einmal darauf hingewiesen werden, daß im Bereich der Ozeane eine größere relative Schwere vorliegt als über den höher liegenden Kontinenten. Die Ozeanböden sind daher etwas anderes als die Kontinentalschollen, und im besonderen Ausmaß gilt dies für den größten Teil des Pazifischen Ozeans. Zumindest er ist von hohem geologischen Alter, vermutlich älter als die sog. alten Massen der Kontinente und stellt vielleicht überhaupt das älteste tektonische Element der Erdoberfläche dar.

Schwere und Isostasie

Die Schwere, d. h. diejenige Kraft, mit der alle Materie auf der Erdoberfläche angezogen wird, ist keineswegs überall gleich. Bei der Ermittlung der Schwerkraft ist es nicht gleichgültig, ob etwa Eisenerze oder Salzlager im Untergrund vorhanden sind. So ergeben sich Unterschiede gegenüber der Potsdamer „Normalschwere" $g = 981,274 \pm 0,003$ cm/sec² (internationaler Basiswert der absoluten Schwerebeschleunigung). Die Bestimmung der absoluten Schwere z. B. mit Pendeln ist äußerst schwierig und zeitraubend, dagegen läßt sich der Schwereunterschied zwischen zwei Orten rasch und einfach mit Hilfe von Gravimetern (Federwaagen) ermitteln. Die Maßeinheit für die Schwere ist das Gal, benannt nach Galilei (1 Gal = 1 cm/sec²). Da meist nur sehr geringe Schwereunterschiede (Anomalien) von einigen Hundertstel Prozenten des Durchschnittwertes auf der Erde auftreten, wird als Maßeinheit für die relativen Messungen Milligal (1000 mgal = 1 Gal) verwendet. Moderne Gravimeter zeigen heute schon Änderungen von 0,01 mgal an.

Schwerewerte kann man nur miteinander vergleichen, wenn sie im gleichen Niveau gemessen werden. Da dies wegen topographischer Unterschiede meistens nicht möglich ist, muß man die gemessenen Werte auf ein gemeinsames Niveau reduzieren. Hierbei wird zuerst der Einfluß des hügeligen oder gebirgigen Geländes durch „Abtragung der Berge und Auffüllung der Täler" rechnerisch ermittelt. Danach muß der

Meßwert auf die Höhe des Meeresspiegels umgerechnet werden. Diese Korrektur setzt sich aus zwei Anteilen zusammen.

1. Die Höhenreduktion berücksichtigt die Abnahme der Schwere mit der Höhe.

2. Die Gesteinsplatte zwischen Beobachtungsniveau und Meeresspiegel wird gedanklich entweder aus dem Schwerefeld der Erde entfernt (*Bouguer-Reduktion*) oder in den Untergrund hineingedrückt (*Isostatische Reduktion*). Vergleicht man den so gewonnenen Schwerewert mit entsprechenden Werten der näheren oder weiteren Umgebung und sind die Werte unterschiedlich, so spricht man von Anomalien (Bouguer-Anomalie bzw. Isostatische Anomalie).

Auf einer aus konzentrischen Schalen zusammengesetzten Erde würde die Schwerkraft längs eines jeden Breitenkreises gleich sein. Eine gesetzmäßige Zunahme der Schwere vom Äquator zum Pol wird durch die Abplattung verursacht. Dieses Erdmodell ergibt eine rotationssymmetrische Verteilung der Schwerkraft. Da jedoch in den einzelnen Schalen Inhomogenitäten verschiedener Ausmaße eingelagert sind, wird dieses rotationssymmetrische Bild mehr oder minder stark verzerrt (Anomalien).

Dichte-Inhomogenitäten in der Sediment-„Schale" und im kristallinen Grundgebirge können für die Prospektion verschiedener Lagerstätten von Bedeutung sein. Beispielsweise besitzen Salze eine gringere Dichte als die meisten anderen Sedimente. So heben sich auf einer Schwerekarte NW-Deutschlands die Salzstöcke als Minima deutlich heraus. Die aus dichteren (härteren) Gesteinen bestehenden Muldenflügel der gefalteten Molasse Südbayerns verursachen eine positive Schwereanomalie (Maxima) gegenüber den weniger dichten Gesteinen in den Muldenkernen. Der westlich Magdeburg liegende Flechtinger Höhenzug, eine an der Oberfläche kaum hervortretende Aufwölbung des paläozoischen Grundgebirges, zeichnet sich in der Schwerekarte sogar durch ein starkes Maximum aus. Doch alle diese relativ kleinräumigen Strukturen werden von der sich starr verhaltenden Erdkruste als ganzes getragen. Daher wird hier die Bouguersche Reduktion angewandt.

Trotz des vielfachen Auf und Ab der Erdoberfläche herrscht doch meistens normale Schwere vor. Es müssen daher in der unteren Kruste bzw. im oberen Mantel die Möglichkeiten gegeben sein, Störungen der Schwere und damit des hydrostatischen (lithostatischen) Gleichgewichts, wie sie bei den gebirgsbildenden Vorgängen unvermeidlich sind, durch seitliche Strömungen oder anderweitig wieder auszugleichen. Eine solche Möglichkeit — von vielfältiger Gestalt im einzelnen — beruht auf den tektonischen Bewegungen der Oberkruste (siehe S. 109).

Die Kruste muß sich mit ihren Großschollen in einem Gleichgewichtszustand, d. h. in Isostasie befinden.

Wie bereits auf Seite 111 beschrieben, unterscheiden sich Kontinente und Ozeane grundlegend in ihrem Aufbau, aus dem zunächst eine Schweredifferenz vermutet werden könnte. Über den Ozeanen fehlen einige tausend Meter Gestein von der durchschnittlichen Dichte 2,7 g/cm³ und sind durch Wasser mit der Dichte 1 g/cm³ ersetzt. Trotzdem ist die Schwere über Kontinenten und Ozeanen dieselbe (Isostatische Anomalie Null). Daraus muß man folgern, daß im Untergrund der Ozeane dichtere Gesteine vorhanden sind, die das Schweredefizit der leichteren Wassermassen wieder ausgleichen. Vergleichbar den Eisschollen im Wasser, schwimmen die Kontinente auf dem schweren Material des Erdmantels.

Als eine kleine tektonische Einheit kann der Harz betrachtet werden. Ein Lot am Nordrand des Harzes, z. B. in Bad Harzburg, erfährt eine solche seitliche Ablenkung wie es der herausschauenden Masse des Harzes entspricht. Sie kann daher als aufgesetzter Block angesehen werden und dementsprechend wird auch die Bouguer-Anomalie annähernd Null. Daraus ist zu folgern, daß auch Strukturen wie die des Harzes noch von der Kruste getragen werden.

Anders liegen die Verhältnisse bei jungen Kettengebirgen. Das Lot wird hier viel weniger seitlich angezogen als man es auf Grund der hoch emporragenden Massen erwartet. Es hat den Anschein, als seien diese hohl. Dementsprechend sind auch die Bouguer-Anomalien stark negativ. Dieses Beobachtungsergebnis wurde schon von PRATT 1854 und AIRY 1855 verschieden gedeutet.

PRATT, der sich mit dem Problem der zu geringen Lotabweichungen im Himalayagebiet beschäftigte, erklärte das offensichtliche Massendefizit dadurch, daß die zentralen höchsten Teile des Gebirges eine geringere Dichte aufweisen als die niedrigeren Randzonen und vor allem die tiefliegende Gangesebene. Nach seiner Vorstellung ist das aufsteigende Gebirge mit einer Auflockerung der Gesteine verbunden, ähnlich wie bei einem gehenden Teig. Umgekehrt müßte eine tieferliegende Scholle eine Verdichtung erfahren. Demnach sind schwere Schollen also Tiefschollen (Gangesebene), leichtere dagegen Hochschollen (Himalaya). Diese Schollen sind daher Säulen verschiedener Dichte, die in einer bestimmten Tiefe auf einer sogenannten isostatischen Ausgleichsfläche stehen. Der Druck der unterschiedlichen Schollen auf diese Fläche ist überall gleich groß. Unterhalb der Ausgleichsfläche ist das Material dann homogen.

AIRY dagegen ging von der Annahme aus, daß die verschiedenen Schollen gleiche Dichten (etwa 2,7 g/cm³) haben, dafür aber bei größerer Höhe auch tiefer in den schwereren Untergrund (Dichte etwa 3,3 g/cm³) eintauchen müssen. Die verschieden hohen Schollen schwimmen daher — ähnlich wie Eisschollen im Wasser — und wie bei diesen ragen dicke Schollen (Gebirge) höher auf und tauchen gleichzeitig tiefer ein als dünne. Nach dieser Vorstellung schwimmt die Erdkruste mit ihrem leichteren Material im oberen Erdmantel. Vor allem die hohen Faltengebirge müssen mit ihrer Gebirgswurzel, der verdickten Erdkruste, tiefer darin einsinken. Geologische Beobachtungen und geophysikalische Untersuchungen zeigen heute, daß die Ergebnisse der seismischen Messungen weitgehend den Vorstellungen AIRYS entsprechen.

Wenn auch den Anschauungen AIRYS im wesentlichen gefolgt werden kann, so bleibt doch die Frage offen, ob sich auch alle Krustenteile tatsächlich in einem hydrostatischen Gleichgewicht befinden. Eine gewaltsam herabgedrückte Eisscholle steigt augenblicklich wieder auf (hydrostatisches Gleichgewicht), wenn die äußere Kraft aufhört zu wirken. Der Aufstieg der Scholle erfolgt deshalb so schnell, weil die Viskosität des Wassers sehr gering ist. Überträgt man nun dieses Beispiel auf Krustenteile, die sich im hydrostatischen Ungleichgewicht befinden, so erfolgt die Wiederherstellung des Gleichgewichts erst in geologischen Zeiträumen, da die Viskosität der Gesteine sehr groß ist. Die Frage, ob für einen Krustenteil isostatisches Gleichgewicht herrscht oder nicht, läßt sich durch Anwendung der isostatischen Reduktion beantworten. Ist die isostatische Anomalie Null, dann befindet sich dieser Krustenteil im Gleichgewicht. Ergibt sich aber eine negative Anomalie, so muß ein Aufsteigen erfolgen, dagegen bei einer positiven Anomalie ein Absinken (siehe Ursachen der Gebirgsbildung S. 136).

Hier ist darauf hinzuweisen, daß Kontinente bzw. einzelne Schollen um das Maß ihrer Abtragung, d. h. um das Gewicht, um das sie entlastet werden, emporsteigen müssen. Wenn sie daher im Laufe der Erdgeschichte nicht gänzlich verschwunden sind (durch Abtragung), müssen sie für das, was oben entfernt wird, von unten her an ihrer Basis einen ständigen Zuwachs durch Anbau erfahren. Das Material hierzu muß letztlich aus dem Sima entnommen werden, das durch Differentiation auch saures Material in gewissem Umfang unter den Kontinenten anbauen könnte.

Andererseits hat man verschiedentlich angenommen, daß eine Sedimentbelastung, wie sie etwa am Boden der Geosynklinale vor sich geht, ein Einsinken der Kruste bewirkt. Das mag gewiß richtig sein, aber man darf dabei nicht übersehen, daß das Sinken der Geosynklinale beginnt, ehe die Sedimentation in ihrem Bereich erfolgt. Es handelt sich daher um eine tektonische Senkung und es wird sedimentiert, weil die Einsenkung vor sich geht. Vermutlich würde sich die Einsenkung auch ohne Sedimentation fortsetzen (vgl. Tiefseegräben).

Als typisches Beispiel für die isostatische Oszillation von Schollen infolge von Belastung oder Entlastung wird Skandinavien genannt. Unter der 2000 m dicken Eislast des Pleistozäns, so nimmt man an, ist dieses schüsselförmig eingesunken und hat die schweren Massen in der Tiefe darunter zur Seite gedrängt. Nach dem Abschmelzen des Eises wurde durch das Rückfließen dieser Massen im Untergrund die Erdkruste in Skandinavien wieder aufgewölbt und hochgetragen. Das Ausmaß dieser Schwingung beträgt erheblich mehr als 300 m. Mit und nach dem Abschmelzen des Eises steigt Skandinavien langsam wieder auf (bis 1 cm pro Jahr). Hier muß aber der Einwand gemacht werden, daß in den langen Zwischeneiszeiten doch mindestens dieselbe Hebung hätte stattfinden müssen, wie sie jetzt in der kurzen Nacheiszeit vor sich geht. Es scheint doch näherzuliegen, für das Aufsteigen Skandinaviens nicht die Entlastung durch das pleistozäne Eis, sondern einen tektonischen Vorgang, also Wölbungsbewegungen, anzunehmen, vor allem im Zusammenhang mit der Senkungszone, die das Hebungsgebiet vom Kanal bis zum Ladogasee umgibt.

Schließlich heben sich die jungen Gebirge ja auch nicht, weil sie abgetragen und damit leichter werden.

Wie schon oben bemerkt wurde, zeigen die jungen Kettengebirge ein meist sehr beträchtliches Schweredefizit, das durch ihr Eintauchen in den schweren oberen Mantel bedingt ist. Hier liegt dessen Oberfläche tiefer als in der Umgebung. Das Zuviel der leichteren Kruste (Dichte 2,7 g/cm³) im Gebirgsraum beginnt schon mit der geosynklinalen Senkung und wird durch Sedimentation und Faltung verstärkt. Im Bereich der Kontinentalschollen einschließlich der Schelfe reicht die Kruste daher verschieden tief hinab. Die Alpen z. B. weisen wegen ihrer jungen Hebung eine starke negative isostatische Anomalie auf, die zeigt, daß der Hebungsprozeß auch dort weiterhin andauert. Auch das nördliche Alpenvorland (Exogeosynklinale der Alpen) und die Poebene mit ihren mehrere Kilometer mächtigen tertiären Sedimenten zeigen noch eine zu geringe Schwere. Ein besonders starkes Schweredefizit weisen ferner z. B. die Tiefseegräben Indonesiens auf (bis 200 mgal), die vor den Inselbögen entlangziehen und an der Grenze Schelf-Ozeanboden liegen.

Auch die großen Grabenzonen besitzen teilweise Unterschwere, so der Oberrheintalgraben (z. T. sicher auch durch die junge Sedimentfüllung bedingt), während die Rumpfgebirge Mitteleuropas mit geringen Ausnahmen eine leichte Überschwere aufweisen.

Im ostafrikanischen Grabensystem ergeben sich deutliche negative isostatische und negative Bouguer-Anomalien, dagegen im Roten Meer und in Abessinien positive. Ursache dürften die mächtigen Basaltdecken in diesem Teil des Grabensystems sein.

Gleicht man die Unterschiede der bisher erwähnten Anomalien aus, so bleiben dennoch Abweichungen zu dem rotationssymmetrischen Bild der Schwerkraftverteilung bestehen. Diese Anomalien, die sog. Geoidundulationen, lassen sich aus Bahnbeobachtungen künstlicher Satelliten bestimmen. Sie erstrecken sich über Tausende von Kilometern und zeigen keine erkennbaren Beziehungen zu den Kontinenten und Ozeanen. Das stärkste Minimum hat sein Zentrum im Indischen Ozean, etwa im SW der Südspitze des Subkontinents, und zieht sich nach N bis über den Himalaya hinweg. Umgebende Maxima liegen mit ihren Zentren in Neuguinea, im SW der Südspitze Afrikas und unweit im NW der Britischen Inseln. Weitere Maxima befinden sich im Atlantik vor der Küste Floridas, im Pazifik vor der Küste Südkaliforniens und im pazifischen Bereich der Antarktis. Der amerikanische Kontinent zeigt vor allem im nördlichen Teil Mexikos und in Peru schwächere Maxima. Auf Grund ihrer großen Ausdehnung muß die Ursache dieser Strukturen in Inhomogenitäten des unteren Erdmantels und des Erdkerns gesucht werden.

Erdbeben

Die Erdbeben sind kurzfristige geologische Vorgänge, die meistens tektonisch bedingt sind *(tektonische Beben)*. Die von ihnen ausgelösten Erschütterungswellen nehmen zum Teil ihren Weg durch den ganzen Erdball hindurch und verraten daher einiges über den Aufbau des Erdinneren. Daneben gibt es die *vulkanischen Beben*, die im Zusammenhang mit starken vulkanischen Ausbrüchen auftreten. Sie können zu einer starken Erschütterung der nächsten Umgebung führen (z. B. Vesuv/Neapel), aber die Reichweite bleibt gering. Von gleichfalls geringer Bedeutung sind die *Einsturzbeben*. Es kann z. B. im Karst ein unterirdischer Hohlraum zusammenbrechen, weil dessen Decke zu dünn geworden ist, um sich noch selbst tragen zu können. Dabei entstehen die Einsturzräume von Poljen, aber Erschütterung und Reichweite dieser Beben sind gering.

Die weitaus meisten Beben, d. h. über 90 % entstehen bei tektonischen Bewegungen und Verschiebungen der Erdkruste und zwar weniger bei Faltungsvorgängen, d. h.

bei fließender Tektonik, sondern vielmehr bei Zerreiß- und Verschiebungsbewegungen, also bei brechender Tektonik. Die Verschiebungsfläche selbst in ihrer ganzen Ausdehnung ist Bebenherd, der von vielen Kilometern Tiefe bis zur Erdoberfläche reichen kann, so daß die Verschiebung und ihr Betrag unmittelbar beobachtet werden können (z. B. über 7 m horizontaler Verschiebungsbetrag bei der San-Andreas-Seitenverschiebung in Kalifornien, 1906). Neben solchen Seitenverschiebungen sind Abschiebungen für die tektonischen Beben verantwortlich (z. B. Oberrheintalgraben, Ostafrikanisches Grabensystem u. a.).

Je nach der geographischen Lage lassen sich Land- und Seebeben unterscheiden. Die Begriffe Ortsbeben, Nahbeben und Fernbeben kennzeichnen die Entfernung zum Herdgebiet. Will man die ungefähre Stärke eines Bebens zum Ausdruck bringen, so spricht man von Klein-, Mittel-, Groß- und Weltbeben. In bezug auf die Herdtiefe teilt man die Erdbeben ein in oberflächennahe oder normale Erdbeben (bis zu etwa 70 km) und Tiefbeben, bei denen maximale Herdtiefen von 700 km ermittelt wurden.

Die auftretende Erschütterung, die vom Menschen unmittelbar wahrgenommen wird (gefühltes Erdbeben), kann durch makroseismische Beobachtungen untersucht werden. Für die Beschreibung der örtlichen Erdbebenstärke wird die zwölfteilige sog. Mercalli-Sieberg-Skala benutzt. Die Linien gleicher Erschütterungsmerkmale werden *Isoseisten* genannt. Sie verbinden auf einer Karte die Orte gleicher Bebenstärke miteinander und liegen mehr oder weniger konzentrisch um den Bebenherd herum. Im allgemeinen liegt das Gebiet der stärksten Erschütterung im Bereich über dem Herd. Der Bebenherd wird als *Hypozentrum* bezeichnet, seine Projektion auf die Oberfläche als *Epizentrum*. Von diesem aus klingt die Erschütterung nach außen allmählich ab, es schließt sich an das makroseismische das mikroseismische Gebiet an. In diesem kann die Erschütterung nur mit Hilfe von Instrumenten *(Seismographen)* festgestellt werden. Die Aufzeichnungen der Bodenerschütterungen im sog. *Seismogramm* dienen nicht nur der Feststellung von Erdbeben, sondern sind vor allem für die Erforschung des Erdaufbaues von größter Bedeutung. Neuerdings lassen sich daraus auch Aussagen über tektonische Bewegungen im Untergrund ableiten.

Um eine Bodenerschütterung messen zu können, ist ein gegenüber dem Erdboden ruhender Vergleichspunkt erforderlich. Dementsprechend ist ein Seismograph nach folgendem Prinzip aufgebaut: Der ruhende Vergleichspunkt wird durch eine träge Masse — in Form eines physikalischen Pendels — dargestellt. Da diese Masse nicht frei im Raum schweben kann, ist man gezwungen, sie so locker wie möglich mit dem Erdboden durch ein Gestell zu verbinden, so daß sie sich an den Erschütterungsbewegungen möglichst wenig beteiligt. Auf Grund der Trägheit der Masse bleibt sie bei Erschütterungen annähernd in Ruhe, so daß eine Abstandsänderung zwischen dem sich bewegenden Bodenpunkt und der sich in Ruhe befindenden Pendelmasse entsteht. Da der Boden sowohl vertikale als auch horizontale Bewegungen ausführt, gibt es für beide Bewegungsrichtungen unterschiedliche Seismographentypen. In Vertikalseismographen, die die vertikale Bewegungskomponente registrieren, wird die lockere Verbindung zwischen der trägen Masse und dem Erdboden durch Spiral- (= Gehäuse) oder Blattfedern hergestellt. Damit ist nur eine Bewegung in der Vertikalebene möglich. Horizontalseismographen sind dem Prinzip nach einfache Fadenpendel oder drehachsenähnliche Neigungsmesser. Um Eigenschwingungen (Resonanz) der trägen Masse möglichst zu verhindern, muß eine Dämpfung eingebaut werden (Luft, Flüssigkeit, Wirbelstrom). Da die Abstandsänderung (Bodenbewegung) sehr klein ist (bis etwa 10^{-6} mm), muß sie zur Sichtbarmachung vergrößert werden. Bei den älteren Seismographen erfolgte die Vergrößerung durch Hebelsysteme, und zur Überwindung der dadurch auftretenden Reibungskräfte waren große Massen (bis maximal 20 t) erforderlich. Die Bewegungen des Erdbodens wurden durch den Hebelarm meist optisch auf einem mit bestimmter Geschwindigkeit laufenden Registrierstreifen verzeichnet. Die neueren Seismographen dagegen benutzen elektrische Vergrößerungssysteme (Umwandlung der mechanischen Bewegung in elektrische Ströme), so daß sie wesentlich leichter gebaut werden können (einige Kilogramm und weniger). Zur Aufzeichnung werden neuerdings Magnetbänder benutzt. Die Vergrößerung kann dabei bis zu 10^7fache Beträge erreichen.

Die durch den Verschiebungsvorgang im Herdgebiet frei werdende Spannungsenergie breitet sich in Form seismischer Wellen aus. In festen Körpern treten grundsätzlich zwei verschiedene Wellenarten auf: P-Wellen (primae undae) oder erste „Vorläufer" als longitudinale Wellen (Verdichtungswellen), bei denen die Materieteilchen in der Fortpflanzungsrichtung schwingen, wobei Verdichtungen und Verdünnungen hintereinander folgen. Beim Durchgang longitudinaler Wellen treten in einem Körper lokale Volumenänderungen auf.

S-Wellen (secundae undae) oder zweite „Vorläufer" sind transversale Wellen (Scherungswellen), bei denen die Partikel des Erdkörpers senkrecht zur Fortpflanzungsrichtung hin und her schwingen. Dabei ist jede Schwingungsrichtung, die auf der Fortpflanzungsrichtung senkrecht steht, möglich. Die durchgehenden Scherungswellen bewirken in einem festen Körper Formveränderungen. Der Widerstand gegenüber Volumenänderungen ist größer als der gegenüber Formveränderungen, daher breiten sich die Longitudinalwellen schneller aus als die Transversalwellen. Dementsprechend treffen die P-Wellen auch eher am Beobachtungsort (im Seismogramm) ein als die S-Wellen. Da Flüssigkeiten sowie Gase Formänderungen keinen Widerstand entgegensetzen, können sich in ihnen auch keine Transversalwellen ausbreiten bzw. dort entstehen, sie gehen also nicht durch Flüssigkeiten und Gase hindurch. Die P- und S-Wellen werden auch als Raumwellen bezeichnet.

L-Wellen (longae undae) oder Hauptwellen sind Wellen, die sich nur entlang der Erdoberfläche ausbreiten (Oberflächenwellen). Im Gegensatz zu den Raumwellen können sie keinen Körper durchqueren. Die Oberflächenwellen sind komplizierte Wellen transversaler Natur, deren Geschwindigkeit kleiner ist als die der Transversalwellen. Die L-Wellen sind etwa Eigenschwingungen vergleichbar und weisen daher große Amplituden und lange Schwingungszeiten auf. Nach der Art der speziellen Teilchenbewegungen lassen sich Rayleigh- und Love-Wellen unterscheiden.

Infolge der unterschiedlichen Ausbreitungsgeschwindigkeit der Wellentypen ist es klar, daß die Seismogramme je nach ihrer Entfernung vom Bebenherd ein recht ver-

undae longae : Love-Wellen

117

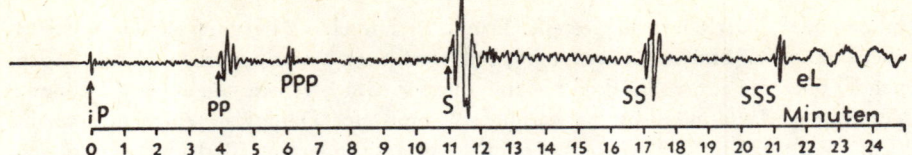

Abb. 26: Seismogramm eines weiten Fernbebens, Herdentfernung etwa 10 000 km (aus H. CLOOS, 1936, nach A. SIEBERG)

schiedenes Aussehen zeigen. So kann man Nah-, Mittel- und Fernbeben unterscheiden (Abb. 26). Während die Seismogramme von Nahbeben, deren Entfernungen vom Epizentrum bis ca. 600 km betragen, relativ kurz sind, da der Laufzeitunterschied zwichen den P- und S-Wellen noch gering ist, sind diejenigen der Fernbeben lang auseinandergezogen und zeigen viele wichtige Einzelheiten.

Aus der Zeitdifferenz zwischen der Ankunft der P- und der S-Wellen an einer Erdbebenstation kann die Entfernung zum Hypozentrum ermittelt werden. Zur Bestimmung der geographischen Koordinaten sind die Registrierungen von wenigstens drei Stationen erforderlich. Um Aussagen über den Aufbau des Erdkörpers zu gewinnen, trägt man in einem Weg-Zeit-Diagramm, dem sog. Laufzeitdiagramm, die Laufzeit der verschiedenen Wellen zwischen Hypozentrum und den einzelnen Erdbebenstationen in Abhängigkeit von der jeweiligen Entfernung auf und erhält damit die sog. Laufzeitkurven für die P- und S-Wellen.

Bei einem homogenen Aufbau der Erde würden die P- und S-Wellen (und Rayleigh-Wellen) mit konstanter Geschwindigkeit vom Hypozentrum aus den Erdkörper auf geradlinigem Wege durchlaufen. Die tatsächlich beobachteten Laufzeitkurven lassen sich mit dieser einfachen Annahme aber nicht erklären. Stattdessen muß man aus dem Verlauf der Kurven folgern, daß, wie bereits auf S. 115 erwähnt, die Erde einen inhomogenen Aufbau besitzt. Aus der Form der Laufzeitkurven läßt sich ableiten, daß die Wellenstrahlen sich auf gekrümmten Wegen ausbreiten müssen und daß die Geschwindigkeit im großen und ganzen mit der Tiefe bis zur Kern-Mantelgrenze zunimmt (Ausnahmen wie z. B. die Gutenberg-Zone siehe S. 148). Bei stärkeren Geschwindigkeitsänderungen wie an der Grenze Kruste — Mantel und Mantel — Kern (Diskontinuitäten) treten zusätzlich Reflexionen auf. Auch an der Erdoberfläche erfahren die von unten kommenden Wellen eine Reflexion, so daß weitere Laufzeitkurven entstehen. So bedeutet PP oder PPP eine zwei- bzw. dreimal reflektierte longitudinale Welle, SS und SSS usw. die entsprechende Reflexion für die transversalen Wellen. Bei einer Reflexion an einer Diskontinuität können außerdem auch Wechselwellen auftreten, z. B. vom Typ PS oder SP und andere. Es sei noch einmal besonders darauf hingewiesen, daß von der Grenze Mantel — Kern an in etwa 2900 km Tiefe (Wiechert-Gutenberg-Diskontinuität) nur noch die longitudinalen Wellen weitergehen, während ein Durchgang transversaler Wellen durch den Erdkern bisher nicht beobachtet wurde. Man hat daraus geschlossen, daß mit dem Erdkern eine Zustandsänderung beginnt (siehe S. 148, 149).

Die Oberflächenwellen können bei starken Beben mehrfach um den Erdball herumlaufen und zwar in allen Richtungen. Auf Grund der Dispersion dieser Wellen ist die Umlaufsdauer unterschiedlich und beträgt im Durchschnitt zwei bis drei Stunden (Wiederkehrwellen) (Dispersion = Abhängigkeit der Fortpflanzungsgeschwindigkeit von der Frequenz. Frequenz = Anzahl der Schwingungen pro Sekunde. Je dicker die Schicht, desto größer die Wellenlänge und desto niedriger die Frequenz).

In den meisten Fällen sind die Erdbebenherde an junge geologische Bruchzonen gebunden, die oftmals auch starke isostatische Anomalien aufweisen. Wenngleich zahlreiche Erdbeben im Bereich der großen Faltengebirgsgürtel der Erde auftreten, so bedeutet dies jedoch nicht, daß sie unmittelbar an die Faltungsvorgänge selbst geknüpft sind. Vielmehr stehen sie auch hier wieder mit Bruchzonen in Zusammenhang, die sich im Gefolge dieser Faltungen ereignen. Besonders hervorzuheben sind die zirkumpazifischen Tiefseegräben und die großen Seitenverschiebungen, bei denen sich ein Zusammenhang zwischen junger Tektonik und Erdbeben ganz deutlich erkennen läßt. Längs der großen San-Andreas-Seitenverschiebung in Kalifornien z. B. hat man Verschiebungsbeträge von jährlich 5—40 cm beobachtet. Häufig begleiten Erdbeben die teilweise ruckartigen Bewegungen. In anderen Gebieten sind auch Vertikalabschiebungen bis zum Betrage von 6 m festgestellt worden, so z. B. beim Mino-Ovari-Becken in Japan 1891. Gelegentlich kann sich auch der Wasserstand von Seen und der Grundwasserspiegel ändern, oder es kommt zu meßbaren Bewegungen an der Küste. So hat sich 1927 die Küste an der Japanischen See um 80 cm gehoben, beim Beben von Tokyo im Jahre 1923 sogar um 1,42 m, während der Meeresboden gleichzeitig stärkere Reliefveränderungen aufwies. Auch bei dem großen Erdbeben 1960 in Südchile wurden in den Becken von Valdivia und Cruces Absenkungen von 1,50 m bis maximal 2,20 m und weniger große Vertikalbewegungen gemessen. In der Schelfzone machte sich durch Hebungsbeträge bis zu 2,50 m mancherorts eine deutliche Regression bemerkbar, z. B. bei Lebu und der Isla Mocha. Bei Concepción steht der Hebung der Küstenebene eine Senkung der Küstenkordillere gegenüber. Angeschwemmtes Bimssteinmaterial deutete auf plötzliche submarine Vulkantätigkeit im Zusammenhang mit dem Beben hin.

In den Zeiten außerhalb der plötzlichen jungen tektonischen Bewegungen, die Erdbeben auslösen, gehen die langsamen Bodenbewegungen kontinuierlich weiter; vor dem Beginn größerer Beben steigern sie sich gewöhnlich. Die eingehende Untersuchung und ständige Beobachtung solcher Vorgänge kann zu einer geologischen Erdbeben-Voraussage führen (Kalifornien, Japan).

Plötzlich auftretende tektonische Bewegungen am Meeresboden verursachen die *Seebeben*. Sie können z. B. Kabelbrüche hervorrufen. Infolge der Übertragung der Erschütterung auf das Wasser und möglicher Reliefverschiebungen am Meeresboden entstehen bei starken Seebeben seismische Wogen, die *Tsunamis* genannt werden. Sie werden auf dem Meere wegen ihrer großen Wellenlänge kaum wahrgenommen, pflanzen sich aber mit Geschwindigkeiten bis zu 700 km in der Stunde fort und können im Bereich der Küste unter Umständen sehr gefährlich werden, da hier das Wasser aufgestaut wird und eine starke Brandung zur Folge hat.

An der japanischen Ostküste wurden seismische Wogen bis zur Höhe von 40 m beobachtet, 1896 wurden hier 11 000 Häuser weggeschwemmt. Seismische Wogen entstehen auch bei schweren Beben im Küstenbereich. Sie richteten bei dem chilenischen Beben 1960 (ca. 1000 Tote) schwere Schäden nicht nur im epizentralen Bereich an, sondern auch auf Hawaii. Die Geschwindigkeit der Wogen betrug 700 km/h, der angerichtete Schaden 1,5 Milliarden DM. Die Tsunamis erreichten noch die Küsten Japans.

Von großem Interesse ist die Verteilung der Erdbeben in der Tiefe. Die meisten entstehen innerhalb der Erdkruste, also in einem Tiefenbereich bis maximal 70 km, durchschnittlich jedoch nur bis 30—40 km Tiefe. Es gibt außerdem auch Erdbeben, deren Herde im oberen und mittleren Mantel liegen. Die größten bisher beobachteten Herdtiefen reichen bis 700 km Tiefe. Sie sind auf den zirkumpazifischen und den Mittelmeer-transasiatischen Raum beschränkt.

Die Hypozentren der zirkumpazifischen Tiefherdbeben ordnen sich auf Flächen an, die unter etwa 45° vom Ozean unter den Kontinent einfallen, z. B. im Gebiet von Japan, den Kurilen, Nord- und Südamerika. Bei dem bereits erwähnten Erdbeben 1960 in Südchile lag die maximale Herdtiefe in Küstennähe zwar nur bei 50 km, vertiefte sich aber zunehmend in Richtung auf den Kontinent. BENIOFF, berechnete das anfängliche Einfallen der seismischen Fläche mit 23°. Das gesamte, vom Erdbeben betroffene Gebiet wurde zwischen Kontinentalrand und den Anden gegen Westen bewegt und en bloc gekippt. Es hat damit den Anschein, als würden sich allgemein die Kontinentalblöcke auf den Pazifik überschieben.

Während einerseits die Erdbeben für die Erforschung des Erdkörpers eine äußerst wertvolle Hilfe sind, können sie andererseits in besiedelten Gebieten verheerende Folgen haben. So wurde Lissabon 1755 fast völlig durch ein küstennahes Erdbeben zerstört. Das große japanische Beben von 1923 hat folgende Schäden verursacht: 99 391 Tote, 43 476 Vermißte, 103 733 Verletzte, 128 266 gänzlich zerstörte Häuser, 126 233 teilweise zerstörte und 447 128 niedergebrannte Häuser. Weitere 868 wurden weggeschwemmt. Der Sachschaden betrug über 10 Milliarden Mark.

1906 brannten große Teile San Franziskos durch ein schweres Erdbeben nieder. In der Stadt Messina wurden 1908 von 138 000 Einwohnern 83 000 getötet, in Reggio von 40 000 über 20 000. Auch in jüngster Zeit haben sich mehrere schwere Beben ereignet, z. B. 1960 in Agadir (Marokko), wo es 10 000 Tote gab und die Stadt fast völlig vernichtet wurde. Damit im Zusammenhang erfolgten Bewegungen der Bruchküste. Im gleichen Jahr ereignete sich das chilenische Beben. Der Hauptstoß erfolgte hier in einem Seebeben, dessen Flutwelle ganze Küstensiedlungen vernichtete. Insgesamt wurde in Chile ein Gebiet von 1000 km Länge und 200 km Breite von schweren Zerstörungen heimgesucht. Dabei traten auch zahlreiche geomorphologische Veränderungen ein. 1962 kostete ein schweres Beben in Iran 12 000 Menschen das Leben, zahlreiche Dörfer wurden zerstört. 1963 fanden bei dem Erdbeben in Skopje (Mazedonien) 1070 Menschen den Tod, fast 50 % der Stadt fielen der Zerstörung anheim. Eine große Katastrophe löste auch das Erdbeben in Westsizilien am 14. 1. 1968 aus. Viele Dörfer wurden völlig oder teilweise zerstört, mehr als 500 Menschen verloren ihr Leben.

Bei dem chinesischen Beben (Provinz Kansu) von 1920 reichten die Zerstörungen 500 km weit. Die ganze Lößlandschaft dieses Gebietes wurde durch Aufreißen von Spalten, durch Rutschungen, aufgedämmte Flüsse und andere Erscheinungen stark verändert.

Um die Schäden zu verringern, hat sich in den von Beben besonders häufig betroffenen Ländern ein eigener Baustil entwickelt. Besonders gefährlich für alle Bauten sind lockere Aufschüttungen oder künstliche Auffüllungen, da sich hier der Boden bei der Erschütterung setzt und sich bei Veränderungen des Grundwasserspiegels verschiebt. Man konnte feststellen, daß die größte seismische Energie an die S-Wellen geknüpft ist, da bei ihrem Auftreten der Erdboden horizontal bewegt wird. Die meisten Bauten sind aber nicht für Horizontalbewegungen konstruiert.

Die angewandte Seismik untersucht mit Hilfe künstlich erzeugter Erschütterungswellen die Strukturen der Erdkruste und ist für die Untersuchung von nicht aufgeschlossenen Lagerstätten in der Tiefe von großer Bedeutung (z. B. Erdöl-Lagerstätten). Mit der Reflexionsseismik wird die Tiefe einer Schicht, mit der Refraktionsseismik der tektonische Bau ermittelt.

Junge Bewegungen

Junge Bewegungen sind überall bekannt. In Kalifornien erfolgen sie z. B. an den auf S. 110 genannten Seitenverschiebungen relativ schnell und sind vom Menschen kurzfristig zu beobachten. Ebenso sind Bewegungen an den Küsten relativ leicht festzustellen, z. B. die junge *Hebung* Skandinaviens seit dem Rückgang der Vereisung (bis 1 m im Jahrhundert). Schwedische Häfen, die zur Zeit der Hanse noch angelaufen wurden, sind heute unbenutzbar. Die Kaphalbinsel Südafrikas hat sich seit dem Ende des Pleistozäns um 13 m gehoben.

Beträchtliche junge Hebungen sind seit dem Tertiär eingetreten: Pliozäne Ablagerungen wurden auf dem Peloponnes bis 1500 m, in Süditalien bis 800 m gehoben. Junge Faltung ist schwieriger nachzuweisen, aber fast aus dem ganzen Mittelmeerraum ist sie bekannt geworden. Im Friaul ist das Mittelpliozän am Südalpenrand noch mitgefaltet worden, in der Molisezone Süditaliens gehen die Bewegungen noch bis in das Pleistozän. Auch im mittleren Sizilien ist das Oberpliozän flach gefaltet genau wie am Außenrand des Apennins bei San Marino. In Nordafrika sind pleistozäne Ablagerungen schräggestellt. In den mächtigen tertiären Ablagerungen des Venturabeckens nördlich Los Angeles sind sie sogar unverfestigt in Mulden eingefaltet. Junge Faltung dürfte auch das kroatische und dalmatinische Inselgebiet betreffen.

Das klassische Gebiet junger, in der Gegenwart fortdauernder Faltung ist der Untergrund der Poebene zwischen Alpen und Apennin. Wie die Bohrungen zeigen, werden die 6000—8000 m mächtigen tertiären und jüngeren Sedimente seit dem Miozän bis jetzt kontinuierlich langsam gefaltet. Man sieht dies daran, daß über den Antiklinalen alle Stufen nur stark reduziert oder gar nicht abgelagert sind, während die großen Synklinalen diese Stufen in großer Mächtigkeit enthalten. Außerdem erreicht das Pleistozän in den Muldenzonen von Bologna und nordöstlich

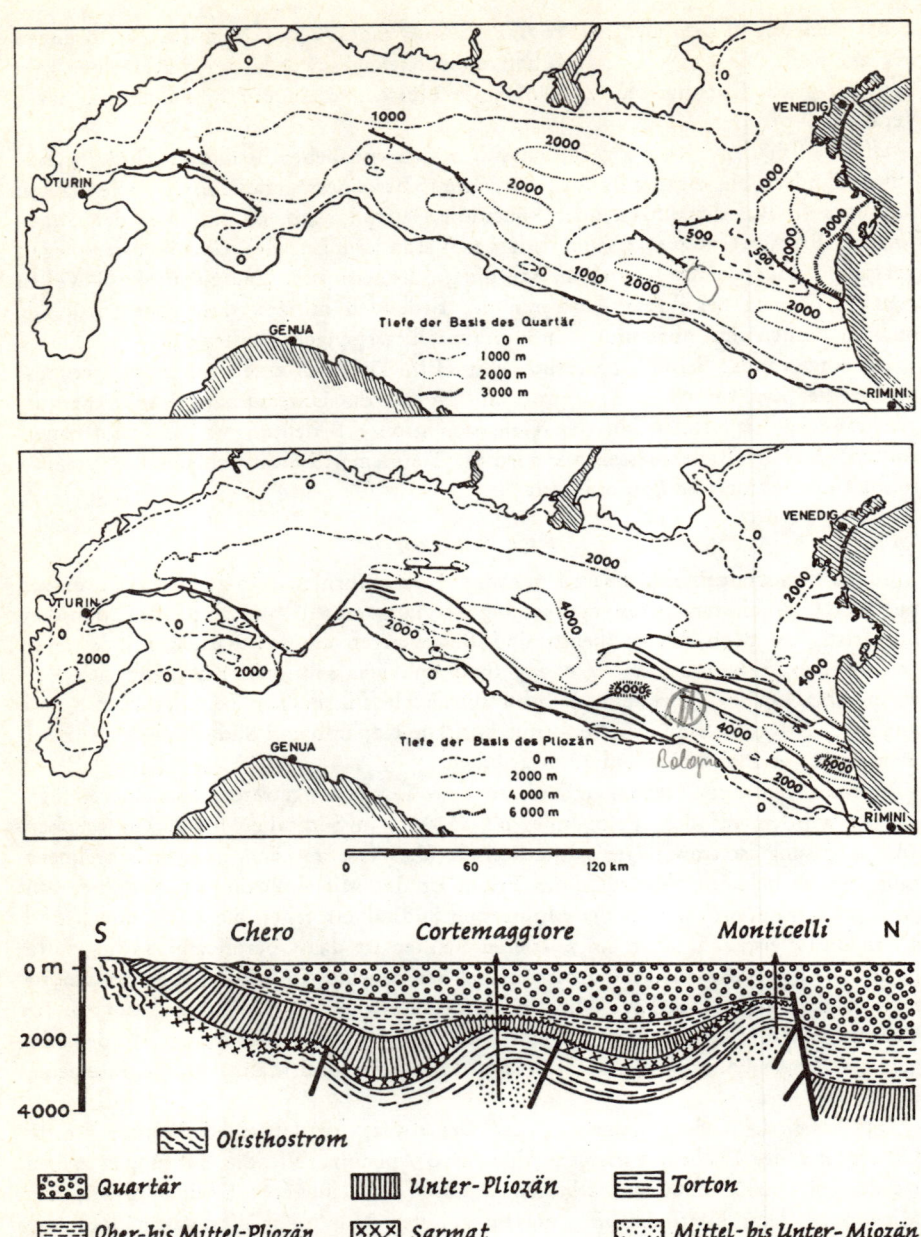

Abb. 27: Junge Faltung unter der Poebene in Karte und Profil, dessen Lage auf Abb. 28 eingezeichnet ist (nach A. LUCCHETTI, 1959).

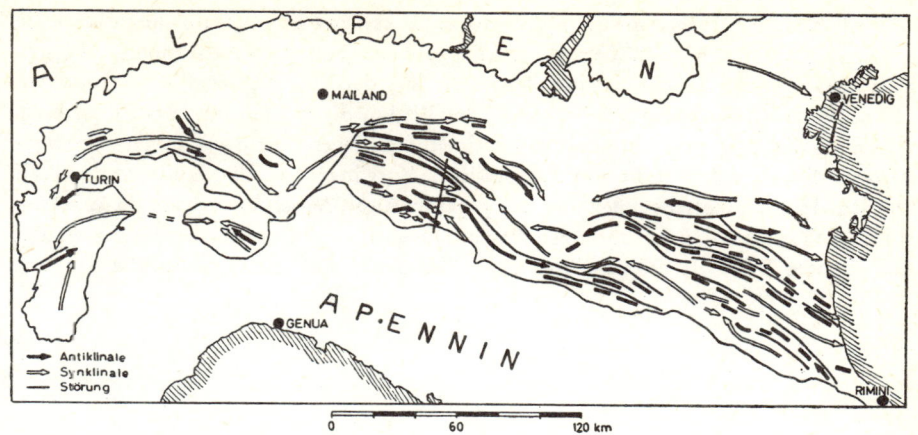

Abb. 28: Richtung und Lage der jungen Falten unter der Poebene

davon (Abb. 27) bis 3000 m Mächtigkeit, ist also tief hinabgefaltet (Pliozän bis 4000 m). Hier ist die Gleichzeitigkeit von Senkung eines *geosynklinalen* Raumes und Sedimentation mit Faltung sehr deutlich. Gegen SE, wo die Faltung stärker ist, kam es bereits zur isostatischen Hebung. Gefaltetes Miozän und Pliozän entsteigen hier der Poebene und bilden den Außenteil des Apennins (Toskanischer Apennin) bis 1700 m Höhe.

Bekannt sind die seit dem Tertiär stattfindenden Abschiebungen und großen Brüche, an denen die Bewegungen heute andauern, z. B. im Oberrheintalgraben, wo pleistozäne und jüngere Schotter und Sande 400 m mächtig werden, im Raum Mannheim oder in der Niederrheinischen Bucht, wo sich die Terrassenschotter überschneiden und die ältesten deshalb unten liegen. Für das ostafrikanische Grabensystem mit seinem jungen Magmatismus gilt dasselbe. Bekannt sind die jungen Bruchküsten des Mittelmeergebietes.

Von *Wölbungsbewegungen* wird das westliche und nordwestliche Europa ergriffen. Vom französischen Zentralplateau aus wird das nordwestliche Frankreich samt Belgien und Holland seit dem mittleren Pleistozän zum Kanal hin eingebogen, dessen Entstehung vor etwa 4000 Jahren eine Folge dieser jungen Bewegungen ist. Die Kanalküste hat sich 1864—1893 um über 80 cm gesenkt, bei Dünkirchen über 1 m, also rund 3 cm im Jahr. Dieselbe Senkung hat mit zur Entstehung der Nordsee südlich der Doggerbank geführt, bei der noch im mittleren Quartär und später die Mündung des Rheins lag. Weite Teile Hollands liegen bis über 5 m u. M. und können nur durch kostspielige Deichbauten vor Überflutung geschützt werden. Dies geschieht in der gleichen Zeit, in der Skandinavien in großartiger Aufwölbung seit dem Postglazial bis jetzt um mehr als 300 m aufgestiegen ist. Mittelgebirge und Hochgebirge Europas sind in stete Wölbungsbewegungen miteinbezogen, wie man aus ihrer Geomorphologie entnehmen und durch Feinmessungen exakt feststellen kann.

123

Freilich ist der Meeresspiegel als Bezugsbasis keineswegs als stabil anzusehen, da er aus mehreren Gründen beträchtlich schwanken kann (Sedimentation, Tektonik, Eishaushalt u. a.). In den Zwischeneiszeiten lag der Meeresspiegel um mindestens 100 m höher als während der Eiszeiten, seit Beginn dieses Jahrhunderts ist er durch Abnahme der Vereisung um mehrere Zentimeter gestiegen. Diese *eustatischen Schwankungen* dürfen daher nicht mit tektonischen Vorgängen an der Küste verwechselt werden. Eine rasche Abschmelzung der gegenwärtigen Vereisung würde den Meeresspiegel um etwa 60 Meter ansteigen lassen. Die damit erfolgende Überflutung weiter, tiefliegender Teile der Kontinente wäre also nicht auf eine tektonische Senkung zurückzuführen.

Gesteinsumwandlung (Metamorphose)

Viele Gesteine, gleichgültig welcher Herkunft, erleiden im Laufe der Erdgeschichte Umwandlungen und gehen dabei in metamorphe Gesteine über. Die Umwandlung kann ohne besondere stoffliche Veränderungen der ursprünglichen Zusammensetzung vor sich gehen, sie kann aber auch mit einer mehr oder weniger starken Stoffzufuhr verbunden sein. Zwischen beiden Umwandlungstypen sind alle Übergänge vorhanden. Verwitterungsvorgänge gehören nicht hierher, da die Metamorphose nicht an der Erdoberfläche stattfindet. Wenn auch gewisse Erscheinungen an die Vorgänge der Diagenese (siehe S. 73) erinnern, bei der auch schon Mineral-Neubildungen auftreten, so muß doch daran festgehalten werden, daß bei ihr nur geringe Stoffverschiebungen auftreten, die nicht mit den beträchtlichen Umwandlungen bei der Metamorphose verglichen werden können. „Solche Umwandlungen können allein schon durch Veränderung von Druck und Temperatur erfolgen" (C. W. CORRENS). Die Metamorphose kann statisch (ohne mechanische Umformung) oder kinetisch (mit Durchbewegung und innerer Verformung kleinster Gesteins- und Mineralteile) ablaufen. Wesentlich ist, daß sich das Gestein während der Umwandlung in keinem überwiegend flüssigen oder gasförmigen Zustand befunden hat.

Kontaktmetamorphose

Plutonische und vulkanische Schmelzen geben beim Eindringen in das Nebengestein Gase, Lösungen und Wärme an dieses ab. Im Kontaktbereich kommt es zu Reaktionen und mineralischen Umbildungen. Große *Kontakthöfe* (bis mehrere Kilometer Entfernung vom Kontakt) gibt es nur im Bereich von Plutonen, während die Wirkung von Subvulkanen und Vulkanen sehr gering ist und infolge rascher Abkühlung der Schmelze nicht über einige Meter hinausreicht. Basische Gesteine zeigen nur geringe Einwirkung am Kontakt.

Die *Thermometamorphose* (Temperaturerhöhung) bewirkt in den meisten Fällen ein Rotbrennen von Tonen, Mergeln und auch Kalken *(Frittung)*. Bei stärkerer Hitzeeinwirkung kann auch ein Anschmelzen erfolgen, so sind z. B. Rheinschotter in den Tuffen des kleinen Rodderbergvulkans bei Mehlem am Rhein glasig angeschmolzen. Von besonderer wirtschaftlicher Bedeutung ist eine im Kontaktbereich durch die Hitzeeinwirkung erfolgte Veredelung von Braunkohle, bei der der hohe Wassergehalt stark vermindert worden ist. Ganze Braunkohlengebiete können bei ausgedehntem Subvulkanismus verbessert werden, wie z. B. im Westerwald oder noch auffallender in Nordböhmen, wo der Heizwert 3000—7000 Wärme-Einheiten erreicht, anstatt normalerweise etwa 2000.

Drei verschiedene Gesteinstypen spielen für die Kontaktmetamorphose eine Rolle: a) Reine Kalksteine werden durch die Erhitzung dann umgewandelt, wenn die Kohlensäure, die normalerweise bei Erhitzung über 900 °C abgegeben wird, unter dem hohen Druck in der Tiefe nicht entweichen kann. Dichte Kalksteine werden dann durch Sammelkristallisation in kristallinen, grobkörnigen Kalkstein umgewandelt *(Marmor)*, z. B. Marmor von Auerbach an der Bergstraße. b) Bei unreinen Kalken und Mergeln entstehen bei Kieselsäurezufuhr Ca-Mg-Silikate wie Wollastonit, Vesuvian, Granat, Diopsid, Tremolit u. a. in Abhängigkeit von den Druck- und Temperatur-Bedingungen. c) Bei Tongesteinen entstehen entsprechende Tonerdesilikate, z. B. Andalusit und Disthen, außerdem Cordierit, Granate, Biotit.

Die Veränderung der Tonschiefer zeigt sich bei der Annäherung an den Pluton zuerst im Auftreten winziger dunkler Flecken und Knoten, die Anzeichen der ersten Umwandlung zu Tonerdesilikaten (Cordierit, Andalusit) sind. Solche Gesteine werden als *Knotenschiefer* bezeichnet. Je näher zum Kontakt, um so kristalliner werden die Schiefer. Biotit tritt neben Hornblende, Granat und Quarz reichlich auf, und es bilden sich *Knoten-Glimmerschiefer*. Tritt nun noch eine weitere Imprägnierung mit Kieselsäure ein, so bilden sich splitterharte, massige und muschelig brechende Gesteine, die man als *Hornfels* bezeichnet. Dadurch wird die ursprüngliche Struktur fast völlig ausgelöscht. Die unregelmäßige Struktur neugebildeter Minerale bildet dann die Hornfelsstruktur. Diese Minerale sind u. a. Quarz, Feldspate, Granat, Cordierit, Biotit.

Typischer Hornfels (Tonschieferhornfels) baut den Gipfel des Achtermann oberhalb Braunlage im Harz auf. Gesteine der Kontaktmetamorphose gehören zu den Metamorphiten (Tab. V.) Eine andere Kontakterscheinung ist die Umwandlung von Roteisenstein zu Magnetit am Spitzenberg bei Bad Harzburg.

Regionalmetamorphose, Metamorphite

Im Gegensatz zur örtlich begrenzten Kontaktmetamorphose handelt es sich dabei um sehr weit verbreitete, also regionale Erscheinungen mit gleichmäßiger mechanischer und thermischer Umwandlung sowie beginnenden stofflichen Mobilisierungen. Bei diesen spielt das Wasser im Gestein die wichtigste Rolle, da es bei den Bewegungsvorgängen auf den Grenzflächen der Mineralkörner die Reaktionsfähigkeit vor allem bei hohen Temperaturen beträchtlich steigert. Ohne dieses intergranulare Wasser wäre eine regionale Metamorphose kaum möglich. Regionalmetamorphose ist also Durchbewegung und Umkristallisation; beide bedingen das neue Gefüge einer Gesteinsgruppe, die man als *Metamorphite* („Kristalline Schiefer" genannt) bezeichnet. Darunter versteht man Gesteine, die durch die genannten Vorgänge eine Parallelanordnung ihrer Mineralien erhalten haben, die an das Fließgefüge mancher Erstarrungsgesteine erinnert. Metamorphite sind also kristallin und schiefrig zugleich. Durch Veränderungen von Druck, Temperatur und Bewegungen werden sie aus beliebigen vorhandenen Gesteinen erzeugt. Daher sind Metamorphite im allgemeinen Gesteine zunehmender Krustentiefe („Versenkungsmetamorphose").

Mit dem Auf und Ab tektonischer Bewegungen schwanken entsprechend Temperatur und Druck innerhalb weiter Grenzen. Mit dem Abstieg in größere Tiefen wächst die Temperatur allein schon durch den zunehmenden Temperaturgradienten, es kann aber zusätzlich durch magmatische Vorgänge eine Durchhitzung und auch Durchgasung eintreten, die starke Umformungen des ursprünglichen Gesteins zur Folge haben. Die Zusammensetzung des ursprünglichen Gesteins spielt dabei natürlich eine gewisse Rolle. Entsprechend unterscheidet man: *Paragesteine* bei Herkunft von Sedi-

Tabelle V: Metamorphite
Ausgangsgesteine (Edukte)

Metamorphose	Kontaktmetamorphe Gesteine: Knoten- und Garbenschiefer, Marmor, Hornfelse, Kalksilikate	Quarzsandsteine Quarzite	Tonsandsteine	Arkosen Grauwacken Tonschiefer	Granite Quarzdiorite saure Vulkanite und Tuffe	tonige Mergel	Diorit, Gabbro und andere basische und ultrabasische Gesteine	Mergel und mergelige Kalke	Kalke	Kohle und Nebengesteine
„Epizone"		Quarzite	Quarz-phyllit (Quarz-gehalt > 50 %)	Sericit-phyllit		Sericit-Chlorit-schiefer	Grün-schiefer	Kalk-phyllit (Kalk-gehalt > 10 %)	Marmor	
„Mesozone"		Quarzite	Glimmerschiefer	Paragneis Hälleflint	Meta-granit / Ortho-gneis	Para-Horn-blende-schiefer	Ortho-Horn-blende-schiefer	Kalk-glimmer-schiefer	Marmor	
„Katazone"				Paraleptit	Ortho-leptit (Halleflinta)	Para-Amphi-bolit / Plagioklas-Biotit-Hornblende-Gneis	Ortho-Amphi-bolit	Kalk-Silikatfelse / Skarn / Eklogit		Graphit / Graphit-gneis

zunehmend →
← rückschreitend

mentgesteinen und *Orthogesteine* bei Herkunft von Erstarrungsgesteinen. *Amphogesteine* bestehen aus einer Mischung beider. Aus dem Ausgangsmaterial (Edukt) entsteht also das metamorphe Gestein als Produkt, z. B. aus einem Granit oder einem granitischen Mobilisat unter Ausbildung eines Parallelgefüges ein Gneis oder aus einem Kalk ein Marmor. Tab. V vermittelt eine Übersicht über die Metamorphite in Beziehung zum möglichen Ursprungsgestein, getrennt nach Para- und Orthogesteinen. Wie die Tabelle zeigt, findet mit wachsender Tiefe bei zunehmendem Druck und steigender Wärme fast unabhängig vom Edukt eine Uniformierung der Gesteine statt, die mehr und mehr kristallinen Charakter annehmen.

Da man in der Zentralzone, also im Kern vieler Kettengebirge, Metamorphite (Gneise, Glimmerschiefer u. a.) findet, war man lange Zeit der Meinung, diese müßten jeweils die ältesten Gesteine des Gebirges sein, also sozusagen „Urgebirge". Es hat lange gedauert, bis man erkannte, daß Kristallinität der Gesteine nicht vom Alter der Gesteine abhängt, sondern von der Art der Vorgänge, die diese Gesteine betroffen haben.

Die Nomenklatur für Gesteine geringerer Metamorphose ist schwierig, da hier noch die Merkmale des Edukts vorherrschen. Hier wird die Vorsilbe „Meta-" verwendet, ein früherer Granit wird zu einem Meta-Granit, eine Grauwacke zu einer Meta-Grauwacke usw. Metamorphite mit hoher Metamorphose lassen sich leichter benennen, da sie meist keine Ähnlichkeit mehr mit dem Ausgangsgestein besitzen. Durchbewegte Meta-Granite mit Paralleltextur werden als *Gneis* bezeichnet bei über 20 % Feldspat. *Schiefer* ist ein Metamorphit mit Paralleltextur und geringem oder fehlendem Feldspatgehalt (z. B. *Glimmerschiefer*). Schließlich wird ein Metamorphit ohne Paralleltextur als *Fels* bezeichnet (z. B. Kalksilikat-Fels).

Bei der Metamorphose zum kristallinen, meist schiefrigen Gestein sind zwei Vorgänge zu beachten: Einmal die tektonische Verformung und Prägung unter den Bedingungen des Stress (siehe S. 85) und zum anderen Umkristallisation und Wachstum der Minerale. Der Stoffbestand des Ausgangsgesteins muß sich physikalisch-chemisch auf die veränderten Bedingungen von Druck und Temperatur einstellen.

Die Regionalmetamorphose ist daher eine Wärme- und Bewegungsmetamorphose zugleich (Thermo-Dynamo-Metamorphose).

Die Umkristallisation ist, je nach dem Grad der Metamorphose, mehr oder weniger stark, sie läßt aber häufig noch frühere Gesteinsstrukturen hindurchschimmern (*Reliktstruktur*). So kann ein Glimmerschiefer z. B. noch deutliche Reliktstrukturen eines früheren Tonschiefers zeigen. Die Umkristallisation beginnt oft mit der Bildung (= Sprossung) größerer Kristalle, die wie Rosinen im Kuchenteig liegen und an die porphyrische Struktur der Erstarrungsgesteine erinnern. Eine solche Struktur wird als *porphyroblastisch* bezeichnet. Am deutlichsten ist das Reliktgefüge der Konglomerate, deren Gerölle sich bei der Umwandlung als sehr widerstandsfähig erweisen können (Konglomeratgneise). Bei der Umkristallisation kann der bisherige Mineralbestand entweder der gleiche bleiben oder es tritt eine Neubildung von Mineralen ein, die vorher nicht vorhanden waren. Da sich dabei der Chemismus des in Umwandlung begriffenen Gesteinsverbandes nicht zu ändern braucht, kann man in diesem Falle von isochemischer Metamorphose sprechen. Erfolgt aber eine Zufuhr von Lösungen oder Gasen, z. B. Wasser, Alkalien, Kieselsäure oder auch Fe-Mg-Lösungen, kommt es zu Verdrängungserscheinungen, meist unter Erhaltung des festen Zustands des Gesteins, und damit zur Neubildung vorher nicht vorhandener Minerale. Dann ist die Metamorphose allochemisch und mit dem Vorgang der *Metasomatose* verbunden (siehe S. 80).

Die Neubildung von Gestein ist hier eine Reaktion von Ausgangsgestein mit zugeführten Stoffen. Im metamorphen Bereich ist diese Neubildung selbstverständlich wieder von Druck und Temperatur abhängig. Hier seien genannt die *Alkalimetasomatose*, bei denen K oder Na eine Rolle spielen (z. B. weit verbreitete Kalifeldspatisierung bei höheren, Albitisierung bei niedrigeren Temperaturen etwa im epizonalen Bereich). Für die Bildung von Kalk-Silikat-Fels sind Kalk-Silikat-Metasomatosen von großer Bedeutung, vor allem, wenn kalkige Gesteine das Ausgangsgestein darstellen. Hierher gehört auch der *Skarn* als Kalksilikatfels mit oxidischen und sulfidischen Erzen, z. B. in den katazonalen Gesteinen (Gneisen usw.) Mittelschwedens.

Das Parallelgefüge entsteht bei einseitigem Druck (Stress) durch Einregelung der Minerale in ein flächiges Element, das Schichtflächen oder Schiefrigkeitsflächen folgt. Ebenso kommen die Elemente der Streckung (Dehnung) in Richtung der B-Achse häufig vor, vor allem in Linearen (Striemung, siehe S. 100). Kristalline Schiefer sind daher meist b- oder s-Tektonite.

Die Einregelung der Minerale erfolgt entweder durch Rotation, d. h. ein tafeliger oder prismatischer Kristall wird gedreht, bis seine Lage der tektonischen Beanspruchung und Verformung des Gesteins entspricht, oder durch die Translationsebenen eines Kristalls entsprechend den tektonischen Ebenen des Gesteins. Eine Drehung von sich neu bildenden Kristalloblasten aus Granat ist z. B. in den mesozoischen Bündener Schiefern auf der Südseite des Gotthard besonders schön zu beobachten. Hier ist also Kristalloblastese und Verformung zunächst gleichzeitig, aber letztere überdauert noch die Kristallbildung. Man muß daher die zeitliche Folge der beiden Vorgänge, Kristallbildung und Verformung = tektonischer Bewegungsvorgang, beachten. Geht man vom Bewegungsvorgang aus, ergibt sich folgende Einteilung: 1. Die *präkristalline Verformung* ist älter als die Kristallisation, der Kristall bildet das vorhandene Gefüge ab und hält es u. U. durch jüngere Deformationen als Reliktgefüge fest. 2. *Parakristalline Verformung* ist Gleichzeitigkeit beider Vorgänge. 3. *Postkristalline Verformung* erfolgt nach der Kristallisation, Kristalle können dabei zerbrechen, das Gefüge des Gesteins ist dann kataklastisch. Vom Alter der Metamorphose ausgehend, spricht man a) von posttektonischer Metamorphose, b) von para- oder syntektonischer Metamorphose, c) von prätektonischer Metamorphose, bei der die Kristalloblasten keine tektonische Beanspruchung erkennen lassen. Wachsen diese dabei in Richtung eines alten Gefüges weiter, entsteht eine *Abbildungskristallisation*.

In sehr vielen Fällen treten während langer oder auch zeitlich verschiedener Gebirgsbildungen mehrfache Metamorphosen zeitlich ineinandergreifend oder nacheinander auf, die Gesteine sind daher *polymetamorph*. In den meisten Verbreitungs-gebieten kristalliner Schiefer ist Polymetamorphose nachzuweisen, Reliktstrukturen sind besonders wichtig. Hierher gehören z. B. die Gesteine des Präkambrium in den alten Schilden sämtlicher Kontinente, wo es z. T. sogar zu beträchtlichen Stoffver-schiebungen während einzelner Metamorphosen gekommen ist. Die dazu erforder-lichen Stoffe können als Gase, Lösungen oder Schmelzen herangebracht werden.

WINKLER (1967) läßt die Metamorphose mit der Zeolithfazies bei einem mittleren Druck von 2—4 Kb[1] H_2O-Druck bei 220—240 °C beginnen, die Grünschiefer-Fazies bei gleichem Druck und 370—400 °C, die Amphibolitfazies mit 520—550 °C.

Im Gegensatz zu der früheren Auffassung, die Metamorphose würde durch die Tiefenlage eines Gesteins bedingt sein und man könne so eine Zonengliederung der Metamorphite vornehmen, hat man jetzt erkannt, daß Druck- und Wärmeverteilung in der Oberkruste nicht nur schalenförmig angeordnet sind. Dadurch können Ge-steine, die früher der untersten Tiefenzone zugerechnet waren, bei gebirgsbildenden Vorgängen auch hoch in der Kruste entstehen, z. B. neben Gesteinen einer oberen Tiefenzone. Eigene Beobachtungen im Kaledonischen Gebirge Norwegens (M. RICH-TER 1943) zeigten neben älteren Beobachtungen ESKOLAS, daß bei starker Wärme-zufuhr und Tektonik die Metamorphose tieferer Zonen bis nahe an die damalige Erdoberfläche aufsteigen kann. Die drei auf Tabelle V genannten Tiefenzonen liegen ebensogut neben- wie untereinander. Man gliedert daher heute nicht mehr nach Tiefenzonen, sondern nach *Mineralfazies*, d. h. isochemische und im chemischen Gleichgewicht befindliche Mineralgesellschaften lassen sich nach Temperatur- und Stress-Bedingungen gliedern. Man unterscheidet heute eine Reihe verschiedener Mineralfazies: 1. Zeolith-Fazies, 2. Grünschiefer-Fazies, 3. Almandin-Amphibolit-Fazies, 4. Granulit-Fazies, 5. Eklogit-Fazies. Trotzdem verwendet man außerdem noch die Ausdrücke Epi-, Meso- und Katazone.

Vermutlich zeigt die Regionalmetamorphose im Orogen-Bereich z. T. einen anderen Ablauf als eine regionale Versenkungsmetamorphose (hoher Druck, geringe Tempe-raturen) außerhalb dieser Zonen.

Zur Tabelle V seien einige Bemerkungen angefügt. Es ist heute eigentlich kaum noch möglich, eine solche Tabelle aufzustellen. Dazu sind die Vorgänge der Meta-morphose viel zu kompliziert und heterogen. Die Tabelle kann nur einen Hinweis darauf geben, welches Edukt etwa welchem Metamorphit entspricht. Die Polymeta-morphose macht das aber in den meisten Fällen unmöglich. Daher seien im folgenden einige spezielle Hinweise gegeben.

Die *Phyllitgruppe* besteht immer aus epizonalen kristallinen Schiefern, das haupt-sächliche Glimmermaterial ist Serizit, daneben Chlorit.

Ortho- und Paragneis bestehen aus Kalifeldspat, Plagioklas, Quarz und Biotit, meist katazonal.

Para- und Ortho-Amphibolite sind meso-katazonal und enthalten Hornblende und Plagioklas.

---

[1] 1 Kilobar (Kb) = 1019,72 at

Leptit und Hälleflint sind fein-feinstkörnige Gneise. Es gibt Ortho- und Para-Leptite. Hälleflinte gehen auf Vulkanite und saure Tuffe zurück und sind katazonal.

Der katazonale *Granulit* ist ebenfalls ein feinkörniger Gneis, der reich an Feldspat und Granat ist mit platten Quarzen und einigen dunklen Gemengteilen. Die Verformung ist prä- bis parakristallin. Leptit, Hälleflint und Granulit gehören eng zusammen als Vertreter des tiefen Grundgebirges mit einer Mineralfazies, die sich während der Metamorphose unter besonders hohem Druck und hoher Temperatur bei sehr geringem Wassergehalt bildete.

Als letzte Gruppe sei der Eklogit erwähnt, dessen Bildung besonders hohe Drucke und Temperaturen erfordert hat. Die Minerale Omphazit und Granat, also NaMgCaAl-Augit und MgFeAl-Granat sind hier typisch. Da Eklogite in den Vulkanschloten des ultrabasischen Kimberlits auftreten, der auch die aus großer Tiefe mitgebrachten Diamanten enthält, muß man seinen Bildungsort besonders tief ansetzen bzw. an Stellen besonders hoher Temperaturen und Drucke.

Kommen bei tektonischen Vorgängen höher metamorphe Gesteine in Zonen geringerer Metamorphose, so daß sich aus dem vorhandenen Mineralbestand neue, z. B. epizonale Minerale bilden, so spricht man von *Diaphtorese* (= rückschreitende Metamorphose im Gegensatz zur fortschreitenden, zunehmenden Metamorphose). Das bedeutet, daß sich der Mineralbestand den neuen physikalisch-chemischen Gegebenheiten höherer Zonen wieder anzupassen versucht.

Ultrametamorphose (Gesteins-Mobilisation)

Es ist sehr schwierig, eine Grenze zwischen Regionalmetamorphose und Ultrametamorphose festzulegen, da Temperatur und Druck bei beiden nicht verschieden groß zu sein brauchen und ultrametamorphe Vorgänge bereits im regionalmetamorphen Bereich auftreten können. Beide sind keine getrennten Bereiche, sondern sie können horizontal und vertikal miteinander verzahnt sein. Aber man kann so definieren, daß Regionalmetamorphose im festen Zustand der Gesteine erfolgt, mit der Ultrametamorphose aber eine Gesteinsmobilisation beginnt, die weniger extrem hohe Temperaturen benötigt als vor allem das Auftreten von leichtflüchtigen Bestandteilen, besonders Wasser. Ist diese Mitwirkung vorhanden, kann es auch bei den im vorigen Kapitel genannten quarzreichen und feldspatreichen Gesteinen ebenso wie aus ihren Edukten zur Mobilisation kommen, sogar schon bei relativ niedrigen Temperaturen aber hohem Wassergehalt.

Wichtig ist, daß die Ultrametamorphose einen lückenlosen Übergang bildet von den regionalmetamorphen Vorgängen bis zur vollständigen Aufschmelzung und Bildung von Magmen.

Bereits in der Regionalmetamorphose können aus bestimmten Sedimenten oder aus entsprechenden Gneisen durch Blastese von Quarz und Feldspäten granitähnliche Gesteine hervorgehen, in denen zunächst diese Minerale nur als Porphyroblasten im Restgestein auftreten, dessen Umbildung dann aber weitere Fortschritte machen kann. Wechseln hier Lagen vom ursprünglichen Gestein mit neugebildeten, hellen Lagen von granitischer oder pegmatitischer Zusammensetzung, die unmittelbar aus jenem mobilisiert, seltener auch durch Lösungen zugeführt wurden, so nennt man solche Gesteine *Migmatite* (= Mischgesteine, da man früher glaubte, es handele sich dann immer um magmatische Einschübe). Migmatite sind z. B. im kaledonischen Gebirge Skandinaviens weit verbreitet, wo zuerst Feldspatblasten aufsprossen und Quarze, begleitet von zahlreichen Granat-Neubildungen, z. B. auf der Insel Dönna (Abb. 29) oder im Bereich des Trondheimfjordes. Aus den Ausgangsgesteinen ausgeschwitzte saure Adern geben dem Gestein den Namen *Venite;* sind solche magmatisch zugeführt, heißen sie *Arterite.* Hierher gehört auch ein Teil der *Augengneise,* in denen die neugebildeten Feldspate oder auch Quarz-Feldspat-Mischungen in Form oft großer „Augen" auftreten, teils lagenweise, teils aber im Ausgangsgestein verteilt. Das Gestein kann dadurch einen granitähnlichen Eindruck vermitteln. Bei weiterer Umbildung gleichen sich Ausgangsgestein und Neubildung immer stärker aneinander an, so daß die ursprünglichen Strukturen nur noch nebelartig durchschimmern. Es sind die *Nebulite,* die dann oft schon in granitische Zonen übergehen (Nebulitgranite). Verschwinden auch die letzten nebulitischen Relikte ganz, so bleibt ein richtungsloskörniger Granit übrig (Migmatit-Granit).

Für die Migmatite ist also eine allmähliche Abnahme von Ausgangsgestein und Zunahme von Gesteins-Neubildung bezeichnend. Nach K. R. MEHNERT kann man die Bezeichnungen *Paläosom* für das Ausgangsmaterial und *Neosom* für den neugebildeten Anteil verwenden. Aus dem gegenseitigen Verhältnis dieser beiden lassen sich die verschiedenen Migmatitstadien einigermaßen beschreiben. Dazu muß aber bemerkt werden, daß in diesen Stadien heterogene Bildungen vorliegen, die bei ihrer Entstehung verschiedenen Temperaturen und Drucken ausgesetzt waren und durch verschieden starke Durchbewegung und stofflich verschiedene Mobilisierung ausgezeichnet sind. So unterscheidet MEHNERT im Migmatitbereich eine Reihe verschiedener Mobilisate, die vom kühlen Bereich hydrothermaler Mobilisation über pneumatolytische-pegmatitische-granitische-dioritische-gabbroide Mobilisate den gesamten Bereich umfassen. Die beiden letzten liefern die Plagioklas-Hornblende- bzw. Plagioklas-Augit-Mobilisate, die vorher genannten die Quarz-, Orthoklas-, Plagioklas- und Biotit-Mobilisate. Daraus kann man ersehen, daß die Gesteine der *Migmatitbereiche* immer magmatitähnlicher werden.

So kommt man aus dem reinen Migmatitbereich fast unmerklich in den Bereich der Granitisation; der schon oben erwähnte Nebulit-Migmatitgranit fällt als migmatitisches Endstadium ebenso in den Bereich der Granitisation. Darunter versteht man die Umbildung von Gesteinen sedimentärer oder metamorpher Herkunft in granitische oder granitähnliche Gesteine. Von besonderer Bedeutung ist aber, daß bei der Entstehung solcher Granite oder Granitoide kein Magma beteiligt war. Diese Granite sind also an Ort und Stelle, ohne ein vollständiges Stadium der Verflüssigung durchlaufen zu haben, entstanden.

Die Frage nach Raumschaffung und Platznahme, wie sie für die Plutone gestellt wird (siehe S. 57), entfällt daher für die Bereiche der Migmatisation und Granitisation. Der hier entstandene Granit nimmt keinen anderen Raum ein, als ihn sein Ausgangsgestein schon eingenommen hatte.

Abb. 29: Migmatit der Insel Dönna (altpaläozoisch), Nordnorwegen

Es ist selbstverständlich, daß Gesteine von granitähnlicher Zusammensetzung (Gneise, Leptite, Granulite, Grauwacken, Arkosen) einer Granitisation am raschesten unterliegen, da hier kaum stoffliche Verschiebungen erforderlich sind. Bei Gesteinen von anderer chemischer Zusammensetzung, z. B. Tonschiefern, ist die Granitisation nur mit beträchtlichen Stoffverschiebungen und starken metasomatischen Umwandlungen möglich. Hier müssen die betreffenden Stoffe durch Lösungen oder Gase zugeführt werden und vorhandene Stoffe verdrängen (z. B. bei Bildung von Feldspäten). Auch hier beginnt die Feldspatbildung mit der Bildung von Porphyroblasten. Vor allem die Durchgasung des Gesteins unter pneumatolytischen Verhältnissen ist für eine Granitisation sehr wesentlich. Daß dies auf weite Strecken möglich ist, zeigt z. B. der präkambrische Kapstadt-Granit in Südafrika, der, noch kilometerweit vom Kontakt entfernt, in den Malmesbury-Schiefern zentimetergroße Feldspäte in großer Menge aufsprossen ließ.

Der einzige Unterschied zwischen magmatischem und durch Migmatisation entstandenem Granit wird darin gesehen, daß ersterer in seiner Zusammensetzung einem Eutektikum nahekommt.

Aus den bisherigen Vorgängen der „Ultrametamorphose" ergibt sich, daß dabei Mobilisate, also Verflüssigungen unter Beteiligung des Wassers eine steigende Bedeutung erlangen können. Dies führt schließlich zur teilweisen oder ganzen Aufschmelzung von Gesteinskörpern, d. h. zum Vorgang der *Anatexis*. Aus Experimenten kann gefolgert werden, daß in einer Krustentiefe von 15—25 km, bei einem H_2O-Druck von 2000—5000 at und einer Temperatur von 650—750 °C bei genügendem Wassergehalt Schmelzen von im wesentlichen granitischer Zusammensetzung entstehen. Bei Grauwacken und Tonen liegt die Schmelzung höher, bei 750—900 °C. Wenn man freilich bedenkt, daß in geosynklinalen und tektogenen Zonen Druck und Temperatur ansteigen, so ergibt sich, daß auch in wesentlich höheren Bereichen bereits anatektische Schmelzen mobilisiert werden können. So beobachtet man in vielen Fällen in höheren Bereichen z. B. Paragneise mit hellen pegmatitischen Lagen, deren Stoffbestand durch Mobilisation dem ursprünglichen Ausgangsgestein entstammt. Sie werden als *Metatekte* bezeichnet, der Vorgang heißt *Metatexis*. Die bereits unter den Migmatiten genannten Venite gehören gleichfalls hierher. Die nicht oder noch nicht von der Schmelzung erfaßten Lagen der Restgesteine sind *Restite*. Erhöht sich im Laufe der Anatexis die Temperatur, so wird die Schmelzung weitere Teile der bisherigen Restite ergreifen und schließlich den ganzen Gesteinsbereich in Schmelze überführen, wobei immer noch Schollen von Restiten oder Metatexiten in ihr verbleiben können. Dieser Vorgang bei erhöhter Temperatur gegenüber der Metatexis ist die *Diatexis,* sie umfaßt auch die dunklen Mineralkomponenten. So entstehen die *Diatexite*. Es sei ganz besonders darauf hingewiesen, daß die Schmelze in situ verbleibt und keine Ortsveränderung vornimmt und in dieser Stellung auch bei Druckverminderung erstarren kann. Sie bildet also kein Magma und keinen Pluton, wohl aber einen granitischen Gesteinsverband (*Diatexit* = Migmatitgranit).

Gelangt das geschmolzene Material jedoch nicht zur Erstarrung, z. B. wiederum in orogenen Zonen mit vielfachen Druck- und Temperatur-Änderungen, so kann die

Schmelze mobil und zum palingenen Magma werden. Die *Palingenese* erfaßt Gesteins-
verbände, die durch Schmelzung aus ehemals sedimentären oder aus metamorphen
Gesteinen bestehen und ist die völlige Mobilisierung dieser Gesteine zur beweglichen
Schmelze, d. h. zum Magma von granitischer oder granodioritischer Zusammensetzung.
Sie bildet Intrusivgranite und bei höherem Aufsteigen die diapirischen Plutone.

Zwischen den unveränderten Sedimenten der Erdkruste und den Zonen der Anatexis und Palingenese bilden die Metamorphite eine Zone des Übergangs, wobei die
Tiefenlage der Aufheizung (im Sinne E. WEGMANNS der „Migmatitfront") in verschieden hohen Zonen auftreten kann. Im Gegensatz zum Entstehungsort der basischen (juvenilen) Magmen (Basalte)[1] liegt der Entstehungsort der sauren (palingenen)
Magmen (Granitgruppe) in der höheren Kruste. Da 95 % aller Plutone granitisch
sind, 98 % aller Oberflächen- und Subvulkane aber basaltisch, kann es keine Gemeinsamkeiten für die Herkunft beider geben.

Die genannten Vorgänge verlaufen also nach dem Schema:

Metamorphose	Umwandlungen der Gesteine in festem Zustand, aber gelegentlich Mobilisation auch in hohen Stockwerken.
Ultrametamorphose Anatexis	Migmatisation (Umbildung von Gesteinen unterschiedlicher Herkunft in granitische oder granitoide Gesteine [Granitisation]). Metatexis (teilweise Schmelzung vorwiegend der hellen Gemengteile) in situ. Diatexis (Schmelzung bis zur völligen Homogenisierung, also auch der dunklen Gemengteile in situ).
Palingenese	Übergang der Schmelze zum intrusiven Magma unter Bildung selbständiger geologischer Körper.

Mit diesen Vorgängen der Granitbildung aus sedimentärem Ausgangsmaterial wird
mit dem palingenen, beweglichen Magma der Kreislauf der Stoffe geschlossen, der mit
dem Magma und der Verwitterung magmatischer Gesteine begonnen hat.

---

[1] Sie entstehen analog zur anatektischen Bildung granitischer Schmelzen aus Peridotiten des oberen
Mantels.

Während vieler Abschnitte der Gebirgsbildung ist eine gesteigerte vulkanische bzw. plutonische Tätigkeit zu beobachten. Nicht derart, daß etwa Vulkane selbst ein Kettengebirge aufbauen, aber doch so, daß schon während der geosynklinalen Entwicklung des Kettengebirges Magmen auftreten, daß dann aber vor allem während der Gebirgsbildung große Massen von Tiefengesteinen intrudieren, die später durch die Abtragung sichtbar geworden sind. Die Auffassung lag daher sehr nahe, den Aufstieg der Plutone als Motor der Gebirgsbildung zu betrachten und damit eine plutonische *Erhebungstheorie* anzunehmen. Sie schien durch die Beobachtung untermauert zu werden, daß in vielen Gebirgen gerade die Zentralzone aus kristallinen Massengesteinen besteht, z. B. in den Alpen oder im Kaukasus. Durch die plutonischen Gesteine dieser Zonen sollten die Sedimentgesteine zur Seite geschoben und dabei gefaltet worden sein. Mit dem gleichen Effekt wurde in einem Gang damit auch der vertikale Aufstieg des Gebirges erzielt. Die gesamte geologische und geomorphologische Gebirgsbildung wurde somit zu einem einheitlichen und gleichzeitlichen Vorgang und das Magma zum aktiven Träger aller Bewegungen. Diese Auffassung (Erhebungstheorie) mußte jedoch fallen, als es sich zeigte, daß die Plutone viel älter waren als die Faltung und ebenso passiv in die Höhe gehoben wurden wie die sie umgebenden Sedimente.

Lange Zeit stand dann an der Spitze aller Theorien die *Schrumpfungs-* oder *Kontraktionstheorie.* Nach ihr sind die tektonischen Ereignisse der Kruste weiter nichts als eine Runzelung der äußeren Erdhaut, die als Folge des Wärmeverlustes und der damit verbundenen Schrumpfung des Erdkernes auftreten soll. Dem durch diese Schrumpfung kleiner werdenden Erdinneren muß die äußere Kruste folgen, Faltungen oder auch Brüche wären der unmittelbare Ausdruck dieses Volumschwundes. Danach erzeugt die Schrumpfung der Erde die für die Faltung erforderlichen tangentialen Kräfte. Da diese aber in der äußeren Kruste überall wirksam sind, ergäbe sich daraus auch ein überall vorhandener Gewölbedruck.

Rein theoretisch müßten demnach zu jeder Zeit und an jeder Stelle der Kruste Gebirgsbildungen eintreten können. Stattdessen aber sehen wir diese nur jeweils in bestimmten Zeiten auf offenbar vorbestimmte Räume beschränkt. Die großen Kettengebirge entstehen ja nur aus Orthogeosynklinalen und nicht aus beliebigen Stellen der Erdkruste. Bildung von Geosynklinalen und Bildung von Gebirgen stehen in ursächlichem Zusammenhang. Außerdem ist die Ursache für die Kontraktion, nämlich der Wärmeverlust der Erde, keineswegs sicher. Es ist nicht nur möglich, sondern sogar wahrscheinlich, daß der Wärmeverlust durch den Zerfall radioaktiver Stoffe mindestens in größeren Tiefen ausgeglichen wird (siehe S. 27). Schließlich ist die Kruste kein sich selbst tragendes Gewölbe, sondern sie schwimmt in einzelnen Blöcken auf einer schwereren Unterlage. Sie kann infolgedessen auch keinen Gewölbedruck in sich selbst weiterleiten und fortpflanzen, zumal die Festigkeit der Gesteine nicht so groß ist, daß sich der Druck über größere Entfernungen hin übertragen könnte.

Der Ausgangspunkt für jede Gebirgsbildung scheinen vielmehr jeweils die Geosynklinalen (Orthogeosynklinalen) zu sein, in denen große Sedimentmassen für die Faltung aufgestapelt werden. Wir haben bereits gesehen, daß zur Faltung Mindestmächtigkeiten von Sedimentgesteinen gehören. Je mächtiger diese sind, desto intensiver wird die Gebirgsbildung, oder anders ausgedrückt: je stärker die Senkung während der Geosynklinalzeit, desto intensiver die Faltung. Daher entstehen die Kettengebirge gerade da, wo die Senkung der Erdkruste vorher am stärksten war.

Die *Theorie der Kontinentalverschiebungen* (A. WEGENER) geht vom Schwimmen der leichteren Kontinente auf der schwereren Unterkruste aus. Ein einheitlicher Urkontinent zerbrach in Einzelteile (Kontinente), die sich voneinander weg verschoben. Dabei stauten sich an ihrer vorderen Front die Faltengebirge auf. Die Gebirge sind danach also passiver Entstehung und nur eine Folge des Wanderns der Kontinente. Diese Auffassung steht im Widerspruch zu einer anderen Vorstellung, nach der bestimmte Kontinente und Ozeane, wenn auch nicht in der heutigen Form, von Anbeginn der erdgeschichtlichen Entwicklung permanent geblieben sind (Urkontinente, Urozeane nach STILLE). Allerdings kann man sich heute nicht mehr mit einer absoluten Permanenz befreunden. Verschiebungen finden offensichtlich statt und haben auch im Verlauf der Erdgeschichte stattgefunden.

Wenn die Kontinentalschollen der beiden Amerika und Europa-Afrika nach W und E auseinandergedriftet sind, so bedeutet dies, daß der Atlantische Ozean eine Neubildung ist. Die Verschiebungstheorie stützt sich auf das Schwimmen leichterer Kontinentschollen (Sial) auf der schwereren Unterlage(Sima). Für die Kontinentaldrift wurden verschiedene Kräfte herangezogen (z. B. Gezeitenwirkung der Erdkruste, Präzessionskräfte, Polfluchtkräfte usw.), über deren tatsächliche Auswirkung auf die Kruste aber bis jetzt kaum etwas bekannt geworden ist. Nach WEGENER begann das Auseinanderdriften etwa im Karbon, heute wissen wir aus der Verteilung des Jura auf beiden Seiten des Atlantik, daß es nicht vor diesem eingesetzt haben kann. Form der Kontinente, klimatische Übereinstimmungen (z. B. permokarbone Eiszeit von Südamerika über Südafrika-Indien bis Australien) und faunistische Übereinstimmungen früher und heute wurden neben paläomagnetischen Ergebnissen weiter für Kontinentalverschiebungen geltend gemacht. Neuerdings wird auch eine mögliche Expansion der Erde, für die Beweise freilich ausstehen, für Kontinentaldrift herangezogen. Für die Entstehung der Gebirge ist die *Expansionstheorie* nicht zu verwenden.

Die großen Seitenverschiebungen (siehe S. 110) sowohl innerhalb der Kontinente wie auch innerhalb der Meeresböden zeigen die Möglichkeiten großer Verschiebungen von Hunderten von Kilometern.

Die *Unterströmungstheorie* verlegt den Antrieb zur Gebirgsbildung zum erstenmal unter das Gebirge (O. AMPFERER 1906). Als „Unterströmungen" werden die Fließbewegungen der tieferen Kruste betrachtet, die die obere Haut passiv mit sich führen und dabei das verursachsen, was wir als Tektonik bezeichnen. Man sieht dabei im gesamten Inventar der Gebirgsbildung nur ein passives Abbild von Vorgängen in der Tiefe, die sich sozusagen an den Wurzeln des Faltungstiefganges abspielen. Man kann die Unterströmungen auch zur Begründung der Verschiebung der Kontinente heranziehen, die davon getragen und verfrachtet werden können. Hier kommen Verschiebungs- und Unterströmungstheorie in enge Berührung. Mit der Unterströmungstheorie war der Weg zu einer völlig neuartigen Betrachtungsweise tektonischer Vorgänge frei gemacht. Aus der passiv bewegten und gestalteten oberen Kruste war auf die Art der Bewegung der Unterkruste zu schließen. Aus vorwiegend horizontalen Strömungen waren vertikale Bewegungen abzuleiten. Einen konkreten Versuch in dieser Richtung hat H. CLOOS gemacht.

Bei den Unterströmungen kann es zu Unterschiebungen kommen, indem Teile der obersten Kruste passiv weit in die Tiefe gezogen und dort „verschluckt" werden. Ehemalige Baueinheiten der oberen Kruste können so in der Tiefe verschwinden, die Kruste damit weiter einengend. E. KRAUS hat später diese Gedanken zur *Unterströmungstheorie* ausgebaut. Die Unterströmungen sind thermische Ausgleichsbewegungen und werden als Konvektionsströmungen bezeichnet. Bei der Wärmezufuhr aus der Tiefe spielen wahrscheinlich radioaktive Vorgänge eine Rolle (siehe S. 27). Die Wärme verschafft den Auftrieb, bei rascher Abkühlung höherer Teile werden diese dichter, schwerer und sinken wieder ab. Vor allem auf beiden Seiten der Geosynklinale sind unter dieser absteigende Strömungen vorhanden, die zum Einsinken und zur passiven Einengung des geosynklinalen Raumes führen. Das Ergebnis ist die Tektogenese. Geosynklinal-Bildung und Tektogenese sind daher folgerichtig ein Vorgang (siehe unten). Die geophysikalischen Grundlagen der Unterströmungstheorie sind noch zu klären.

Zuletzt sei noch auf die *Undationstheorie* (R. W. VAN BEMMELEN) hingewiesen, die in einer „Primärtektogenese" infolge von Aufschmelzungsvorgängen granitische Schmelze aufsteigen läßt, welche die „Sekundärtektogenese" auslöst. Diese besteht, der Schwerkraft folgend, im Abgleiten der Sedimente von primärtektogenetischen Schwellen in Senken.

Diese Theorie läßt ebenso wie die *Oszillationstheorie* (E. HAARMANN) in neuem Gewand die oben geschilderte Erhebungstheorie wieder aufleben. Wenn sie auch z. B. eine Bildung von Decken in Form von Gleitdecken plausibel erklärt, so fehlen meistens die Schwellenzonen, von denen die Sedimente abgeglitten sein sollen. Trotzdem ist heute das Auftreten großer Gleitdecken und Gleitmassen nicht mehr zu bestreiten (z. B. im Apennin, auch die helvetischen Decken sind Gleitdecken ebenso wie wahrscheinlich alle Flyschdecken).

Es sei noch darauf hingewiesen, daß schon während der Sedimentation gefaltet wird, die Faltung also bereits zu einem guten Teil während der geosynklinalen Entwicklung erfolgt (Abb. 30). Dies läßt sich z. B. in den großen Mulden- und Sattelzonen der nördlichen Kalkalpen beweisen (Ammermulde, Karwendelmulde, westliche Lechtaler und Vorarlberger Alpen). Die Sedimentation ist synorogen, die Tektonik synsedimentär. Erst daraus ergeben sich die starken Resedimentationen. Die Faltung geht dabei im wesentlichen nach unten, wodurch es zu einer besonders großen Anhäufung sialischen Materials im Bereich der Geosynklinale kommt, was das häufige Schweredefizit der jungen Faltengebirge erklärt.

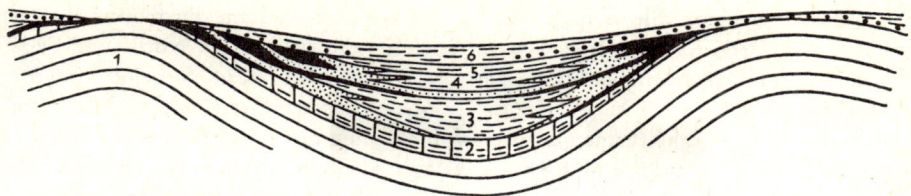

Abb. 30: Profil durch die Ammermulde (unmaßstäblich) in den Bayerischen Alpen

1 Hauptdolomit (obere Trias); 2 Kössener Schichten und Oberrätkalk; 3 Allgäuschichten (unterer — mittlerer Jura) in Beckenfazies; 4 und 5 Aptychenschichten (oberer Jura und untere Kreide); 6 Cenoman — unteres Turon; feine Punkte = Kieselfazies (Spongiolithe in 3), Radiolarite in 4 und 5 und in 6 grobe Punkte = Konglomerate. Schwellen- und Beckenzonen sind gleichzeitig Sattel- und Muldenzonen, auf den Sattelzonen wird fast nichts abgelagert, ihre Ränder sind durch Kalk- und Kieselfazies gekennzeichnet ab obere Trias bis Unterkreide. Das Becken zeigt Mergelfazies in großer Mächtigkeit.

Gleichzeitig ergibt sich aber auch daraus, daß die geologische Gebirgsbildung nicht gleichzeitig zur geomorphologischen führt. Diese ergibt sich erst durch den späteren, mit Wölbungsbewegungen verbundenen vertikalen Aufstieg der gefalteten Massen.

Offensichtlich ist durch den geosynklinalen Werdegang samt Tieffaltung das isostatische Gleichgewicht derart gestört, daß die zu leichte sialische Anhäufung hochgehoben wird, solange, bis der alte Gleichgewichtszustand vor Bildung der Geosynklinale wieder erreicht ist.

Dieser Ausgleich führt zur Hebung des geologischen Gebirges, das erst damit zum geomorphologischen wird. Das Faltengebirge wird damit zum Kettengebirge.

Die Hebung wird solange andauern, wie es dem Faltungstiefgang des betreffenden Gebirges entspricht. Damit werden aber auch die durch die geosynklinale Entwicklung dem Kreislauf entzogenen Stoffe wieder in diesen aufgenommen, was für den Stoffhaushalt der Erde von größter Bedeutung ist.

Während der Hinabfaltung wird die Wurzel des Gebirges durch die Vorgänge der Anatexis und Palingenese aufgeschmolzen. Sie verfließt daher mit ihrem Untergrund durch Migmatite und Magmatite (Plutonite). Man spricht vom „Sialfuß" der Gebirge.

Hier ergeben sich auch die Zusammenhänge von Gebirgsbildung und Magmatismus, ebenso wie schon vorher das Auftreten der ophiolithischen Schmelzen im eugeosynklinalen Bereich der gleichzeitigen Sedimentation.

An dieser Stelle muß noch einmal betont werden, daß die Tektogenese den geologischen Bauplan des späteren Gebirges umfaßt, die Orogenese (= Gebirgsbildung) aber den Zeitraum des isostatischen Auftriebs zum geomorphologischen Gebirge.

Soweit die Gebirge ihrer Entstehung nach heute schon überschaubar sind, können sie in folgender Weise gegliedert werden. Vorausgesetzt werden kann, daß die Bildung aller Gebirge eine einheitliche Ursache hat, was aber nicht bedeutet, daß sie auf gleiche Weise entstanden sind.

1. Hierher gehören alle Gebirge, die ein Geosynklinalstadium durchlaufen haben (siehe oben). Der Prototyp einer Geosynklinale ist die *Tethys,* die Nord- und Südkontinente fast 600 Millionen Jahre getrennt hat. Sie war nicht nur eine *Miogeosynklinale* (ohne initialen Magmatismus der ophiolithischen Gesteine), sondern hatte z. T. auch den Charakter einer *Eugeosynklinale* (mit ophiolithischem, synsedimentärem Magmatismus in Jura und Kreide der achsialen penninischen Zone). Zwischen ihren einzelnen Trögen lagen aber mehr oder weniger ausgedehnte Festländer als Abtragungsgebiete. Bedeutungsvoll ist die junge *Reliefumkehr,* wo heute die Gebirge liegen, waren früher Sedimentationströge, wo sich heute Meer befindet (z. B. Tyrrhenis, Ägäis), waren früher die Festländer. Die Tröge der Tethys waren selbständig, daher sind heute die Gebirge gleichfalls selbständige tektonische Individuen, die im wesentlichen nur durch die Hebung geomorphologisch miteinander verbunden wurden.

Für die „Geosynklinal-Gebirge" ist es zur Kennzeichnung von Bedeutung, daß sie gegen Ende ihrer tektogenetischen Entwicklung Flyschtröge ausbilden mit rascher *synorogener Sedimentation,* mit großartigen, sich langsam bewegenden submarinen Gleitströmen *(Olisthostrome)* und rasch fortschreitenden Trübströmen *(turbidity currents).* Die Flysch-Sedimentation geht zeitlich und auch seitlich (Karpaten) in die Molasse-Sedimentation über, d. h. vielfach Konglomerate und Sandsteine, teils marin, vielfach auch limnisch und fluviatil von großer Mächtigkeit. Die Molasse erscheint z. T. noch innerhalb des Gebirges, wie z. B. im Apennin, oft aber auch in einer Vortiefe vor den Gebirgen (Exogeosynklinale); diese nimmt bereits den Abtragungsschutt des werdenden Gebirges auf (Molasse-Vortiefe auf der Nordseite der Alpen von Genf bis Wien).

Wichtig für alle Geosynklinal-Gebirge ist die Frage, wo die Geosynklinalen entstehen. Es gibt heute junge Senkungsräume mit mächtigen Sedimenten, z. B. am pazifischen Rand Kaliforniens, am Ostrand Nordamerikas und Brasiliens, vor dem asiatischen Kontinent im Bereiche Indonesiens usw. Diese Gebiete liegen auf dem heutigen Schelf der Kontinente (siehe S. 22).

Die alten Geosynklinalgebiete wurden gleichfalls randlich, d. h. auf dem Schelf der damaligen Kontinente angelegt (Kaledonische, Variskische, Appalachen-Geosynklinale u. a.). Die Tethys selbst liegt im vereinigten Schelfbereich des Gondwanalandes und Eurasiens. Die Schelfregion mit ihren einzelnen Tethysströgen ist besonders breit. Die Schelfe sind daher offenbar nicht so stabil, wie angenommen worden ist, sie sind die Scharniere zwischen den leichten sialischen Kontinentalschollen und den schweren simatischen Ozeanböden (Abb. 31).

Kein Gebirge zieht von der leichteren Schelfregion in den schwereren Ozeanboden hinaus.

Abb. 31: Schema der Entwicklung eines Gebirges von der Geosynklinale bis zur Orogenese im Zusammenhang mit dem Schalenbau der Erde

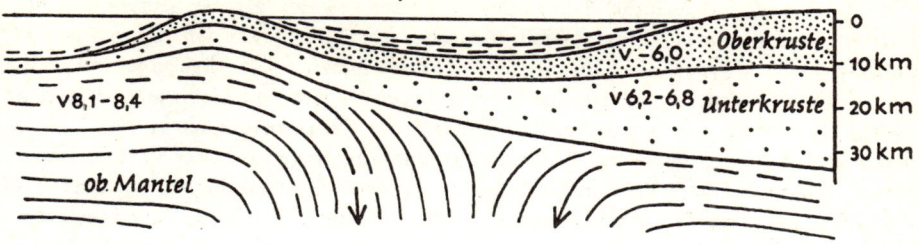

S c h e l f
G e o s y n k l i n a l e

Oberkruste
v ~ 6,0
v 8,1 – 8,4
v 6,2 – 6,8 Unterkruste
ob. Mantel

0
10 km
20 km
30 km

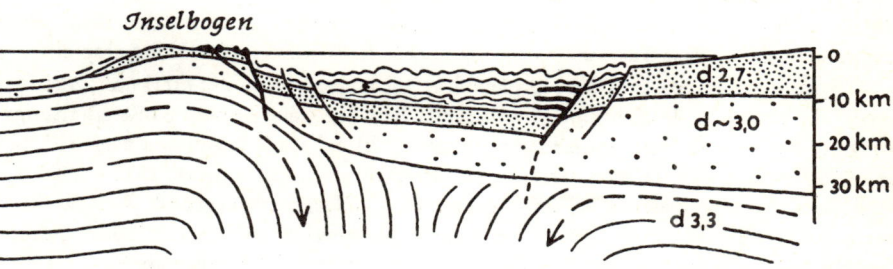

Inselbogen

d 2,7
d ~ 3,0
d 3,3

0
10 km
20 km
30 km

T e k t o g e n e s e
F a l t u n g

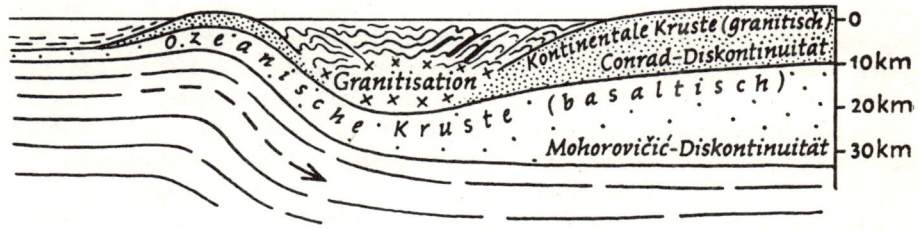

o z e a n i s c h e
Granitisation
K r u s t e
Kontinentale Kruste (granitisch)
Conrad-Diskontinuität
(b a s a l t i s c h)
Mohorovičić-Diskontinuität

0
10 km
20 km
30 km

O r o g e n e s e
H e b u n g

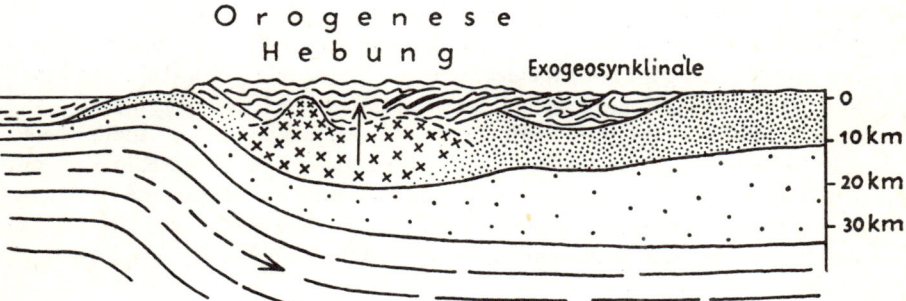

Exogeosynklinale

0
10 km
20 km
30 km

Die gefalteten Geosynklinalräume wurden dem älteren Kontinent (Kraton) jeweils angegliedert und der Kontinent wuchs auf diese Weise. Vielleicht sind die älteren Schelfe früherer erdgeschichtlicher Perioden breiter gewesen als die heutigen „Rest-Schelfe" und mit ihren Geosynklinalräumen zu Gebirgen geworden. Dazu kommt, daß durch die Hebung die Kontinente allmählich immer mehr abgetragen wurden, der Abtragungsschutt wanderte durch immer neue Schelfe und Gebirge nach außen weiter. Man kann sich vorstellen, daß dadurch die Oberkruste eines älteren Kontinents immer dünner wird, bis diese zuletzt ganz abgetragen ist oder in der Unterkruste versinkt. Über die Schelfe mit immer neuen Geosynklinalen wandert ein Kontinent auf diese Weise und verschiebt sich, das alte Kraton geht dabei verloren, ein neues bildet sich. Nach langer Abtragung hat es sich um seine ursprüngliche Masse verlagert und an anderer Stelle wieder aufgebaut.

Die Stellung der Schelfe erklärt, warum alle Gebirge am Rand der Kontinente entstanden sind. Diese Tatsache hat ja bereits bei A. WEGENER eine Rolle gespielt.

2. Zu dieser Gruppe gehören Faltengebirge nicht geosynklinaler Herkunft, also Gebirge, die aus dem Bereich eines Flachschelfs hervorgehen, keinen großen Faltungstiefgang haben und daher auch niemals eugeosynklinal sind. Bei diesen zeigt sich besonders deutlich eine relativ geringe Schichtmächtigkeit (Faltenjura 1200—3000 m), wobei die Faltung vielfach bei Abscherung vom tieferen Untergrund (Paläozoikum oder Präkambrium) erfolgt und dieser sehr wahrscheinlich steile Gleitflächen, Schuppenbau oder ähnliches zeigt. Die Faltenform hängt von der lithologischen Zusammensetzung ab. Wesentlich ist aber die Faltung an der Landoberfläche. Vorher schon vorhandene Flußnetze können z. T. erhalten bleiben (Antezedenz) oder später wieder nachgetastet werden.

In diesen Gebirgen, zu denen auch Hoch-Atlas, Sahara-Atlas und z. T. Mittel-Atlas gehören, treten inmitten von Faltenketten Becken auf, die als Hochplateaus sehr auffallend sind, so z. B. im Faltenjura Delsberg, Ornans, Champagnole u. a. mit vielen 100 km². Die Faltung spart die Plateaus aus, die bis 500—1000 m ü. M. gehoben sind. Die Schichten bleiben ungefaltet horizontal. Nur einzelne, weit auseinanderliegende Faltenzüge treten als einzelne Ketten auf. Entsprechend sind die Hochplateaus von Marokko, Algerien und Tunesien gebaut, sie wurden mit der Gebirgsbildung bis 1200 m ü. M. emporgetragen.

Hier kommt es auch im Bereich von salinaren Gesteinen zur Bildung von Beulen, Diapiren und diapirischer Faltung, zu nennen wäre in diesem Zusammenhang der tunesische Atlas mit seiner Kulissenfaltung.

3. Ähnlich, aber in anderen, sehr großen Dimensionen sind die *Uplifts* der östlichen Rockies, von Wyoming bis New Mexico, gebaut. Sie sind sehr hohe, lange und breite „Kofferfalten", die aber nicht vom Untergrund abgeschert sind wie die sehr viel kleineren Kofferfalten des nordwestlichen Juragebirges. Aber in den Rockies beteiligt sich der paläozoische und präkambrische Untergrund, der einige Kilometer mit hochgewölbt ist. Daß die Faltung dieses Typus gleichfalls auf dem Lande erfolgt ist, zeigen die bis 4000 m hoch gehobenen Abtragungsflächen ebenso wie die Schichtlücken der umgebenden Beckensedimente (Abb. 32). Zwischen den Uplift-Ketten

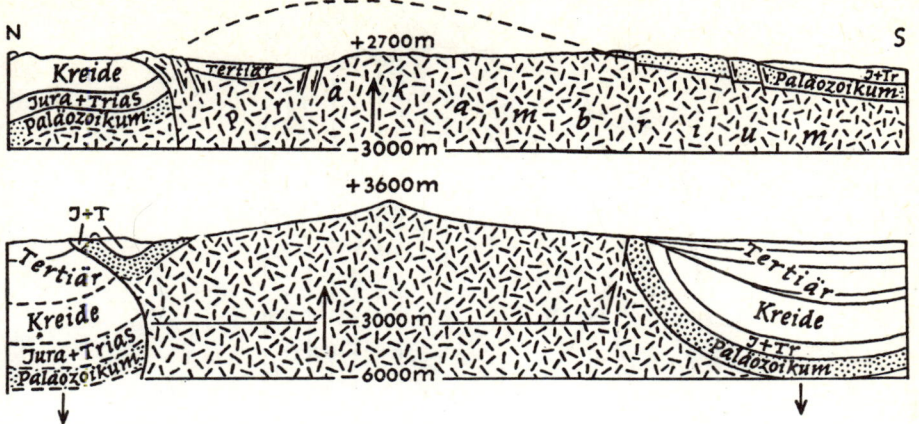

Abb. 32: Gebirgsbildung durch Uplifts und Becken im östlichen Teil der Rocky Mountains (aus A. J. EARDLEY, 1962, nach RITZMA)

liegen große Beckenlandschaften, deren Hochplateaus im Laufe der Gebirgsentwicklung bis über 2000 m ü. M. gehoben wurden.

Echte Falten legen sich da an die Uplift-Zone an, wo die Möglichkeit dazu in flachen Geosynklinalen bestand, z. B. in den Wasatch-Mountains in Utah oder südlich der Uplift-Zone in Nordmexiko in den Faltenketten der Sierra Madre Oriental.

4. Als letzter Typus kann der Bauplan der Anden Südamerikas betrachtet werden, wo zwar teilweise im N oder im S geosynklinale Gebiete mit Falten vorhanden sind, wo aber für die Gebirgsentstehung wichtige außergewöhnlich starke magmatische Vorgänge auftraten. Der *andine Typ* zeigt daher ein magmatisches Gebirge, dessen Werdegang bis zum heutigen Oberflächenvulkanismus reicht und dessen Hebung magmatisch ist, wie schon H. GERTH 1926 erkannte. Die starke Hebung des Gebirges setzt sich bis heute fort. Zum andinen Typ gehört auch das Grenzgebiet zwischen Kalifornien und Nevada mit dem breiten und 1000 km langen Granitpluton der Sierra Nevada und mit dem jungen Oberflächenvulkanismus auf den höchsten Teilen des Gebirges (z. B. Lassen Peak 3767 m, Mt. Shasta 4317 m u. a.).

Ein großer Unterschied trennt die Gruppen 2—4 von den Geosynklinalgebirgen, die keine primären Becken und Plateaus und keine geringen Schichtmächtigkeiten haben, dafür aber großen Faltungstiefgang, synsedimentäre Tektogenese und basischen Magmatismus in zeitweilig eugeosynklinalen Räumen. Dieser Typus muß daher bis in die Unterkruste bzw. in den oberen Mantel reichen und von Vorgängen in dieser Tiefe (bis einige 100 km) gesteuert werden.

Alle Typen aber bilden Gebirge, freilich beginnt bei den Typen 2—4 die Hebung des Gebirges von kleinen Beulen bis zu den großen Uplifts mit der Faltung oder Aufwölbung, während bei den Geosynklinalen die Hebung erst nach der Tektogenese

143

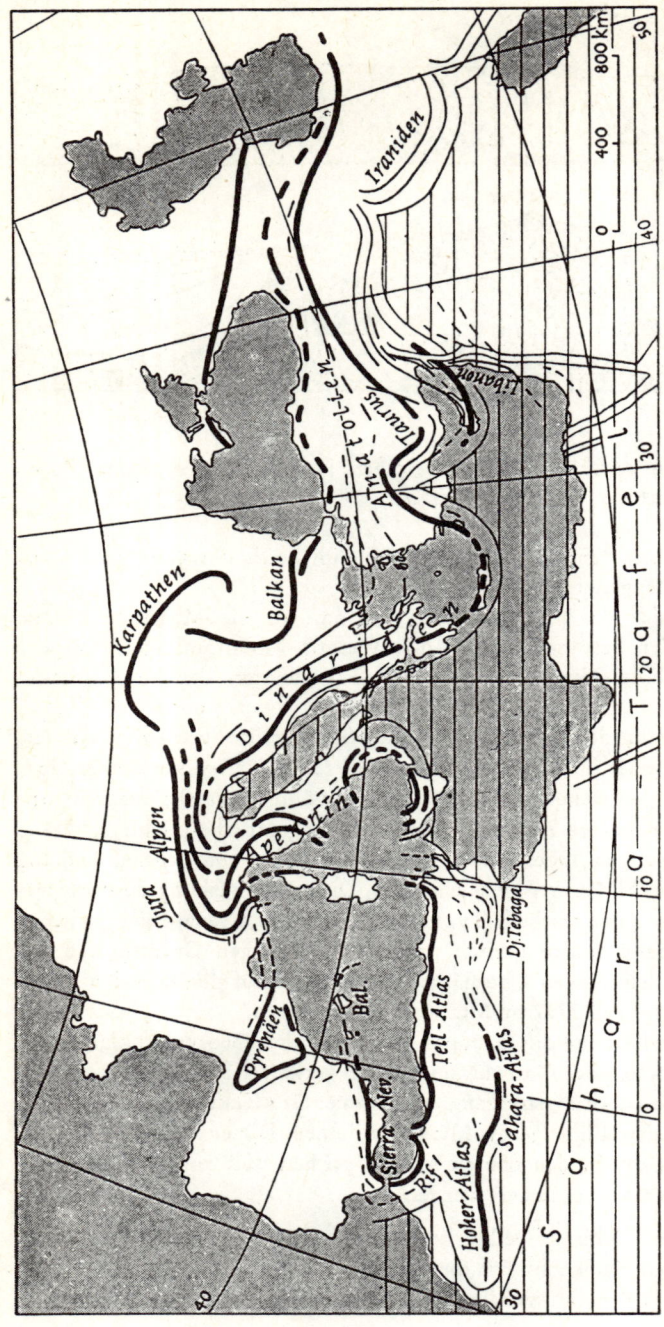

Abb. 33: Gebirgsbögen und Girlandenfaltung im Bereich des Mittelmeeres

144

aus isostatischen Gründen beginnt. Gerade hier zeigt sich aber, daß die Hebung auch die ungefalteten Plateaus mit ergreift und sie mit in die Höhe trägt. Dies ist aber nur möglich, wenn auch hier der tiefere Untergrund die gesamte Hochhebung tragen muß.

Die großen Verschiedenheiten der tektonischen Formen in den genannten Typen erleichtern die aus ihnen zu ziehenden Schlüsse aus der bewegten Oberkruste nach unten bis in den Mantel hinein (Gutenberg-Zone, siehe S. 148), vielleicht sogar noch tiefer (tiefe Erdbeben). Letzte Ursache für jegliche Gebirgsbildung sind die Unterströmungen bzw. Konvektionsströmungen in diesen Bereichen, gleichgültig, ob sie auf Wärmeschwankungen oder auf andere Ursachen zurückzuführen sind.

Das auffallendste an den Geosynklinalgebirgen sind ihre Bögen. Sie sind am Nordrand des Gondwanalandes girlandenartig gefaltet (Abb. 33), die Bogenformen der Küsten-Kordilleren des westlichen Nordamerikas oder diejenigen der ostasiatischen Gebirge sind bekannt (primary arcs). Immer wieder scharen sich die einzelnen Bögen. Hier besteht Übereinstimmung zu den die Außenseite der Gebirgsbögen begleitenden Inselbögen (island arcs), die mit ihrem Vulkanismus und den vorgelagerten Tiefseerinnen zu den Geosynklinalen der Schelfzonen parallel verlaufen, an der Grenze gegen den Ozeanboden (z. B. Aleuten, Kurilen, Japan, Ryu-Kyu, Philippinen usw.).

Plattentektonik (plate tectonics)

Nach der derzeitigen Auffassung zerfällt die Erdkruste bis mindestens 100 km Tiefe (Lithosphaere) in mehrere große Platten (Abb 35 zeigt den heutigen Zustand), die auf der Unterlage des tieferen Mantels bis etwa zur „Gutenberg-Zone" oder auch noch darunter verschiebbar sind. Diese Platten werden durch große Spaltenzonen inmitten der Ozeane getrennt (Rift valleys), die von breiten vulkanischen Rücken begleitet sind. Auf dem mittelatlantischen Rücken liegt z. B. Island. Aus den Spaltenzonen dringen Magmen aus dem oberen Mantel hervor, bauen die Meeresböden nach beiden Seiten und damit ozeanische Kruste auf, gleichzeitig strömen sie gegen die leichteren Kontinentalschollen („seafloor spreading"). Dabei entstehen zwei verschiedene Küstenformen: Die atlantische Küste ist ohne Vulkanismus und Erdbebenzonen, die pazifische Küste ist durch Tiefseegräben, Vulkanismus und Inselbögen gekennzeichnet. Abb. 34 ist sehr stark überhöht, da anders eine Darstellung aus Raummangel nicht möglich ist.

Tiefseegräben, Erdbebenzonen, Inselbögen und Oberflächen-Vulkanismus entstehen jeweils da, wo die Unterströmung der pazifischen Platte, also der ozeanischen Kruste, z. B. Japan oder Amerika absteigend unterfährt. Sie gerät damit immer tiefer unter die kontinentale Kruste, dabei liegen z. B. auch die Erdbebenherde immer tiefer und erreichen mehrere 100 km (sog. Benioff-Zone). Die Geschwindigkeit des Abtauchens beträgt an der japanischen Küste bis 20 cm jährlich.

Beide Amerika gehören mit dem Gebiet westlich des atlantischen Rückens zu einer riesigen Platte, die nach Westen gleitet, während das Gebiet östlich des Rückens mit Afrika und Europa sich nach Osten verschiebt. Gleichzeitig ist aber auch eine Norddrift von Afrika und Europa nicht zu übersehen. Zum Ostrand der pazifischen Platte gehört u. a. die San-Andreas-Seitenverschiebung (vgl. S. 110).

Es ist ersichtlich, daß die Zerlegung der Erdkruste in Platten aus einer ursprünglich einheitlichen kontinentalen Masse der Erde, der Megagaea, seit dem Paläozoikum im Gange ist. Der atlantische Ozean ist nicht vor dem Oberjura entstanden, also recht jung und von Süden nach Norden entlang der Riftzone aufgerissen.

Die Theorie der Plattentektonik ist z. Z. noch mit Mängeln behaftet, die Zerlegung in immer kleinere Platten und Miniplatten geht bereits viel zu weit. Dadurch wird u. a. der mit Sicherheit nachweisbare Zusammenhang der jungen Faltengebirge völlig zerrissen, das Gebirge in ein Mosaïk verwandelt.

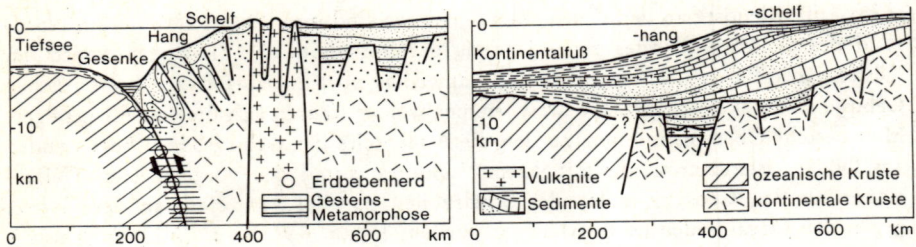

Abb. 34: Der Bau der Kontinentalränder (nach E. SEIBOLD, 1974)

Aufbau der Erde

Da die tiefsten Bohrungen knapp 8000 m erreicht haben ($^1/_{800}$ des Erdradius), stehen direkte Beobachtungen des Erdinnern nicht zur Verfügung (siehe Meteorite S. 17). Auch die Gesteine, die im Laufe von Gebirgsbildung und Abtragung aus größeren Tiefen an die Erdoberfläche gelangt sind, geben nur einen Einblick in metamorphe und ultrametamorphe Zonen, die kaum tiefer als 15 km gelegen haben.

Mit Hilfe geophysikalischer Methoden läßt sich dagegen viel aussagen über den Aufbau tieferer Teile der Erde, vor allem durch Auswertung der Erschütterungswellen, die bei Erdbeben, aber auch durch starke Gesteinssprengungen erzeugt werden. So läßt sich die Abhängigkeit der Geschwindigkeiten für Longitudinal- und Transversalwellen (siehe S. 117) sowie der Dichte und der elektrischen Leitfähigkeit von der Tiefe ermitteln. Aus diesen Untersuchungen ergibt sich ein Schalenbau, der vor allem in seinen höheren Teilen lokale und regionale Inhomogenitäten aufweist.

Diesen Schalenbau kann man grob in die drei Schalen *Kruste*, *Mantel* und *Kern* einteilen, eine feinere Gliederung zeigt sieben Schalen (vgl. Tab. VI). Der Aufbau der Erdkruste ist in den oberen Kilometern durch Aufschlüsse, Bergwerke und Bohrungen bekannt, vor allem die hangende Sedimentdecke. In diesen Bereich fällt auch noch das Grundgebirge, besonders in den alten Schilden, in denen durch Abtragung sogar recht tiefe Teile der Kruste aufgeschlossen sind. Sie bestehen aus metamorphen, anatektischen und magmatischen Gesteinen von überwiegend saurem Chemismus (reich an Si-Al). Danach hat man diesen Teil schon frühzeitig als *Sial* bezeichnet, heute spricht man von *Oberkruste* oder *kontinentaler Kruste*. Hier sind Dichteänderungen und stoffliche Unterschiede nicht nur vertikal vorhanden, sondern auch durch magmatische und tektonische Vorgänge ebenso horizontal in großem Umfang hervorgerufen worden.

Die Mächtigkeit der kontinentalen Kruste hängt u. a. von der geologischen Geschichte ab, die Dicke beträgt in den Kontinenten 10—30 km. Unter den jungen Geosynklinalgebirgen schwillt sie an (siehe S. 113) und kann bis 50 km Tiefe erreichen. Unter den Ozeanen dagegen nimmt sie über dem Schelf rasch ab und fehlt völlig, falls nicht geringmächtige Sedimente (bis 1 km) am Ozeanboden liegen. Im Stoffbestand und in den physikalischen Eigenschaften gleicht die kontinentale Kruste weitgehend den Gesteinen von granitischer Zusammensetzung, daher spricht man auch von granitischer Schale.

An der Unterfläche dieser oberen Kruste erhöhen sich Dichte und Geschwindigkeit der Wellen längs einer Fläche, die man als *Conrad-Diskontinuität* bezeichnet. Unter ihr beginnt die *Unterkruste* oder *ozeanische Kruste,* in der Si-Al abnehmen und dafür Mg-Fe zunehmen, man hat diesen Bereich auch *Sima* genannt. In dieser Schale treten daher bereits schwerere basische Gesteine auf von etwa basaltischer Zusammensetzung.

Die ozeanische Kruste ist unter den Ozeanen nur 5—6 km dick und schwillt unter den Kontinenten im Durchschnitt auf 15—20 km an, so daß ihre Unterfläche hier durchschnittlich bei 30—35 km Tiefe liegt, unter den jungen Gebirgen entsprechend tiefer. Vom Kontinent zum Ozean steigt also die Unterfläche der ozeanischen Kruste an. Diese Unterfläche erweist sich im allgemeinen als deutliche Grenzfläche, die man als *Mohorovičić-Diskontinuität* bezeichnet. An ihr erhöhen sich wiederum Dichte und Geschwindigkeit der Erdbebenwellen.

Während die Conrad-Diskontinuität nicht überall mit Sicherheit nachgewiesen werden kann, ist die Mohorovičić-Diskontinuität als Grenze zwischen Kruste und Mantel im allgemeinen vorhanden. Allerdings scheint sie unter den jungen Gebirgen weniger scharf zu sein und eine breite Zone des Übergangs zu umfassen, die nach den Untersuchungen von P. GIESE unter den Alpen bis 20 km betragen kann, wobei im oberen Teil sogar eine Zone geringerer Geschwindigkeit der Wellen vorhanden ist. Es würde dies gerade den Bereich der Gebirgswurzel („Sialfuß" siehe S. 139) mit ihrem Granitisations- und Aufschmelzungsbereich umfassen.

Unter der ozeanischen Kruste beginnt der Erdmantel, der sich in drei Zonen gliedert. Der obere Mantel dürfte aus kristallinem Material von basaltisch-peridotischer Zusammensetzung bestehen und reicht bis etwa 400 km. Im Tiefenbereich zwischen 100 und 220 km zeigt sich eine Abnahme der Geschwindigkeit der Erdbebenwellen *(Gutenberg-Zone)*, während unter den Ozeanen die Abnahme bereits bei 60 km beginnt. Man kann annehmen, daß der obere Mantel in chemischer und physikalischer Hinsicht noch durchaus vertikal und lateral inhomogen ist und offensichtlich verantwortlich für viele Ereignisse in der Kruste. Alle geotektonischen Strukturen der Oberkruste einschließlich der metamorphen und anatektischen Vorgänge, d. h. die wesentliche anorganische Erdgeschichte, müssen ihre Ursache im oberen Mantel haben. So ist es auch von Bedeutung, daß in der Gutenberg-Zone die Differenz zwischen der dort herrschenden Temperatur und der Schmelztemperatur der Gesteine geringer ist als im übrigen Mantel. Bei lokalen Temperaturerhöhungen können vor allem hier Aufschmelzungen erfolgen und sich begrenzte Magmenherde bilden.

Der mittlere Mantel reicht von 400—900 km, hier steigt die Dichte bereits auf 4,5 g/cm³ an (siehe Tab. VI). Man erklärt dies durch den Übergang isochemischen Materials in eine dichtere Packung. Auch die starke Zunahme der Geschwindigkeit der seismischen Wellen unterhalb des oberen Mantels wird dem Übergang in Hochdruckphasen zugeschrieben.

Der untere Mantel hat als Untergrenze 2900 km. In ihm zeigen die Minerale schon Halbleiter-Eigenschaften (teilweise freie Elektronen), daher hat dieser Teil gute Leitfähigkeit.

Der nun folgende Erdkern ist durch die in 2900 km verlaufende *Wiechert-Gutenberg-Diskontinuität* vom Mantel getrennt. Hier nimmt die Geschwindigkeit der P-Wellen unvermittelt von 13,6 auf 8,1 km/sec ab, und die Dichte steigt auf 9,4 g/cm³ an. Auch in annähernd 5200 km Tiefe liegt noch einmal eine Grenzfläche, die den äußeren Kern vom inneren trennt. Wesentlich ist, daß Scherwellen nicht durch den äußeren Kern gehen. Man schließt daraus, daß dieser sich in einem flüssigkeitsähnlichen Zustand befindet, während man den inneren Kern für fest hält. Der plötzliche Wechsel des Materialzustandes an der Grenze Mantel—Kern kann wohl nicht

Tabelle VI: Der Schalenbau der Erde

Tiefe		Schalengliederung	Stoffliche Gliederung	Dichte in g/cm³	Zustand	Temperatur in °C	Geschwindigkeit der P-Wellen in km/sec
10—30 km	Kruste	Oberkruste (Kontinentale Kruste)	Sial ("granitisch")	2,7	inhomogen, lokal granitische Magmenherde und Diapire, Anatexis, Palingenese	300—540	5,6—6,0
		Conrad-Diskontinuität				670—740	
6—50 km		Unterkruste (Ozeanische Kruste)	Salsima ("dioritisch") Sima	3,0	Kristallin		
		Mohorovičić-Diskontinuität	{?Phasenwechsel? ?Materialwechsel?}				6,4—7,3
100 km	Mantel	Oberer Gutenberg-Zone			lokale basische und ultrabasische Magmenherde	1400	7,8—8,3 Gutenberg-Zone
220 km		Mantel	Sifema ("basaltisch")	3,3	Kristallin		8,2—8,4
400 km		Mittlerer Mantel	("peridotitisch")	5,7		2500	
900 km		Unterer Mantel					
2900 km		Wiechert-Gutenberg-Diskontinuität					13,6
	Kern	Äußerer Kern	metallischer Charakter (eisenreich)	9,4	flüssigkeitsähnlich	2500—3000	8,1
5200 km		Innerer Kern	Eisen-Nickel-Verbindungen	11—13,5	fest	3000—5000	9,4
6370 km							11,3

durch eine Phasenumwandlung allein, sondern muß auch durch eine Änderung der chemischen Zusammensetzung erklärt werden, möglicherweise von peridotitischem zu metallischem Charakter. Im äußeren Kern wird auch die Ursache für den größten Teil des Erdmagnetismus gesucht (siehe S. 28). Die größte Dichte im inneren Kern wird mit 13,5 g/cm³ angenommen. Die Zusammensetzung ist nickelreiches Eisen.

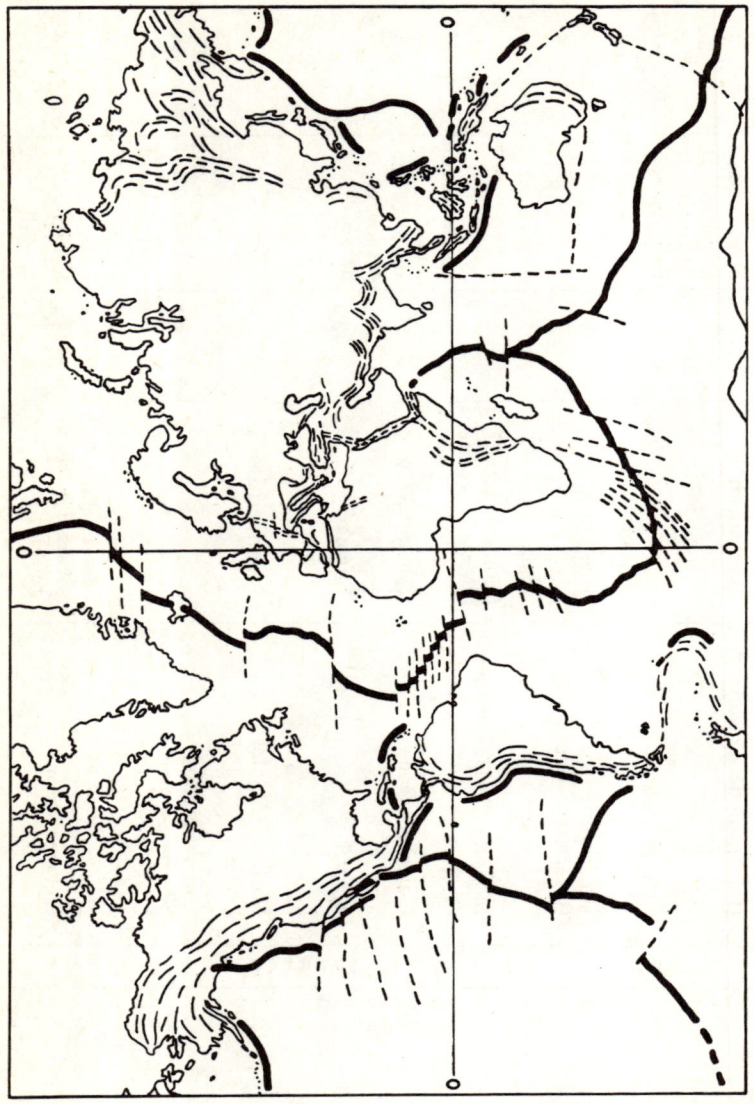

Abb. 35: Anordnung der großen Platten der Erdkruste in der Gegenwart.
Breite schwarze Linien: Ozeanische Rücken und Tiefseegräben

Ablauf der Erdgeschichte (Historische Geologie)

Der am meisten historische Teil der Geologie ist die Erdgeschichte. Sie basiert zunächst einmal auf der Aufeinanderfolge von Sedimenten, die der zeitlichen Reihenfolge nach von unten nach oben abgelagert werden. Die ältesten Sedimentgesteine liegen daher normalerweise unten, die jüngsten oben. Nach dieser räumlichen Anordnung der Sedimente hat man zuallererst eine *Stratigraphie* aufgebaut, die später faziell und sedimentologisch bis in die feinste Einzelheit ausgearbeitet worden ist. Für die Gliederung der Erdgeschichte und ihrer zeitlich nacheinander folgenden Systeme ist das nur der anorganische Teil der erdgeschichtlichen Gliederung. Gleichzeitig berücksichtigt werden muß aber der organische Teil, d. h. die Entwicklung des Lebens auf der Erde. Beide Teile zusammen ergeben erst den vollständigen und umfassenden Ablauf der Erdgeschichte und sind von gleicher Bedeutung.

In vielen Fällen, so z. B. für den langen Zeitraum vor dem Kambrium, ist eine Gliederung nur nach lithologischen und tektonisch-magmatischen Gesichtspunkten möglich, aber auch für viele jüngere fossilarme terrestrische Ablagerungen gibt es oft nur eine lithologische Gliederung. Diskordanzen, tektonische Bewegungen, Trans- und Regressionen sind dabei besonders wichtig. Auf diese Weise sind z. B. in Südafrika oder in Skandinavien sehr gute Gliederungen mächtiger Schichtfolgen möglich gewesen. Vom Kambrium ab, also für die letzten rund 600 Mill. Jahre Erdgeschichte, ist dann die Gliederung mit Hilfe ausgestorbener Lebewesen möglich. Vor allem die *Leitfossilien* spielen dabei eine große Rolle, d. h. solche Lebewesen der Vergangenheit, die mit ihren Gattungen oder Arten eine möglichst kurze zeitliche, d. h. im Schichtenverband vertikale Lebensdauer mit einer möglichst weiten horizontalen Verbreitung verbinden. Inzwischen haben sich viele früher als „Leitfossilien" verwertete Formen als Faziesfossilien erwiesen. Diese *biostratigraphische* Gliederung ist damit ausschließlich an Sedimente gebunden von vorzugsweise mariner Entstehung, sie liefert jedoch nur relative Altersangaben. Fast sämtliche Leitfossilien mit Ausnahme terrestrischer Wirbel- oder Säugetiere sind marine Tiere, da in marinen Sedimenten die Möglichkeit zur Einbettung und Erhaltung am meisten gegeben ist. Pflanzen dagegen spielen eine Rolle fast nur in den Ablagerungen von Stein- und Braunkohlen. In jüngeren pflanzlichen und anderen, meist küstennahen Ablagerungen können auch die Pollen einen sehr guten stratigraphischen Leitwert besitzen.

Die absolute Zeitrechnung geht von den Magmatiten aus, aus ihren Altersbeziehungen zu korrelaten Sedimenten kann man dann auch deren Alter absolut bestimmen und mit Hilfe der Leitfossilien, die diese Sedimente enthalten, auch auf andere Gebiete übertragen, in denen eine absolute Altersbestimmung nicht möglich ist. Stratigraphie ist daher die Kombination der anorganisch-lithologischen und der biostratigraphischen Gliederung.

Es muß besonders darauf hingewiesen werden, daß außerdem z. B. die Entstehung von Abtragungsflächen ein erdgeschichtlich-stratigraphischer Vorgang ist. Daher ist eine Rumpffläche eine Zeitmarke, und zusammen mit ihren korrelaten Sedimenten bildet sie einen wichtigen Bestandteil der Stratigraphie.

Aus den Ergebnissen stratigraphischer Untersuchungen ergibt sich eine geologische Zeittafel (siehe Tab. VII), auf der neben den absoluten Zahlen die Zeitabschnitte der Erdgeschichte erscheinen. Man unterscheidet von der größeren zur kleineren Zeiteinheit bzw. für die in einem Zeitabschnitt gebildeten Gesteine (rechts):

Ära (z. B. Paläozoikum)	Systemgruppe
Periode (z. B. Karbon)	System (Formation)
Epoche (z. B. Unterkarbon = Dinant)	Abteilung (Serie)
Alter (z. B. Tournai)	Stufe
Phase	Zone

Den früher gebrauchten Begriff „Formation" (an Stelle „System") faßt man nicht mehr als Zeiteinheit, sondern mehr und mehr nur noch als eine lithologische Einheit auf. Die „Zone" ist von großer Bedeutung in der Biostratigraphie, sie ist durch die Lebensdauer eines bestimmten Leitfossils gegeben und führt dessen Namen.

Die ältesten Lebensspuren, freilich für stratigraphische Zwecke nicht benutzbar, reichen weit in das Präkambrium bis nahezu 3 Mrd. Jahre zurück. Es handelt sich um Algen (Blaualge *Collenia*) und um Algenkohlen, später treten Würmer, Cölenteraten und Radiolarien auf, noch später Vorläufer von Gliedertieren. Reste des Lebens sind sehr spärlich und stehen im Gegensatz zu den reichen Faunen, die mit dem Kambrium erscheinen. Zwischen Präkambrium und Kambrium liegt der große, bisher noch unerklärte Schnitt in der Entwicklung des Lebens, das im Kambrium mit seinen wirbellosen Hauptstämmen schon in weiter Verbreitung vorhanden ist. Vielleicht mangelte es der präkambrischen Lebewelt an der Möglichkeit, erhaltungsfähige Hartgebilde zu erzeugen, oder die Zusammensetzung des Meerwassers war eine andere als später. Ein Mangel an Ca oder ein Überschuß an CO_2 können Gründe gewesen sein für die so spärliche Verbreitung des Lebens. Man hat aber auch daran gedacht, daß die Erde bis zum Kambrium keinen Sauerstoff bzw. einen nur sehr langsam wachsenden Gehalt an diesem besaß (statt dessen z. B. CO_2 oder H_2O in Dampfform oder Ammoniak), so daß eine explosive Entfaltung des Lebens erst dann möglich war, nachdem der Sauerstoffgehalt eine bestimmte Größenordnung erreicht hatte und sich das Leben auf diesen umstellte. Andererseits darf man bei diesen Fragen nicht vergessen, daß die Mehrzahl der präkambrischen Formationen mehr oder weniger starke Metamorphosen durchgemacht hat, bei denen etwa vorhandene Fossilreste verloren gingen. Schließlich liegen präkambrische Gesteine in den heutigen Schelfregionen auch unter Wasser und sind der Beobachtung nicht zugänglich.

Erst gegen Ende des Silurs wird das Festland von den ersten Gefäßpflanzen besiedelt, wenig später gehen auch die ersten Arthropoden an Land.

Auf der beigegebenen Tab. VII wird ein Überblick über die Erdgeschichte gegeben, wobei der Versuch unternommen wird, außer der Einteilung die wichtigsten Ereignisse wie Gebirgsbildungen, Transgressionen, Klimate, Lagerstätten darzustellen und die Entwicklung des Lebens zu schildern. Diese Tabelle soll kein Lehrbuch ersetzen, sondern nur eine kleine Hilfe sein für diejenigen, die mit der Historischen Geologie in Berührung kommen. Für diesen Zweck ist sie etwas ausführlicher gehalten.

Von großer Bedeutung ist die aus stratigraphischen und regional-geologischen Untersuchungen sich ergebende Paläogeographie, die durch die ganze Erdgeschichte hindurch sich mit immer größerer Annäherung der rezenten Geographie angleicht. Daher kommt es auch, daß Untersuchungen, vor allem im Pleistozän, sowohl von geographischer wie auch von geologischer Seite unternommen werden können.

Die Paläogeographie strebt an, allmählich immer genauere Karten der Verteilung von Land und Meer, der Oberflächengestaltung in den einzelnen Systemen, des Paläoklimas usw. vorzulegen. Die Verbreitung z. B. mariner oder terrestrischer Sedimente, das Erkennen von Meeresströmungen auf sedimentologischer Grundlage, fossile vulkanische Erscheinungen und viele andere Vorgänge sind von besonderer Bedeutung.

Sehr wesentlich sind schließlich die tektogenen und orogenen Ereignisse im Ablauf der Erdgeschichte. Im ganzen gesehen sind sie freilich wegen ihrer Dauer keine stratigraphischen Zeitmarken. Mehr geeignet scheinen zwar die großen Transgressionen, die aber meistens sehr langsam vor sich gehen und daher auch zur Verwendung als Zeitmarken ungeeignet sind. So erlebt die unterdevonische Transgression in Mitteleuropa ihren Höhepunkt erst im Mitteldevon und schreitet daher nur langsam von W nach E und nach S fort. Auch die weltweite „Cenoman-Transgression" beginnt zwar schon im Alb, erlebt aber langsam fortschreitend ihren Höhepunkt erst mit dem Turon.

Über das Erscheinen und Verschwinden wichtiger Lebensformen gibt die beigegebene Tabelle einige Hinweise.

Dazu sei bemerkt, daß für die Einteilung der Zeiteinheiten verschiedene Bezeichnungen nebeneinander laufen. Hier wurde die französische Form gebraucht, deren Endsilbe „en" im Deutschen durch „an" ersetzt wird. Sie kann auch wegbleiben, z. B. Tortonien = Tortonian = Torton. Aber auch verschiedene Namen treten auf: statt Pont = Pannon, statt Burdigalien = Langhien. Manche „Stufen" bezeichnen nur eine andere Fazies gleichen Alters, z. B. Sarmat oder Messinian für das obere Torton.

Für nähere und rasche Orientierung über den Ablauf der Erdgeschichte sei verwiesen auf K. SCHMIDT (1972).

Tabelle VII: Übersicht über die Erdgeschichte

Allgemeine Gliederung				Alpen	Norddeutschland und Ostsee		Kulturstufen
NEOZOIKUM (Känozoikum, Erdneuzeit)	Quartär	Holozän	Postglazial	Jüngere Gletschervorstöße bis in die Gegenwart (z. B. 1620—1650, 1850—1890 n. Chr.) Daun-St. Gschnitz-St.	Subatlantikum — 1000 Subboreal — 2000 Atlantikum — 4000 Boreal — 7500 Präboreal — 8000	Mya-Meer + 1000 Limnaea-See Litorina-Meer Ancylus-See Yoldia-Meer	Historische Zeit Eisenzeit Bronzezeit Neolithikum Mesolithikum
					10 000		
		Pleistozän — Jung	Spätglazial	Schlern-St. Ammersee-St.	Gotiglazial 11 000 Daniglazial 14 500 Weichsel-Eiszeit	Salpausselkä-St. jüng. Dryaszeit Alleröd-Schwankung ält. Dryaszeit Rügen-St. Langeland-St. Belt-St. Pommersches St. Frankfurter St. Brandenburger St.	Magdalénien
		Pleistozän — Mittel	Würm-Kaltzeit	Würm-Eiszeit	72 000		Solutréen Aurignacien Moustérien
			Eem-Warmzeit	Riß-Würm-Interglazial	Eem-Interglazial		
			Riß-Kaltzeit	Riß-Eiszeit	Warthe-Eiszeit		
			Ohe-Warmzeit	Mindel-Riß-Interglazial	Ohe-Interglazial	(Saale-Eiszeit)	
			Mindel-Kaltzt.	Mindel-Eiszeit	Drenthe-Eiszeit	230 000	Acheuléen
			Holstein-Warmzeit	Günz-Mindel-Interglazial	Holstein-Interglazial		
			Günz-Kaltzeit	Günz-Eiszeit	Elster-Eiszeit		Abbévillien
		Pleistozän — Alt	Waal-Warmzeit Eburon-Kaltzt. Tegelen-Warmzt. Brüggen-Kaltzt. über 1 000 000	Donau-Zeit Biber-Zeit 600 000			
	Tertiär — Jung	Pliozän		Astien Piacentinien Pontien	**Wallachische Faltung** **Rhodanische Faltung** (Franz. Voralpen, Schweizer Jura, Molasse)		
		Miozän		Sarmatien Tortonien Helvétien Burdigalien Aquitanien	**Attische Faltung** **Steirische Faltung**		
	Tertiär — Alt	Oligozän		Chattien Rupélien Lattorfien — Stampien (Sannoisien)	**Savische Faltung**		
		Eozän		Ludien Bartonien — Priabonien Auversien Lutétien Yprésien (Cuisien)	**Pyrenäische Faltung** (Ostalpen, Schweizer Alpen, Pyrenäen)		
		Paläozän - 70 Mill. J.		Ilerdien Thanétien Montien (Danien)	**Laramische Faltung** (Felsengebirge, Antillen)		

(Kulturstufen im Pleistozän: Paläolithikum)

Entwicklung in und auf der Erdkruste, Klima	Entwicklung der Lebewelt	Lagerstätten
...age der Schneegrenze in der post-...azialen Wärmezeit in den Nordalpen ...0—400 m höher als heute. Letzter ...letschervorstoß 1850—1890. ...limaoptikum im Atlantikum.		Torf Ilmenit (Titanoxid) als Seifenmineral in der Kieler Bucht. Goldseifen des Oberrheingebietes (Rheingold!). Vulkanische Baustoffe (Bimsstein u. a.). Kies, Sand, Tone (Ziegel!), Straßen- baustoffe.
...usdehnung der Sahara in historischer ...eit.		
...edimentation von Moränen, große ...ndmoränengürtel.		
...ufschüttung von Flußterrassen.	Homo sapiens.	
...as Klima zeigt weiterhin Tempera-...erniedrigung, große Gletscher und ...landeismassen entstehen (Eiszeit), die ...ch in den eingeschalteten Warmzeiten ...rückziehen und in der nächsten Kalt-...eit wieder weltweit vordringen. Den ...altzeiten entsprechen wegen der Bin-...ung des Wassers in Form von Eis ...egressionen, den Warmzeiten Trans-...ressionen. In den wärmeren Breiten ...ntsprechen den Kaltzeiten Pluviale ...Regenzeiten). Auch die Tektonik des ...ertiärs setzt sich im Quartär weiter ...rt, vor allem an den großen Graben-...onen ist eine Bruchtektonik und an ...nderen Stellen sogar Faltentektonik ...asadenische Faltung) zu beobachten.	Erste Hominiden im Frühpleistozän, sonst aber wegen des nur kurzen Zeit- raumes keine wesentliche Weiterent- wicklung. Fauna und Flora abhängig von den kurzfristigen Klimaschwankungen. Homo neandertalensis — 70 000 Jahre.	
...ie Basis des Pleistozäns liegt im ...berrheintalgraben bis 250 m, in Hol-...and bis 600 m u. M., in der östlichen ...oebene in den jungen Faltungsregio-...en sogar bis 3000 m u. M.	Homo heidelbergensis — 450 000 Jahre.	
...ie Schneegrenze war in den Nord-...lpen und Mittelgebirgen bis 1200 ...zw. 1400 m abgesenkt.	Homo erectus — 500 000 Jahre.	
	Älteste echte Hominiden — 4 bis— 1 Mill. Jahre Australopithecus.	Gold in den Vulkaniten der Karpaten- Innenseite, Silber in den Vulkaniten Mexikos.
...as Meer zieht sich im Laufe des Sy-...ems ungefähr auf die heutigen Küsten ...urück. Transgressionen sind lediglich ...uf die Festlandränder und kleinere ...enkungs- und Einbruchsgebiete be-...hränkt. Die hier entstandenen Sedi-...ente enthalten zum Teil Erdöllager. ...a wasserreichen Senken der Festländer ...ntstehen Braunkohlen. Bestimmt wird ...as Bild der Formation durch gewaltige ...ktonische und magmatische Bewegun-...en: Auffaltung der Sedimente in den ...lpinen Randsenken, Einbruch der ...roßen Grabenzonen (Ostafrika, Ober-...hein). Neben plutonischen Einschüben ...a orogenen Räumen werden weite Ge-...iete von mächtigen Basaltdecken über-...utet (Nordamerika, Island, Vorder-...dien). Das Klima, zunächst trocken ...nd warm, wird fortlaufend kühler.	Die Foraminiferen entwickeln wieder Großformen (Nummuliten). Muscheln und Schnecken liefern viele Leitformen. Fast alle rezenten Fische nachgewiesen. Die Säugetiere erleben eine rasche Ent- wicklung. Erste Primaten im Paläozän, älteste Pongiden im Oligozän. Angio- spermen jetzt vorherrschend. Änderung der Flora durch allmähliche Klimaver- schlechterung.	Braunkohle von Helmstedt, in Sachsen und Anhalt (bes. Bitterfeld — Leipzig und Lausitz), Niederschlesien, Hessen und Niederrhein, Oberbayern (bes. Molasse), Nordböhmen, Pariser und Londoner Becken. Indonesien und Au- stralien. Kalisalz bei Buggingen (Baden) und im Oberelsaß, im Ebrobecken, Phosphat in Nordafrika. Kaolin in Schlesien und Meißen. Erdöl in Norddeutschland, am Ober- rhein, im Wiener Becken, am Alpen- rand, ferner Mähren, Polen und Ru- mänien, Kaukasien (Maikop-Baku), am Kaspisee, Kanada, USA, Venezuela, Persien, Irak, Arabien, Libyen, Burma, Indonesien.

Allgemeine Gliederung				Faltungen und Transgressionen
MESOZOIKUM (Erdmittelalter)	Kreide — Oberkreide	(Danien)		**Laramische Faltung** (Hauptfaltung der Anden, Ende der Sedimentation im ostalpinen Raum)
		Maastrichtien		
		Campanien	Senon	
		Santonien		
		Coniacien	Emscher	**Gosaufaltung** (Ostalpiner und penninischer Raum)
		Angoumien	Turon	
		Ligérien		
		Cénomanien	Cenoman	Große Transgression / **Austrische Faltung** (vor allem in den Ostalpen)
	Kreide — Unterkreide	Albien		
		Gargasien	Apt	
		Bédoulien		
		Barrémien		
		Hauterivien	Neokom	
		Valanginien		
	— 135 Mill. Jahre	Berriasien		**Jungkimmerische Faltung**
	Jura — Malm — 155 Mill. Jahre	Purbeck	Tithon	(Nordamerikanische Kordillere)
		Portland		
		Kimmeridge		
		Oxford		Große Transgression
	Jura — Dogger	Callovien		
		Bathonien		
		Bajocien		
		Aalénien		
	Jura — Lias	Toarcien		
		Pliensbachien		
		Lotharingien		
		Sinémurien		
	— 180 Mill. Jahre	Hettangien		**Altkimmerische Faltung**
	Trias — Keuper	Rätische Stufe		(Kapländisches Faltengebirge)
		Norische Stufe		
		Karnische Stufe		**Laba-Faltung** (Japan)
	Trias — Muschelkalk	Ladinische Stufe		
		Anisische Stufe		
	Trias — Buntsandstein — 225 Mill. J.	Skythische Stufe		

Entwicklung in und auf der Erdkruste, Klima	Entwicklung der Lebewelt	Lagerstätten
as heutige Bild der Erdoberfläche be- nt sich abzuzeichnen: Gondwanaland rfällt endgültig in Südamerika, rika, Madagaskar und Vorderindien, f der Nordhalbkugel trennt sich rönland von Nordamerika. In den pinen Geosynklinalen beginnt die ltung. In Trögen der sich heraus- benden Gebirge sammeln sich ein- rmige, klastische Sedimente in großer ächtigkeit (Flysch). Das Klima ist eichmäßig warm. erflutung durch mächtige Basalt- cken im Paranábecken und in SW- rika.	Die Fauna ist noch typisch mesozoisch. Großforaminiferen stellen Leitfossilien (Orbitoiden). Ammoniten in vielen aberranten Formen, Belemniten, Mu- scheln (Inoceramen und Rudisten). See- igel, Kieselschwämme und moderne Knochenfische treten weit verbreitet auf. Riesensaurier, Placentale Säuger (In- sektivoren). Aussterben von Ammoniten, Belemniten und Sauriern am Ende der Oberkreide. Im Albien Florensprung, plötzliches Auftreten der Angiospermen (damit Beginn des Känophytikums).	Braunkohle in den USA, „Wealden"- kohle in Deutschland und Spanien. Trümmer-Eisenerz von Salzgitter, Peine, Ilsede und Amberg (Bohnerz z. T.). Erdöl in NW-Deutschland, Kanada, Venezuela, Kuwait, USA. Schreibkreide auf Rügen, Dover usw. Hauptvererzung der Anden.
s Meer erobert aus den weiter ab- kenden Geosynklinalen neue Gebiete. r in Nordamerika faltet sich die rdillere unter starker Beteiligung n Magmen auf. Die Callovientrans- ession überflutet weltweit große stlandsgebiete. Die in den Meeren s Malm entstandenen hellen Kalke d auf der ganzen Erde verbreitet. s Klima wird zunehmend wärmer. oße Gebiete bleiben weiter landfest. s Meer ist im wesentlichen auf die osynklinalräume der beginnenden idischen Ära beschränkt. Hier wer- n mächtige, hochmarine Serien ab- agert (pelagische Trias). Auf den cher werdenden Festländern bilden h terrestrische Sedimente. In Ge- eten mit epikontinentalen Meeresein- ichen entsteht weltweit eine dreiglie- ge Schichtfolge (germanische Trias). Ende der Trias zieht sich das Meer f der ganzen Erde kurzfristig zu- k, doch bereits im Rät erfolgt ein ier Meeresvorstoß, der sich bis in n Jura hinein fortsetzt. Das seit dem erkarbon auf den Nordkontinenten hr oder weniger ausgeprägte Wüsten- ma wird im Rät endgültig über- nden und durch ein kühles, feuchtes ima abgelöst.	Neue Blüte der Ammoniten, die aus- gezeichnete Leitfossilien liefern. Kiesel- schwämme, Seeigel, Muscheln, Schnek- ken. Die Reptilien erleben eine stür- mische Entfaltung (Dinosaurier auf dem Lande, Ichthyosaurier u. a. im Meer, erste Flugsaurier, Schildkröten und Krokodile). Unabhängig davon ent- wickelt sich aus den Reptilien der Archäopteryx, ein Vogel noch mit Rep- tilmerkmalen. Die Flora zeigt wenig Veränderung gegenüber der Trias. Die Muscheln verdrängen die Brachio- poden und stellen viele Leitformen. Die Ammoniten (u. a. Ceratiten) zei- gen am Ende des Systems Aberranz und sterben größtenteils aus. Erste Hexakorallen. Die Reptilien sind auf dem Lande vorherrschend (erste Dino- saurier). Kleine Säugetiervorläufer im Rät. Weiterentwicklung der Gymnospermen- flora.	Erdöl und Ölschiefer in Deutschland, Erdöl ferner in der Sahara, Persien, Irak. Sedimentäre Eisenerze in Lothringen (Minette), bei Gutmadingen, Wasser- alfingen, Detmold, der Porta West- falica und Gifhorn. Solnhofer Plattenkalk. Marmor von Carrara. Erdöl in Norddeutschland, Bausand- steine aus dem unteren Buntsandstein, Bleiglanz und Zinkblende in Ober- schlesien.

Tabelle VII: Übersicht über die Erdgeschichte (Fortsetzung)

Allgemeine Gliederung					Faltungen und Transgressionen
PALÄOZOIKUM (Erdaltertum)	Perm	Zechstein	Tatar		Saalische Faltung (Ural)
			Kasan		
		Rotliegendes — 270 Mill. Jahre	Artinsk		
			Sakmara		
	Karbon	Oberkarbon	Stefan Ober-, Unter-	Siles	Asturische Faltung (Subvariskische und Appalachische Vortiefe) Asturien
			Westfal A—D		
			Namur A—C		
		Unterkarbon — 350 Mill. Jahre	Visé	Dinant	Sudetische Faltung (Variskische Gebirge in Mittel- und Südeuropa, Nordasien) Flyschfazies im Kulm
			Tournai		
	Devon	Oberdevon	Dasbergstufe		Bretonische Faltung (Südliches Rheinisches Schiefergebirge, Appalachen)
			Hembergstufe		
			Nehdenstufe		
			Adorfstufe		
		Mitteldevon	Givetstufe		Große Transgression
			Eifelstufe		
		Unterdevon — 400 Mill. Jahre	Emsstufe		
			Siegenstufe		
			Gedinnestufe		
	Silur	— 440 Mill. Jahre	(Downton)		Jungkaledonische Faltung (Kaledonisches Gebirge, Ardennen, Sudeten)
			Ludlow		
			Wenlock		
			Llandovery		Takonische (altkaledonische) Faltung (Appalachen)
	Ordovizium		Ashgill		
			Caradoc		
			Llandeilo (+ Llanvirn)		
			Skiddavian (Arenig)		
		— 500 Mill. Jahre	Tremadoc		
	Kambrium		Oberkambrium		Sardische Faltung Große Transgression
			Mittelkambrium		
		— 600 Mill. Jahre	Unterkambrium		
PRÄKAMBRIUM (Erdfrühzeit)	Oberes — 800 Mill. Jahre	Algomischer Umbruch Proterozoikum			Schwach metamorphe, klastische Serien: Sandsteine (Oldest Red), Sparagmit mit Tillit.
	Mittleres — 1100 Mill. Jahre	Laurentischer Umbruch			Algomische Gebirgsbildung
	Unteres — 3600 Mill. Jahre	(Archaikum)			Laurentische Gebirgsbildung Sehr stark durch Metamorphose umgewandelte und verfaltete Sedimente, Migmatite und Magmatite.

158

Entwicklung in und auf der Erdkruste, Klima	Entwicklung der Lebewelt

auf den Nordkontinenten, die durch Regressionen und die Auffaltung des Uralgebirges weiter an Ausdehnung gewinnen, bilden sich weiter terrestrische Sedimente. Starke magmatische Tätigkeit. Im Oberperm kommt es zu epikontinentalen Meereseinbrüchen in Europa und Amerika. Gleichzeitig dringt die Tethys wieder langsam nach W vor. Auf dem Südkontinent deutet sich ein beginnender Zerfall an. Das Klima war auf den Nordkontinenten arid, auf den Südkontinenten humid.

Aussterben der letzten Trilobiten. Weiter Großforaminiferen (*Schwagerina*), die mit den Ammoniten die Leitfossilien stellen. Letzte Blüte der Brachiopoden. Die paläozoischen Tetrakorallen sterben am Ende des Perm aus. Echte Haie nachgewiesen. Im Oberperm lösen die Gymnospermen die Pteridophyten (Sporenpflanzen) endgültig ab (Beginn des Mesophytikums). Amphibien und säugerähnliche Reptilien.

Die sich in mehreren Höhepunkten vollziehende Faltung der variskischen Geosynklinale führt zu einer weltweiten Regression und leitet eine Zeit der Geokratie ein, die erst im Mesozoikum wieder endgültig überwunden wird. Während sich auf der Norderde, begünstigt durch warmes, feuchtes Klima und rasche Schüttung, in den Senken des variskischen Gebirges Kohlelager bilden, sind weite Teile des Südkontinents vergletschert.
(Dwyka-Vereisung)

Brachiopoden, Goniatiten und Großforaminiferen (Fusulinen) stellen Leitfossilien. Geflügelte Insekten erobern als erste Lebewesen den Luftraum. Mit den Amphibien treten die ersten Landwirbeltiere auf, von denen im Oberkarbon die Abspaltung der Reptilien (Cotylosaurier) einsetzt.
Bärlappgewächse (*Lepidodendron, Sigillaria*), Schachtelhalme (*Calamites*) und Farne bilden weite Wälder, aus denen die heutigen Steinkohlen entstanden sind. Die ersten Gymnospermen treten auf.

Im Süden des Oldred-Kontinents, von Nordamerika bis Eurasien (variskische Geosynklinale) und im zirkumpazifischen Raum geht die Geosynklinalentwicklung weiter. Die epikontinentale Überflutung gewinnt (besonders in Nordafrika und Südamerika) weiter an Boden. Die Ausbildung der Sedimente wird durch Bodenunruhe und magmatische Tätigkeit bestimmt. Sandige Gesteine (Rheinische Fazies) erlangen weltweite Verbreitung. Das Klima ist feuchter und kühler als im Silur.

Die Besiedlung der Kontinente geht weiter. Graptolithen sterben aus. Tetrakorallen. Muscheln. Häufigste und wichtigste Leitfossilien sind Brachiopoden (vor allem Gruppe der Spiriferen) und neu die Goniatiten und Clymenien (Cephalopoden). Insekten. Panzerfische, später Formen mit verknöchertem Innenskelett. Erste Schmelzschupper (Lungenfische, Quastenflosser). Gegen Ende des Systems: Übergangsformen von Fischen zu Amphibien (*Ichthyostega*).

Zu Beginn des Systems gewinnt das Meer (besonders in Nordamerika und auf dem Südkontinent) weiter an Raum. Gegen Ende werden durch die Auffaltung des Kaledonischen Gebirges weite Teile landfest. Der Baltische Schild verschmilzt mit der Nordatlantischen Masse zu einem geschlossenen Kontinent (Oldred-Kontinent). Gegenüber dem Ordovizium weitere Erwärmung.

Graptolithen, Korallen. Die Fische (Außenskelett) haben sich rasch weiter entwickelt: über 100 Arten sind bekannt. Sie leben vorwiegend im Brackwasser. Vorläufer der Haie. Mit den ersten Gefäßpflanzen (*Psilophytales*) beginnt das Leben auf den Kontinenten.

Gegenüber dem Kambrium ist eine starke Zunahme der vulkanischen Tätigkeit und eine Differenzierung der Fazies zu verzeichnen. Nach der tektonischen Ruhe im Kambrium stärkere Bewegungen, vor allem gegen Ende der Formation. Auf der gesamten Erde herrscht warmes, mildes Klima.

Die Artenzahl hat gegenüber dem Kambrium beträchtlich zugenommen. Zu den Trilobiten und Brachiopoden kommen jetzt die Graptolithen als wichtige Leitfossilien. Erste Chordaten (kieferlose Agnathen) Cephalopoden zeigen eine explosive Entwicklung. Tabulate Korallen. Flora besteht weiter nur aus Algen.

Nach der präkambrischen Geokratie gewinnt das Meer aus den Geosynklinalräumen heraus fortlaufend weitere Verbreitung. Zum erstenmal zeichnet sich das zentrale Mittelmeer zwischen den Nord- und Südkontinenten, die Tethys, ab. Das zunächst kühle Klima (eokambrische Tillite) wird zunehmend wärmer (Salz im Oberkambrium Asiens).

Die Lebewelt ist überraschend weit entwickelt, die Sedimente führen schon plötzlich weltweit Fossilien. Alle erhaltungsfähigen Tierstämme bis auf die Chordaten nachgewiesen. Häufigste und zugleich wichtigste Fossilien sind Trilobiten (Leitfossilien!) und Brachiopoden, älteste Cephalopoden. Die Pflanzenwelt beschränkt sich auf Algen.

| | Im Ober-Präkambrium erste Tiere: Radiolarien, Coelenteraten, „Würmer", Brachiopoden?, Proarthropoden. Ca. — 1680 Mill. Jahre erste Vielzeller. |

Gleichaltriges magmatisches Mondgestein.

Im mittleren Präkambrium bereits einwandfrei nachgewiesen: Blaualgen, ebenso wie auch im tieferen Teil des mittleren Präkambrium Sporen. Stromatolithen.
Der Ursprung des Lebens auf der Erde ist unbekannt.

PALÄOZOIKUM (Erdaltertum)

Perm

Stein- und Kalisalz in Nord- und Mitteldeutschland, Nordamerika, Rußland. Steinkohle im Saargebiet, im Döhlener Becken (Sachsen), auf der Russischen Tafel, in China, Südafrika, Indien, Australien, Südamerika. Kupferschiefer bei Mansfeld. Uran im Verrucano der Glarner Alpen. Erdöl in Thüringen und Nordwestdeutschland.

Karbon

Steinkohlen in England, Belgien, Aachen, Ruhrgebiet, Oberschlesien, Saargebiet, Zwickau, Waldenburger Becken, Franz. Zentralmassiv, Donezbecken, Moskauer Becken, Zentralasien, Nordchina, Nordamerika, Marokko. Die Mehrzahl der Erzgänge der deutschen Mittelgebirge entstammen dem Magmatismus des Oberkarbon (meist in devonischen Schichten). Erdöl in der Sahara, im Ural-Wolga-Gebiet, in den USA.

Devon

Salz und Gips in Rußland, Erdöl im Wolga-Ural-Gebiet, in Kanada, in der Sahara, in Libyen, Dachschiefer im Rheinischen Schiefergebirge, Eisenspat im Siegerland und in der Steiermark, Roteisenstein im Lahn-Dill-Gebiet (exhalativ sedimentär), Pyrit, Blei, Kupfer, Zink im Rammelsberg bei Goslar.

Silur

Alaunschiefer in Thüringen, Salz- und Gipslagerstätten in den USA. Erdöl in den USA.

Ordovizium

Kuckersit (Brandschiefer) in Estland, metamorphe Eisenoolithe in Böhmen und Thüringen, Spanien, Bretagne, Westmarokko, USA. Exhalativ-sedimentäre Kupferkieslagerstätten in Norwegen.

Kambrium

Älteste Salzlagerstätten der Erde in Persien und im Lenagebiet. Alaunschiefer.

ERDFRÜHZEIT (Präkambrium)

Großlagerstätten magmatischer Entstehung:

  Südafrika: Bushveld (Platin, Eisen, Chrom),

  Kanada: Sudbury (Nickel, Kupfer, Platin),

  Schweden: Kiruna (Eisen, Skarnerze),

  Rhodesien und Goldküste (alte Goldquarzgänge).

Sedimentär sind die Gold und Uran führenden Konglomerate vom Witwatersrand und dem Oranje-Freistaat (Südafrika). Eine genetische Zwischenstellung nehmen die im oberen Präkambrium weltweit verbreiteten Itabirite ein, die als hochwertiges Eisenerz abgebaut werden: Süd- und Westafrika, Australien, Brasilien, Nordamerika, Ukraine, Vorderindien.

Manganerze (Südafrika, Brasilien, Indien). Kupfererze von Katanga und Zambia.

Literatur

AUBOIN, J., *Geosynclines, Developments in Geotectonics, Vol. I;* Amsterdam 1965.

ASHGIREI, G. J., *Strukturgeologie;* Berlin 1963.

BEMMELEN, R. W. VAN, *Tectogenèse par gravité.* Bull. Soc. Belge de Géol. LXIV; Brüssel 1955.

BILLINGS, M. P., *Structural Geology;* New York 1949.

BORCHERT, H., *Ozeanische Salzlagerstätten;* Berlin 1959.

BOUMA, A. H., BROUWER. A. und A., *Turbidities, Developments in Sedimentology, Vol. 3;* Amsterdam 1964.

BRINKMANN, R., *Abriß der Geologie.* 1. Bd., Allgemeine Geologie. 10. Aufl.; Stuttgart 1967.
Ders., *Abriß der Geologie.* 2. Bd., Historische Geologie. 9. Aufl.; Stuttgart 1966.
Ders. und CORRENS, C. W., FRECHEN, J., HILLER, W., LOUIS, H., MEHNERT, K. R., SCHMIDT-THOMÉ, P., SCHNEIDER, G., SCHWARZBACH, M., SEIBOLD, E., und WEDEPOHL, K. H., *Lehrbuch der Allgemeinen Geologie.* 3 Bände; Stuttgart 1964—1968.

BUBNOFF, S. v., *Einführung in die Erdgeschichte.* 3. Aufl.; Berlin 1956.
Ders., *Grundprobleme der Geologie.* 3. Aufl.; Berlin 1954.

CLOOS, H., *Einführung in die Geologie;* Berlin 1936 (Neudruck 1963).
Ders., *Hebung, Spaltung, Vulkanismus;* in: Geol. Rdsch. 1939.
Ders., *Bau und Tätigkeit von Tuffschloten;* in: Geol. Rdsch. 1941.
Ders., *Gespräch mit der Erde;* München 1958.

COOK, E. F. und A., *Tufflavas and Ignimbrites;* New York 1966.

CORRENS, C. W., BARTH, T. F. W., und ESKOLA, P., *Die Entstehung der Gesteine;* Berlin 1939.

CORRENS, C. W., und ZEMANN, J., *Einführung in die Mineralogie;* Berlin 1968.

CROWELL, T. C., *Displacement along the San Andreas fault, California.* Geol. Soc. America, spec. paper 71; New York 1962.

Deutsche Forschungsgemeinschaft: *Forschungsbericht: Unternehmen Erdmantel;* Wiesbaden 1972.

DORN, P., *Geologie von Mitteleuropa.* 2. Aufl.; Stuttgart 1960.
v. LOTZE, F., 4. Aufl. 1971.

DUFF, P. MCL. D., HALLAM, A., und WALTON, E. K., *Cyclic sedimentation, Developments in Sedimentology, Vol. 10;* Amsterdam 1967.

EARDLY, A. J., *Structural Geology of North America;* 2. Aufl.; New York 1962.

EINSELE, G., „*Convolute bedding*" *und ähnliche Sedimentstrukturen im rheinischen Oberdevon und anderen Ablagerungen;* in: N. Jb. Geol. Paläont. Abh. 116; Stuttgart 1963.

ENGELHARDT, W. v., *Der Porenraum der Sedimente. Mineralogie und Petrographie in Einzeldarstellungen.* 2. Bd.; Berlin 1960.

FAIRBRIDGE, R. W. und A., *Carbonate rocks, Developments in Sedimentology, Vol. 9 A;* Amsterdam 1967.

FLINT, R. F., *Glacial geology and the pleistocene epoch.* 6. Aufl.; New York 1968.

FOSHAG, W. F., und GONZALES, J., *Birth and development of Paricutin Volcano, Mexiko.* Geol. Survey, Bull. 965 – D; Washington 1956.

GASKELL, T. F. und A., *The Earth's Mantle;* London 1967.

GERTH, W., *Orogenese und Magma in der argentinischen Kordillere;* in: Geol. Rdsch. 1926.
Ders., *Der Bau der südamerikanischen Kordillere;* Berlin 1955.

GIESE, P., *Der Grenzbereich zwischen Erdkruste und Erdmantel.* Comm. seismolog. europ. Réunion; Kopenhagen 1966.
Ders., *Crustal structure of the Alps.* 23. Intern. Geol. Kongress, Prag 1968.

GOGUEL, J., *Tectonics;* San Francisco 1962.

GOLDSCHMIDT, V. M., *Geochemische Verteilungsgesetze I–IX;* Oslo 1923–1937.

HAALCK, H., *Geophysik des Erdinnern.* 2. Aufl.; Leipzig 1959.

HEIDE, F., *Kleine Meteoritenkunde.* 2. Aufl.; Berlin 1957.

HEISKANEN, W. A., und VENING MEINESZ, F. A., *The Earth and its gravity field;* New York 1958.

161

HOLMES, A., *Principles of Physical Geology*. 2. Aufl.; London 1965.

ILLIES, H., *Kontinentaldrift – mit oder ohne Konvektionsströmungen;* in: Tectonophysics 1965.
Ders., *Randpazifische Tektonik und Vulkanismus im südlichen Chile;* in: Geol. Rdsch. 1967.
Ders. und S. W. (Hrsg.), *Graben-Problems;* Stuttgart 1970.

JORDAN, P., *Die Expansion der Erde.* Die Wissenschaften, Bd. 124; Braunschweig 1966.

KETTNER, R., *Allgemeine Geologie.* Bd. I–IV; Berlin 1958–1960.

KLEBELSBERG, R. v., *Handbuch der Gletscherkunde und Glazialgeologie.* Bd. I–II; Wien 1948 bis 1949.

KNETSCH, G., *Geologie von Deutschland und einigen Randgebieten;* Stuttgart 1963.

KORN, H., und MARTIN, H., *The Messum Igneous Complex in South West Africa.* Transact. Geol. Soc. S. Africa 1954.

KRAUS, E., *Die Entwicklungsgeschichte der Kontinente und Ozeane;* Berlin 1959.

KREJCI-GRAF, K., *Erdöl.* Verständl. Wissenschaft; Berlin 1955.

KUENEN, PH. H., *Marine Geology;* New York 1950.

LARSEN, G., und CHILINGAR, G. V., *Diagenesis in sediments, Developments in Sedimentology;* Amsterdam 1967.

LOMBARD, A., *Géologie sédimentaire.* Les Séries Marines. Paris 1956.

LUCCHETTI, A., *Tettonica Padana. I giacimenti gassiferi dell'Europa Occidentale;* Accad. Naz. dei Lincei, Vol. II; Rom 1959.

MASON, B., *Principles of Geochemistry.* 3. Aufl.; New York 1967.

MEHNERT, K. R., *Der gegenwärtige Stand des Granitproblems.* Fortschr. Min. 37,2; Stuttgart 1959.
Ders., *Zur Systematik der Migmatite.* Kristallinikum Prag 1962.

MEIER, H., *Geochronologie und Geochemie.* Fortschr. d. chem. Forsch., Bd. 7,2; Berlin 1966.

METZ, K., *Lehrbuch der tektonischen Geologie.* 2. Aufl.; Stuttgart 1967.

MURAWSKI, H., *Geologisches Wörterbuch.* 5. Aufl.; Stuttgart 1963.

OTTMANN, F., *Introduction à la Géologie marine et littorale;* Paris 1965.

PAPKE, K. H., *Die Mohorovičić – Diskontinuität.* Geologie. Beiheft 57/1967.

PETRASCHECK, W. E., *Kohle.* Verständl. Wissenschaft; Berlin 1956.

PETTIJOHN, F. J., *Sedimentary rocks.* 2. Aufl.; New York 1957.
Ders. und POTTER, P. E., *Atlas and Glossary of primary sedimentary Structures;* Berlin 1964.

PICHON, X. L., FRANCHETEM, J., und BONNIN, J., *Plate tectonics;* Amsterdam 1973.

POLDERVAART, A. und A., *Crust of the Earth.* Geol. Soc. America. Spec. paper. 62. New York 1955 (Neudruck 1963).

PLESSMANN, W., *Strömungsmarken in klastischen Sedimenten und ihre geologische Auswertung. Untersuchungsergebnisse im Oberharzer Kulm und im westalpinen Flyschbecken von San Remo;* in: Geolog. Jahrb. Bundesanst. f. Bodenforschung 78; Hannover 1961.

RANKAMA, K., *Progress in Isotop Geology;* New York 1963.

RICHTER-BERNBURG, G., *Über salinare Sedimentation;* in: Zschr. D. G. G. 1955.
Ders., *Zeitmessung geologischer Vorgänge und Warvenkorrelationen im Zechstein;* in: Geol. Rdsch. 1960.

RICHTER, D., *Grundriß der Geologie der Alpen;* Berlin 1974.

RICHTER, M., *Erstarrungsformen rheinischer Basalte und ihre Bedeutung für den Abbau;* in: Zschr. D. G. G. 1935.
Ders., *Geologie des Rodderberges südlich von Bonn;* in: Decheniana 101 AB; Bonn 1942.
Ders., *Das Alter des westnorwegischen Grundgebirges;* in: Geol. Rdsch. 1943.
Ders., *Über Dehnung und Längung der Gebirge während der Faltung;* in: Geologie 7., v. Bubnoff-Gedenkschrift; Berlin 1958.
Ders., *Der Bauplan des Apennins;* in: N. Jb. f. Geol. u. Paläont. 1963.
Ders., *Das Nordende des afrikanischen Grabensystems;* in: N. Jb. f. Geol. u. Paläont. Mh. 1. 1966.
Ders., *Über Zusammenhänge der Gebirge im*

östlichen Mittelmeer; in: N. Jb. f. Geol. u. Paläont. Mh. 2. 1966.

Ders., *Das Atlas-System in Nordafrika;* in: Zschr. D. G. G. 1968.

RINGWOOD, A. E., und GREEN, J. H., *An experimental investigation of the gabbro-eclogite transformation and some geophysical implications;* in: Tectonophysics 1966.

RITTMANN, A., *Vulkane und ihre Tätigkeit.* 2. Aufl.; Stuttgart 1960.

RONNER, F., *Systematische Klassifikation der Massengesteine;* Wien 1963.

RUNCORN, S. K. und A., *Continental Drift;* New York 1962.

SARIDSE, G. M. und A., *Beiträge zum Granitproblem.* Fortschr. d. sowjet. Geologie; Berlin 1961.

SCHMIDT-EISENLOHR, W., *Das Geographische Seminar.* Geologie. Praktische Arbeitsweisen; Braunschweig 1966.

SCHNEIDERHÖHN, H., *Erzlagerstätten.* Kurzvorlesungen. 4. Aufl.; Stuttgart 1962.

SCHWARZBACH, M., *Das Klima der Vorzeit.* 2. Aufl.; Stuttgart 1961.

SEIBOLD, E., *Grundfragen der Meeresgeologie;* in: Nachr. deutsche Geol. Ges. 1974.

SHELTON, J. S., *Geology illustrated;* San Francisco 1966.

SHEPARD, F. P., *Submarine Geology.* 2. Aufl.; New York 1963.

SIMON, W., *Zeitmarken der Erdgeschichte;* Braunschweig 1948.

SITTER, L. U. DE, *Structural geology.* 2. Aufl.; New York 1964.

STILLE, H., *Grundfragen der vergleichenden Tektonik;* Berlin 1924.

STRECKEISEN, A., *Zur Klassifikation der Eruptivgesteine;* in: N. Jb. Mineralogie. Mh. 1964.

STUMPF, K., *Die Erde als Planet.* Verständl. Wissensch. 42; Berlin 1955.

TERMIER, H. und G., *L'Evolution de la Lithosphère.* I. Petrogénèse; II. Orogénèse; III. Glyptogénèse; Paris 1956–1961.
Dies., *Erosion and Sedimentation;* London 1963.

THORARINNSON, S., *Surtsey, Geburt einer Vulkaninsel;* Zürich 1966.

TRUSHEIM, F., *Über Halokinese und ihre Bedeutung für die strukturelle Entwicklung Norddeutschlands;* in: Z. D. G. G. 1957.

TURNER, F. J., und VERHOOGEN, J., *Igneous and metamorphic petrology.* 2. Aufl.; London 1960.

USDOWSKI, H. E., *Die Genese von Dolomit in Sedimenten.* Mineralogie und Petrographie in Einzeldarstellungen. Bd. 4; Berlin 1967.

VENING MEINESZ, F. A., *The Earth's Crust and Mantle.* Developments in solid Earth Geophysics, Bd. 1; Amsterdam 1962.

WAGENBRETH, O., *Geologisches Kartenlesen und Profilzeichnen;* Leipzig 1958.

WAGNER, G., *Einführung in die Erd- und Landschaftsgeschichte, mit besonderer Berücksichtigung Süddeutschlands.* 3. Aufl., Oehringen 1960.

WÄNKE, H., *Meteoritenalter und verwandte Probleme der Kosmochemie.* Fortschr. Chem. Forsch. Bd. 7,2; Berlin 1966.

WEGENER, A., *Die Entstehung der Kontinente und Ozeane.* 4. Aufl.; Braunschweig 1929 (Nachdruck 1962).

WEGMANN, E., *Zur Deutung der Migmatite;* in: Geol. Rdsch. 1935.

WEISSKIRCHNER, W., *Über die Deckentuffe des Hegaus.* Geologie, Beiheft 58; Berlin 1967.

WEIZSÄCKER, K. F. v., *Über die Entstehung des Planetensystems;* in: Zschr. für Astrophysik, 1943.

WEYL, R., *Mittelamerikanische Ignimbrite;* in: N. Jb. Geol. u. Paläont., 1961.

WILHELMY, H., *Klimamorphologie der Massengesteine;* Braunschweig 1958.

WINKLER, H. G. F., *Die Genese der metamorphen Gesteine.* 2. Aufl.; Berlin 1967.

WOLDSTEDT, P., *Das Eiszeitalter.* Bd. I–III, 2. u. 3. Aufl.; Stuttgart 1958–1965.

WYLLIE, P. J. und A., *Ultramafic and related rocks;* New York 1967.

ZEIL, W., und PICHLER, H., *Die känozoische Rhyolith-Formation im mittleren Abschnitt der Anden;* in: Geol. Rdsch. 1967.

Register

DAS GEOGRAPHISCHE SEMINAR

Herausgeber   Prof. Dr. EDWIN FELS
                      Prof. Dr. ERNST WEIGT
                      Prof. Dr. HERBERT WILHELMY

Bisher erschienen		
	WEIGT	*Die Geographie*
	FOCHLER-HAUKE	*Verkehrsgeographie*
	ILLIES	*Tiergeographie*
	DIETRICH	*Ozeanographie*
	SCHERHAG/ BLÜTHGEN	*Klimatologie*
	RICHTER	*Geologie*
	PANZER	*Geomorphologie*
	WILHELM	*Hydrologie und Glaziologie*
	NIEMEIER	*Siedlungsgeographie*
	JÄGER	*Historische Geographie*
	HOFMEISTER	*Stadtgeographie*
	JENSCH	*Kartographie*
	GILDEMEISTER	*Landesplanung*

Weitere Titel zur Vervollständigung der Reihe sind in Vorbereitung, u. a.:

	NITZ	*Agrargeographie*
	RUPPERT/ SCHAFFER	*Sozialgeographie*
	WEIGT	*Wirtschaftsgeographie*

westermann

DAS GEOGRAPHISCHE SEMINAR
PRAKTISCHE ARBEITSWEISEN

Herausgeber   Prof. Dr. EDWIN FELS
                   Prof. Dr. ERNST WEIGT
                   Prof. Dr. HERBERT WILHELMY

Bisher erschienen SCHMIDT   *Geologie*
                   KÖSTER/LESER   *Geomorphologie I*
                   LESER   *Geomorphologie II*
                   SCULTETUS   *Klimatologie*
                   FLIRI   *Statistik und Diagramm*
                   HOFMANN   *Geodäsie*
                   REICHELT/
                   WILMANNS   *Vegetationsgeographie*
                   FEZER   *Karteninterpretation*

In Vorbereitung   ARNBERGER   *Thematische Kartographie*

westermann